· 国家自然科学基金(面上项目)（52079128）：
强震作用下大型渡槽结构随机损伤破坏分析及抗震可靠性研究
· 河南省科技攻关项目资助（222102320244）：
大型渡槽结构复合随机响应分析与抗震可靠性研究
· 河南财经政法大学2019年度国家一般项目培育项目：
大型渡槽非线性随机地震反应分析与抗震可靠性研究

钢筋混凝土渡槽结构地震损伤分析与性能评估

张　威◎著

Seismic Damage Analysis and Performance Evaluation of Reinforced Concrete Aqueduct Structures

北 京

图书在版编目(CIP)数据

钢筋混凝土渡槽结构地震损伤分析与性能评估 / 张威著. --北京：中国经济出版社，2022.9

ISBN 978-7-5136-0988-3

Ⅰ. ①钢… Ⅱ. ①张… Ⅲ. ①钢筋混凝土-渡槽-抗震结构-研究 Ⅳ. ①TV672

中国版本图书馆 CIP 数据核字(2022)第 171392 号

责任编辑　叶亲忠
责任印制　马小宾
封面设计　华子图文

出版发行　中国经济出版社
印 刷 者　河北宝昌佳彩印刷有限公司
经 销 者　各地新华书店
开　　本　710mm×1000mm　1/16
印　　张　14.5
字　　数　220 千字
版　　次　2022 年 9 月第 1 版
印　　次　2022 年 9 月第 1 次
定　　价　88.00 元
广告经营许可证　京西工商广字第 8179 号

中国经济出版社　**网址** www.economyph.com　**社址** 北京市东城区安定门外大街 58 号　**邮编** 100011
本版图书如存在印装质量问题，请与本社销售中心联系调换(联系电话：010-57512564)

前 言

大型钢筋混凝土渡槽结构作为重要的生命线工程，有不少会穿越地震高烈度区，部分区域地震烈度甚至高达9度。因此，渡槽在输水过程中易遭遇地震灾害而发生损伤或破坏，导致输水线路中断，引发重大工程安全事故。因此，开展渡槽结构的抗震研究有重要的意义和现实需求。

本书在进行渡槽结构抗震分析时，首先从非线性静力(Push-over)分析方法出发，研究和评价渡槽结构在地震作用下的抗震性能，并借助传统的损伤分析方法开展渡槽结构抗震性能的评估。

事实上，混凝土是多相复合材料，加之施工过程易受外界因素影响，其材料力学性能难免具有随机性；同时，不同地震激励的加速度幅值、频谱和持时等存在天然差异，也造成了地震激励的随机性。这些随机因素使渡槽结构在服役期内的潜在损伤或被破坏形式具有不可精确预测性。

基于此，本书进一步探究渡槽结构在材料力学性能随机性和外部地震作用随机性影响下的地震反应规律，进而开展渡槽结构的抗震可靠性研究，为大型渡槽结构的抗震优化设计提供理论基础，研究内容如下：

提出了大型钢筋混凝土渡槽由材料到结构的非线性动力反应分析方法。系统介绍了混凝土弹塑性随机损伤本构关系模型及相应的数值实现方法，并基于规范的混凝土应力—应变曲线，对混凝土细观随机断裂模型中的基本参数进行识别。结合精细化纤维梁单元模型、考虑软化效应的钢筋本构关系和精确、高效的数值求解算法，发展了基于混凝土随机损伤本构模型的渡槽结构随机非线性动力反应分析方法。

提出了大型渡槽结构输水功能可靠性分析方法。考虑混凝土材料损伤本构关系的随机性，以200个渡槽结构随机样本为基础，进行渡槽的随机结构地震反应分析。结合概率密度演化方法，引入输水功能的性能指标作为可靠性功能函数，研究了渡槽结构输水功能可靠性。研究表明，在强烈地震作用下，混凝土材料的随机性会对渡槽结构的输水安全产生显著影响，因此，在开展渡槽结构的抗震可靠性分析时，有必要纳入混凝土材料随机性带来的影响。

提出了渡槽结构随机地震反应分析与抗震可靠性分析方法。引入具有物理机制的工程地震动物理随机函数模型，刻画地震激励的随机性，采用概率密度演化方法描述地震激励随机性在渡槽结构动力系统中的传播过程，从非线性与随机性耦合的角度研究渡槽结构的随机地震反应特征和抗震可靠性。研究表明，地震激励的随机性会对渡槽结构的动力反应产生显著影响，在地震反应分析中不容忽视。基于地震激励的随机性开展渡槽结构的随机地震反应分析与抗震可靠性评估，对指导大型渡槽结构的抗震优化设计具有重要意义。

开展了渡槽结构在材料参数和地震激励复合随机条件下的随机动力反应分析和可靠性评估。通过与渡槽随机结构地震反应分析和渡槽随机地震反应分析结果进行对比，发现非线性与随机性的耦合会进一步放大渡槽结构的地震反应，使渡槽结构的破坏形式产生更显著的变异性，并降低渡槽结构的抗震可靠性。从概率密度演化的角度考察渡槽结构的非线性性状，并定量评价结构的抗震可靠性，是准确把握渡槽结构抗震性能、实现渡槽结构优化设计的必由之路。

目 录 CONTENTS

1 绪 论

1.1 研究背景和意义

水资源是维系人类生活与生产所必需的资源。我国是水资源严重短缺且水旱灾害频繁的国家。我国水资源总量位居世界第 6 位，但是人口基数大，人均占有量约为 2500m^3，约占世界人均水量的 1/4，位居世界第 121 位，见表 1-1。据 2016 年水资源调查可知，我国城市水资源存在极其匮乏且涉及面广的问题，全国城市每年缺水 60 亿 m^3，每年因缺水造成经济损失约为 2000 亿元。我国城市水资源的需求几乎涉及国民经济的方方面面，如工业、农业、建筑业、居民生活等，严重的缺水问题导致我国城镇现代化建设进程、GDP 的增长和居民生活水平的提高都受到了限制。

表 1-1 我国水资源状况

指标	水资源总量	世界排名	人均拥有量	世界排名
数值	$2.16\times10^{12}m^3$	6	2500m^3	121

2020 年水资源公报表明：全国降水量和水资源总量比多年平均值明显偏多，大中型水库和湖泊蓄水总体稳定。全国用水总量比 2019 年有所减少，用水效率进一步提升，用水结构不断优化。2020 年，全国平均年降水量为 706. 5mm，比多年平均值偏多。全国水资源总量为 31605. 2 亿 m^3，比多年平均值偏多 14. 0%。其中，地表水资源量为 30407. 0 亿 m^3，地下水资源量为 8553. 5 亿 m^3，地下水与地表水资源不重复量为 1198. 2 亿 m^3。全国 705 座大型水库和 3729 座中型水库年末蓄水总量比年初增加 237. 5 亿 m^3。62 个湖泊年末蓄水总量比年初增加 47. 5 亿 m^3。东北平原、黄淮海平原和长江中下游平原浅层地下水水位总体上升，山西及西北地区平原和盆地略

有下降。全国供水总量和用水总量均为5812.9亿m^3，受新冠肺炎疫情、降水偏丰等因素影响，用水总量较2019年减少208.3亿m^3。其中，地表水源供水量为4792.3亿m^3，地下水源供水量为892.5亿m^3，其他水源供水量为128.1亿m^3；生活用水为863.1亿m^3，工业用水为1030.4亿m^3，农业用水为3612.4亿m^3，人工生态环境补水为307.0亿m^3。全国人均综合用水量为412m^3，万元国内生产总值(当年价)用水量为57.2m^3。耕地实际灌溉亩均用水量为356m^3，农田灌溉水有效利用系数为0.565，万元工业增加值(当年价)用水量为32.9m^3。

我国水资源不仅人均占有量少，而且在时空上分布不均，主要表现在北方区域水资源年际变化大，空间上南多北少。我国降雨量区域差异显著，我国东南地区国土面积约占全国的1/3，多年平均降雨量在800mm以上；黄淮流域及其以北地区的国土面积占全国的2/3，其多年平均降雨量在800mm以下，甚至有些地区多年平均降雨量在100mm以下。降雨是一个区域水资源补给的主要来源，因此降雨量的区域显著差异性必然导致水资源分布的不均衡性。

水资源的短缺性与不均衡性严重制约着我国国民经济的发展。随着工业化的快速发展，我国北方地区对水资源的需求量与日俱增，这造成了水资源的现有量与需求量出现严重不平衡。通过发挥人的主观能动作用调配水资源的分布，把水资源丰富地区的富余水量调配到水资源短缺地区，是解决我国水资源地域分布不均的有效方案。为此，我国修建了若干条跨流域调水工程，如引黄入晋、引滦入津、引滦入唐、引黄济青、南水北调东线工程、南水北调中线工程等。以上调水工程缓解了受水地区的用水短缺问题，客观上保障了当地的工农业及生活用水需求，促进了当地经济的发展，产生了巨大的经济、生态和社会效益，进而缩小了不同地区之间经济、政治、社会文化等方面的差距，从而更加有利于国家的安定团结与可持续发展。跨流域调水工程的建设和运营将从时空两个角度改变我国水资源不合理的分布状况，是中国实现水资源优化配置的伟大创举。

事实上，实施跨流域调水工程离不开重要的输水建筑物——渡槽。渡槽是解决渠道与运河等由于地形原因无法完成正常输送任务时采用的水工输水建筑物，它可以输送水流跨越山川、河流等不利的自然地形，顺利完成输水任务，以及用于部分地区的排洪和导流，是远距离、跨流域调水工程和农田灌溉区农作物灌溉工程中应用最为广泛的一种水工建筑物形式。渡槽的结构组成部分主要包括以下几个方面：与其他结构相连接的进口段、出口段、槽身及其下部的支承结构等。修建渡槽所采用的建筑材料种类也比较多，在修建的过程中，根据需要、取材的难易程度以及经济水平来选用不同材料。新中国刚刚成立时，大多用木材、砖、石等建造渡槽；随着经济建设的发展，我国渐渐地采用混凝土、钢筋混凝土等高性能材料建造渡槽。

中东和西亚地区是世界上应用渡槽最早的地区，在公元前700余年，亚美尼亚就已经有了结构相对简单的渡槽。在公元前700年左右，亚述国就建造了一条长度接近500km的渡槽，把丰富的水源引入国都。依靠地形优势，他们把渡槽建造在用石块堆积的石墙上，并跨越崎岖的山谷。渡槽在中国也有悠久的历史，在2000多年前，中国就开始使用渡槽进行饮水与灌溉农田。在古代，人们以凿木为槽用于饮水，即为最古老的渡槽结构。在20世纪50年代初期，由于受经济发展水平的限制，我国所建造的渡槽多为木石结构，50年代中后期，随着我国第1个五年计划的开展与完成，经济水平日趋提高，采用钢混材料建造的渡槽结构越来越多，施工方法也由开始以装配式为主，转为以现场浇筑为主。1955年，黑龙江省在全国率先采用装配式的施工方法建造渡槽结构，20世纪60年代初期以后，该渡槽施工方法逐渐在其他省、自治区得到了较为广泛的应用与推广，到了70年代，渡槽结构的设计流量与结构型号逐渐变大，流量从开始的几个立方米/秒逐渐提高到几十个立方米/秒，结构形式也在不断变化以适应实际的需要。渡槽结构形式在满足为数众多的中小跨度的前提下，也在不断地调整以满足百米以上的大跨度渡槽的需要，并同时满足节省材料和便于预制吊装等要求。

渡槽作为主要的水工建筑物之一，贯穿于调水工程特别是南水北调建设的整个过程中，因此这类建筑物的抗震安全，对整个调水工程的正常运行起着举足轻重的作用。特别是南水北调中线工程，属于串联结构系统。由于大型渡槽中水量大，流体重量与结构重量相当或甚至超过渡槽结构本身的重量，当发生地震灾害时，输水工程中任何地段的渡槽某个部位发生破坏都会影响整个南水北调中线工程的正常运行，南水北调中线工程沿线缺乏输水调节工程（如水库、大型河流等），渡槽的设计流量大，渡槽破损后会引起洪水的泛滥，而且南水北调中线工程处在地震高发区上，因此如何确保渡槽这种输水建筑物的安全是一个巨大而且非常复杂的问题，我们有必要重点研究和解决渡槽结构的抗震安全问题。

在跨流域或者灌区的输水工程中，渡槽不仅数量繁多，结构设计形式各有千秋，而且设计与施工的工艺流程科技含量高，其重要性毋庸置疑。在采用各种新的设计施工方案时，保证渡槽在地震特别是罕遇地震作用下仍旧能够安全运行是最重要的。我国是一个地震多发性国家，水工建筑物抗震规范要求水工建筑物在地震作用下必须能够保证“小震不坏，中震可修，大震不倒”这 3 个抗震原则，因此作为水利工程的大型渡槽结构，其结构在地震作用下的安全运行是至关重要的。把南水北调工程线路图与中国地震震级分布图进行对比可以很直观地看出，中线工程位于 7 级地震区的线路长度占中线工程总长度的 59%，其中位于 8 级地震区以上的高地震烈度区的线路长度占中线工程总长度的 8%，有些区段的抗震设防烈度甚至高达 9 度。

大型渡槽结构作为重要的输水建筑物，在调水工程特别是南水北调中线工程中被广泛应用(如图 1-1、图 1-2 所示)，其中南水北调中线工程整个输水工程仅总干渠就有渡槽 49 座。因此，调水工程中的渡槽结构在地震作用下的安全性问题非常重要，抗震安全直接影响调水工程的正常运行。

图 1-1　运营中的南水北调中线工程沙河渡槽

图 1-2　南水北调中线工程湍河渡槽施工时期现场图

在强烈地震作用下，渡槽结构易发生损伤或破坏(如图 1-3 所示)。一旦这些渡槽中任何一个渡槽的某一部位遭遇到地震的破坏，就会造成输水渗漏甚至中断，危及周边地区的生命与财产安全。处于地震带区域的渡槽结构存在着地震灾害引发重大工程安全的风险问题，因此，开展渡槽结构的抗震分析与研究具有迫切的现实需求。

图 1-3　渡槽轻微损伤示意图

1.2 渡槽结构抗震问题研究述评

我国是世界上地震灾害频发的国家之一，20 世纪全球范围内发生的 7 级以上地震灾害中，仅大陆地区就占 35%，且其中有 3 次是 8 级以上罕遇地震。中国仅最近 20 年内就连续发生了多次大地震，如 2008 年汶川地震和 2010 年玉树地震等。

汶川地震震级为 8.0 级，是新中国成立以来国内破坏性最强、波及范围最广、伤亡人数最多的一次地震。汶川部分受灾地区的实际烈度远远超过了建筑自身设防烈度，有些地区甚至高达 11 度。汶川地震造成了巨大的人员伤亡与经济损失。汶川地震严重破坏地区超过 10 万 km^2，其中，极重灾区共 10 个县(市)，较重灾区共 41 个县(市)，一般灾区共 186 个县(市)。近 7 万人遇难，37 万人受伤，17 万人失踪，波及四川、甘肃、陕西和重庆等九省市，灾区总面积达 44 万 km^2，受灾人口达 4561 万人，直接经济损失超过 10000 亿元人民币。此次地震的地震波已确认共环绕了地球 6 圈，地震波及大半个中国及亚洲多个国家和地区，北至辽宁，东至上海，南至泰国、越南，西至巴基斯坦均有震感，是中华人民共和国成立以来破坏力最大的地震，也是唐山大地震后伤亡最严重的一次地震。

玉树地震是多次连发地震。第 1 次地震发生时间为 2010 年 4 月 14 日 08：52，所在地为青海省玉树藏族自治州，震级为 7.1 级，这次地震主要发生在玉树州的州府所在地——玉树市结古街道，当地居民的房屋 90%都已经倒塌。发生在青海省玉树藏族自治州的地震至少已造成 400 人死亡，8000 人受伤。玉树市固定电话通信中断，当地土木结构房屋倒塌严重。震区一水库出现裂缝。玉树共计连续发生 4 次余震，分别为 4.8 级、4.3 级、3.8 级和 6.3 级。此次地震的影响很大，因为当地大部分都是土木结构房屋，所以地震到来时，民居几乎都倒了。相比汶川地震，玉树地震处在偏远地区，受灾相对较轻，不过仍造成近 3000 人遇难，12000 多人受伤，直接经济损失近 5 亿元人民币。

汶川地震和玉树地震再次给中国人民敲响了警钟，地震灾害造成损失严重且难以预防，这就要求我们必须提高建筑物结构的抗震设防烈度，落实“小震不坏，中震可修，大震不倒”的抗震设防目标。

与桥梁结构型式相近，渡槽结构作为一种架空的输水建筑物，能够横跨河流、道路、山谷。然而，渡槽上部结构水体质量大，从而使得结构整体“头重脚轻”，不利于渡槽结构的抗震安全。一旦发生地震灾害，易引起渡槽结构发生损伤或破坏，进而造成全线输水中断，危及周边居民和建筑物的安全，同时也会严重影响受水区的日常饮水或农业灌溉。因此渡槽结构的抗震研究需要引起足够重视。

渡槽结构所面临的严峻抗震安全问题对其抗震设计提出了更高的要求，然而现行的《水电工程水工建筑抗震设计规范》(NB 35047—2015)虽对渡槽结构的抗震设计有所提及，但对抗震计算内容的规定仍比较简略。因此，渡槽结构抗震方面的科学研究显得尤为重要。

1.2.1 渡槽结构基于静力分析法的抗震研究进展

近年来，多次地震灾害的残酷现实告诉我们，对渡槽结构进行抗震分析是必要的。对渡槽结构进行抗震分析的方法大致可以分为以下两大类：静力分析法和动力分析法。静力分析方法分为线性静力分析方法和非线性静力分析方法。

线性静力分析方法是一种采用静力学方法近似解决动力学课题的一种简单易行的方法，由于它基于的理论是基本力学，计算方法较为简单，计算工作量很小、参数易于确定，积累了丰富的使用经验，易于被设计工程师所接受，在设计单位备受青睐，所以发展较早，应用十分广泛。它的基本原理就是在静力计算的基础之上，把地震作用荷载简化处理为一个惯性力系附加在所研究的结构体系上，其最关键的技术问题就是设计地震加速度的确定。该方法也存在一定的局限性，即只能在有限程度上反映荷载的动力特性，但不能反映各种材料自身的动力特性以及结构物之间的动力响应，更不能反映结构物之间的动力耦合关系。所以在研究渡槽动力响应的时候，一般是把水体简化成质量块，附着在渡槽槽壁上，却忽略了渡槽与水体之间的晃动作用，不能反映槽身与槽内水各自的动力特性，以及渡槽槽身与槽内水体之间的动力响应，也不能反映两者的动力耦合关系，因此计算的结果与渡槽结构真实的受力与变形情况差别比较大，不能反映结构在强震作用下的真实响应，所以在从事学术研究的时候，渐渐地不采用这种方法。

非线性静力分析方法是一种相对简单易行的弹塑性分析方法(Push-over analysis)，简称Push-over分析方法。该方法的基本思想是在结构上施加包括重力荷载在内的竖向荷载并保持不变，同时施加某种分布的水平荷载，该荷载单调增加，构件逐步屈服，从而得到结构在横向静力作用下的弹塑性性能。在考虑渡槽与水体之间的相互作用时，可以根据具体精确度的需要采用不同的方法进行处理，可以采用附加质量块的形式，直接假设质量块附着在内壁上，也可以在质量块与渡槽槽体内壁加上弹簧，这样考虑了槽体与水体的相互晃动作用，更符合实际情况。静力弹塑性分析虽然不是新方法，但是在研究基于性能/位移的抗震设计理论和方法中受到关注，是实现基于性能/位移的抗震设计方法的关键理论和技术之一。

动力分析方法有反应谱法、时程分析法、随机振动和结构可靠度理论等。反应谱法是在振型叠加法的基础上推导出的一种近似计算结构动力反应的一种方法。它利用由统计方法统计得到的标准设计反应谱，解决了选择地震加速度记录的难题。该方法也存在一定的弊端，即不能用于非线性振动情况，而且不能真实准确地反映当时地震力对结构的作用。在考虑渡槽内水体与槽体的相互作用时，可以根据精确度的要求采用不同的方法进行处理，可以把水体当作附加质量点，附着在槽体内壁上，也可以用Housner原理，把水体简化为质量块并通过弹簧与槽体连接，把水体与渡槽槽身之间的晃动作用也考虑在内，这就提高了计算的精确度。在进行水工方面的反应谱分析时，可参考《水电工程水工建筑抗震设计规范》(NB 35047—2015)所规定的水工抗震设计标准反应谱。用反应谱法求建筑物结构的地震反应时，应先求出该结构的若干个低阶振型和周期，然后根据求得的周期并利用设计反应谱图求得各振型对应的设计反应谱值β_i，由此结果便可以进一步得出该结构各振型的最大加速度向量、最大荷载向量、最大位移向量等。非线性时程反应分析是计算结构地震响应相对严格而准确的分析方法，但它也存在计算工作量大、计算过程复杂等弊端。因此，在进行结构抗震分析时，常常采用非线性静力分析方法来评价在地震作用下结构的抗震性能，因为它基本上兼顾了其他几种方法的优点，而且计算简便、灵活。

1.2.2 基于性能的抗震设计研究现状

随着我国水利工程的不断建设，工程项目不断增多，在设计与施工的过程中也产生了一些技术难题。特别是随着工程的建设与施工，渡槽结构在设计与施工中的抗震问题也逐渐成为科研机构关注的重大问题。对于基于性能的抗震设计，房屋建筑行业、桥梁工程领域研究得比较早，《建筑抗震设计规范》(GB 50011—2001)已经把基于性能的抗震设计理念引入规范中，这标志着基于性能的抗震设计在官方上得到认可，这会促使该抗震设计理念在中国的工程界得到较快推广，中国的抗震设计理论将上升到一个新的高度。《水工建筑物抗震设计规范》(DL 5073—2000)对设计地震加速度与设计反应谱进行了明确的规定，也为把基于性能的设计思想引入水工抗震设计规范做了准备。这使得基于性能的抗震设计理念在中国的水利工程抗震领域逐渐得到重视与推广，极大地促进了基于性能的抗震设计在水工建筑物抗震设计方面的应用。

以前，设计工程师们把结构的承载力当作该设计结构的抗震性能控制因素。随着科学技术的发展，以及建筑结构抗震理论的不断深化，科研人员对结构弹塑性反应的认识不断深入，他们开始认识到结构承受外部荷载能力的变化只能部分地反映建筑物结构在地震荷载作用下破坏发展的程度，因此再把它作为准确性能指标来评价结构的抗震性能就显得很牵强。恰恰相反，结构的变形能力与结构破损程度之间的相互关联性则非常紧密，所以建筑物结构在地震作用下倒塌的主要因素常常是该结构的变形能力不足。这时，以结构抗震性评价为基础的结构设计理论借此机会得到发展，使建筑结构在可能发生的某震级地震中的破坏情况达到人们预先设计的要求，进一步完善了现有建筑抗震设计的理论体系。

基于性能的结构抗震设计理论能够较为准确地反映结构在外荷载作用下的破坏情况，因此它代表着结构抗震设计未来的研究与发展方向，引起了世界发达国家广泛的关注，美、日等发达国家政府划拨了大量款项支持该国的专家、学者进行该方向的研究，并取得了一定的研究成果。20 世纪 90 年代初，美国地震工程与结构工程专家经过深入研究地震灾害的现场情况、地震的强度等，对地震灾害进行了总结，极力主张改进当前的基于承载力的设计思路。J. P. Moehle(1992)教授(Berkley Campus of California University)提出了基于位移的抗震设计理念。这一全新的结构抗震设计思想对所分析结构进行了定量分析处理，用量化位移指标来控制其抗震性能，实现了结构在地震作用下抗震的性能目标要求。自20世纪末以来，该抗震设计理念在美国等国家的土木工程界引起了巨大的轰动，使这些国家的专家、学者开始关注并进行相关的理论研究与工程实践。由于各国专家对该设计理论的不断推进与完善发展，学术界逐渐建立了以结构性态评价为理论基础的结构设计理论体系。基于性能的抗震设计理论已经成为全球抗震研究领域的热点课题，各国专家渐渐着手这方面的研究与实践，关于这方面的研究与应用成果陆续发表在一些重要的国际学术期刊和学术会议上。2003年美国的The International Chamber of Commerce权威代言机构发布了《建筑物及设施的性能规范》。该性能规范清晰地规定了基于性能抗震设计方法的重要准则。与此同时，在当年"欧洲混凝土"(CEB)刊登了"钢筋混凝土建筑结构基于位移的抗震设计"学术报告，欧洲规范(EC8)将能力谱方法纳入国家的设计规范。

我国也在积极开展这方面的研究工作，但我国基于性能的抗震设计理论研究在20世纪90年代才开始。1996年在中美抗震规范学术讨论会上对基于性能的抗震设计理论进行了深入的探讨，并由此引起我国专家对这方面理论的关心和研究。有关文献针对框架结构以及剪力墙结构在地震震害作用下的变形容许值进行了探讨分析，同时把基于结构性能设计理论引入结构优化设计领域，并在此基础上提出了基于性能的抗震优化设计理念。1999年10月，清华大学针对该理论举行了国际性的学术交流研讨会"International Seminar on New Seismic Design Methodologies For Tall Buildings"。在该学术会议上，国内外专家们对基于性能的结构抗震设计方法进行了深入而广泛的交流、探讨。此后，我国科学家也开始了对基于性能的结构抗震设计领域的研究。通过专家们的不懈努力，我国在该领域也取得了丰硕的科研成果。房屋建筑专家在这方面的研究相对较早而且较深，首先把基于性能的结构抗震设计引入房屋建筑结构的领域。我国的《建筑结构抗震设计规范》(GBJ11. 89)提出了"小震不坏，中震可修，大震不倒"的三水准设防目标和两阶段设计方法。该方法在内涵上已经包含了基于性能的抗震设计思想。我国建筑行业现行的《建筑结构抗震设计规范》(GB 50011—2010)仍然保留了原规范所规定的三水准设防和两阶段设计方法，同时还把能力谱方法纳入了结构在大震作用下变形验算的计算方法之中。桥梁、水利建筑业的专家也已经在基于性能方面开展研究，并取得了一定的研究成果。

1.2.3 渡槽结构基于动力分析方法的抗震研究进展

近年来，不少学者在渡槽结构的抗震分析方面开展了研究工作。李遇春等(1998)选取某高墩渡槽的其中一个墩体作为分析单元，忽略墩体的左右两跨对其横向振动的约束影响，采用解析法分析了该系统的横向自由振动特性。王博和李杰(2000)应用梁段有限元方法，对某大型渡槽在不同工况下的模态进行分析，为大型渡槽的抗震设计提供依据。徐建国和王博(1999)采用SAP93有限元分析软件对南水北调某渡槽在4种工况下进行模态分析和地震作用下的动力反应时程计算。研究表明，在无水情况下，无伸缩缝时的各阶频率均大于有伸缩缝时相应的各阶频率；对于具有相同结构的渡槽，无水时的各阶频率均大于有水时相应的各阶频率。李遇春等(1999)利用高墩矩形水箱耦联系统模拟高墩渡槽，运用Laplace变换等技术分析了耦联系统的地震反应，结果表明地震作用会对墩底产生较大的附加动弯矩。王博和李杰(2001)对某大型渡槽槽身采用薄壁杆件结构模拟，提出了大型渡槽结构地震反应分析模型，并基于该模型开展了某大型渡槽的地震反应分析。结果表明，模型计算渡槽结构的地震时程反应与大型结构分析程序SAP93计算的结果十分接近，且方法简单，计算工作量小，使用方便，是大型渡槽结构地震反应计算的实用模型。上述研究多从渡槽结构的模态分析入手，开展渡槽结构的动力特性研究，并在此基础上，开展地震激励下渡槽结构的地震反应分析。

为了研究渡槽结构在地震作用下的损伤或破坏规律，不少学者对渡槽结构开展了进一步的研究。李遇春等(2008)以某矩形梁式渡槽为工程实例，采用ANSYS有限元分析程序，对3种型式的渡槽结构竖向地震效应进行了反应谱与时程分析，计算结果具有较高的精度，满足工程要求，且该方法可直接用于大型渡槽的水平地震效应分析。季日臣等(2013)以南水北调中线双洎河渡槽为工程实例，采用 MIDAS 有限元软件对渡槽进行动力特性及非线性时程分析，研究表明：非线性摩擦摆支座能大幅减小墩顶位移和墩底内力，可使槽身相对于墩顶的位移满足结构的抗震需求。高平等(2013)以东深供水改造工程某渡槽为例，采用自适应非线性有限元软件 ADINA，通过多跨联合的横向地震激励的流固耦合计算分析，研究了横向地震激励下槽身的扭转效应。结果表明，在横向地震激励下，地震附加扭矩对槽身两端截面正应力的影响较大；以跨中截面的弯曲内力作为控制条件来设计简支渡槽的整个槽身是可以满足结构抗震安全要求的。李正农等(2013)建立了“土—桩—渡槽”结构动力相互作用的整体有限元分析模型，并通过拟动力试验，对“土—桩—渡槽”上部结构地震动力反应特性进行了试验研究，两者的结果基本相符，从而表明建立的有限元模型能够较好地计算渡槽结构在地震作用下的反应；在此基础上，对不同槽墩高度的矩形渡槽结构系统进行了计算研究，结果表明：渡槽结构的基频随槽墩高度变化显著，而其高阶模态频率则变化不大。以上研究从不同角度探究了渡槽结构的抗震性能及其影响因素，但主要是以混凝土弹性本构关系为基础开展研究，忽略了混凝土材料的非线性特性。

随着研究的推进，学者们开始以混凝土弹塑性本构关系为基础开展渡槽的抗震分析。也有少数学者以混凝土损伤本构模型为基础开展渡槽抗震研究，然而多是在某一地震激励下开展渡槽结构抗震研究。王博等(2006)以南水北调中线某渡槽为例，提出渡槽薄壁结构弹塑性动力分析模型，并运用该模型对钢筋混凝土渡槽槽身和渡槽支架模型的低周期反复荷载拟静力试验过程中的 P-Δ 滞回曲线进行数值模拟计算，从而验证了该模型的正确性。聂利英等(2012)以洗耳河渡槽为例，采用弹塑性梁单元模拟排架，分析了横向地震作用下的渡槽动力非线性反应。研究表明，在所选地震波横向作用下，排架出现损伤以及刚度下降、结构振动周期延长问题；排架损伤后槽底水平位移增大而水平加速度减小。以上文献采用了混凝土弹塑性模型进行分析，然而该模型仍然无法反映混凝土的强度软化和刚度退化等典型非线性特性。张社荣等(2013)以昆明市某排架式渡槽为例，初步尝试采用混凝土塑性损伤本构关系建立渡槽结构有限元模型，应用时域分析法对其在灾害性地震作用下的动力反应特性和损伤破坏原因进行分析，得到了该类渡槽在强震作用下的破坏模式及抗震薄弱部位，较为全面地获得了渡槽结构在地震作用下的真实损伤情况。

事实上，由于存在施工工艺、施工顺序、施工环境温度等差异，加之混凝土是由粗骨料、细骨料、胶凝材料和水等多种材料构成，这难免会造成混凝土材料性能的差异，即存在混凝土材料力学性质的随机性。不同地震作用的幅值加速度、频谱、持时等存在着天然差异性，因而地震激励的随机性同样不容忽视。由于混凝土材料的随机性与地震灾害随机性的存在必然造成破坏形式的随机性和多样性，仅依靠损伤本构关系模型开展渡槽结构的确定性地震分析难以全方位地研究渡槽结构发生损伤或破坏的规律。为了更好地模拟渡槽结构在实际地震灾害下的反应规律及抗震可靠性，本书在混凝土弹塑性随机损伤本构关系模型的基础上，开展渡槽结构的精细化有限元建模与非线性地震反应分析，研究渡槽结构在考虑混凝土材料随机性和地震激励随机性等因素下的反应规律与破坏机理，进而开展渡槽结构的抗震可靠性评估。

1.2.4 渡槽结构抗震可靠性研究进展

在渡槽结构的抗震可靠性分析方面，不少研究人员也开展了卓有成效的研究。谢伟等(2006)针对涵洞式渡槽结构的主要失效模式进行了探究，建立了渡槽结构的可靠性功能函数，进而提出了渡槽的整体可靠度计算方法。吴剑国等(2006)提出了计算渡槽结构系统可靠度的样本法，根据 Metropolis 准则构造马尔可夫链模拟样本，通过在失效域中进行预抽样，获得对失效概率贡献大的区域的分布信息，进而计算结构系统的失效概率，具有较高的计算精度和效率。徐建国等(2009)采用渡槽薄壁结构弹塑性动力分析模型，将人工地震波作用于实际渡槽结构进行时程分析，运用矩统计方法计算结构的失效概率。安旭文和朱暾(2010)基于变形破坏准则，建议了渡槽槽架的层间位移限值，采用 Monte Carlo 模拟与有限元分析相结合的方法对渡槽槽架的可靠性进行了研究。Ma 和 Chen(2012)建立了基于主失效模式和综合相关系数法的渡槽系统可靠性分析模型，探讨了洺河渡槽桩梁多侧壁的系统可靠性。研究表明，该模型可以简洁、准确地揭示结构系统的失效模式及其对整个系统可靠性和耐久性的影响，同时避免了 PNET

对主观确定极限相关系数的影响。刘章军和方兴(2012)采用正交多项式展开进行地震动的随机建模，并结合概率密度演化方法，对某渡槽开展随机地震动力反应分析与抗震可靠性求解。以上研究为渡槽结构的抗震设计与评价提供了重要参考，但可靠度计算主要基于随机模拟方法，计算效率较低，且确定性分析多基于弹性、弹塑性材料本构关系模型，无法完整反映混凝土材料的典型非线性特性，也因而难以对渡槽结构的动力可靠度做出精确评估。

1.3 混凝土随机损伤力学发展述评

由于对渡槽结构损伤和破坏的研究相对滞后，仅在弹塑性阶段对渡槽结构开展动力反应分析方面的研究，还需进一步开展渡槽结构损伤机理的研究，以期更准确地把握渡槽结构在灾害地震作用下的损伤破坏过程。

由于大多数渡槽结构由混凝土材料构成，因此开展混凝土性能的研究是渡槽结构抗震分析的基础。混凝土结构动力灾变研究的核心是基于其非线性性态和演化机理的研究，这是以混凝土本构关系为先决条件的。然而，由于混凝土是由多种成分构成的多相复合材料，加之其本构关系的研究相对滞后，经典的弹性力学、塑性力学和断裂力学等理论，仍难以准确地把握混凝土结构从材料损伤、构件失效乃至结构破坏的非线性发展全过程。

根据已有研究可知，混凝土的破坏过程是由混凝土材料损伤的演化、发展和累积等一系列物理过程构成的。自 20 世纪 80 年代以来，逐步发展与完善的混凝土损伤力学，为合理反映混凝土受力力学行为带来了新的机遇。Ladevèze 和 Mazars(1983，1984，1986)通过引入弹性损伤能释放率建立损伤准则，基于应力张量正负分解，进而建立了混凝土弹性损伤本构模型。在此基础上，Simó、Lubliner 和 Ju(1987，1989)则建立了混凝土弹塑性损伤本构模型的理论。该理论体系在屈服面处理和数值收敛性等方面皆具明显优势。而在引入弹塑性损伤能释放率后，混凝土损伤本构关系具有了明确的热力学基础。系统整合上述研究成果，李杰等(2014)基本上建立了完整的混凝土连续介质损伤力学的理论。在此理论下，结构非线性分析工具与现代数值算法相结合逐渐在研究和工程实践中得到广泛的应用。

事实上，混凝土的受力力学行为不仅具有显著的非线性，还存在明显的随机性。这从本质上来讲，是由于存在混凝土材料初始损伤分布的随机性这一客观事实。连续介质损伤力学理论没有考虑该因素，因此无法反映混凝土的这一随机性特性，也就无法从本质上正确把握混凝土损伤演化的物理机制。基于这一现实问题，在 Krajcinovic 和 Silva 等(1982，1990，1996)研究的基础之上，李杰和张其云(2001)提出了混凝土细观随机断裂本构模型，从而将混凝土材料的非线性与随机性及两者之间的耦合作用纳入统一的体系中去考察。在此基础上，通过引入能量等效应变的概念，建立了基本完整的混凝土随机损伤本构关系模型。该模型解释了损伤何时发生、损伤如何演化等经典损伤力学难以回答的基本问题，不仅合理地给出了混凝土材料在多维应力状态下的均值本构关系及其随机变化范围，而且可以理想地反映混凝土材料所特有的强度软化、刚度退化、单边效应和拉压软化等一系列力学行为，从而为进行结构层次的非线性分析奠定了基础。

混凝土随机损伤本构模型可以更准确地反映混凝土材料在外部荷载作用下的非线性力学行为，为后续建立大型渡槽结构的精细化有限元分析模型、开展大型渡槽结构非线性动力反应分析和可靠性研究奠定了基础。

1.4 结构随机振动分析方法研究述评

在 1947 年，Housner 已经开始研究地震动的随机性，提出了利用白噪声来模拟地震动的随机性，并在 1955 年提出了随机脉冲模型。1957 年，Crandallz 在美国麻省理工学院主办的随机振动暑假研讨班标志着随机振动理论作为随机动力学的一个重要分支的诞生。1962 年，我国科学家胡聿贤和周锡元开展了结构体系在平稳随机地震动激励下的随机反应分析问题的研究。截至 20 世纪 80 年代，国内外科学家在 FPK 方程、功率谱分析等方面开展了大量的研究，取得了可喜的研究成果。这使得基于线性系统平稳反应的分析理论趋于成熟，并开始进入工程应用阶段。

随着扩散过程和随机微分方程的引入，20 世纪 60 年代初，科研工作者开始关注非线性随机振动分析问题，随后相继发展了等价线性化方法、等效非线性系统法、矩方程法、随机平均法、FPK 方程法等研究。等价线性化方法简单易行，因此在实际工程应用较为广泛，是解决结构非线性随机振动问题比较有效的方法。然而，该方法低估了结构系统的均方反应，且可能导致非均方统计反应量和可靠性的误差估计。自 20 世纪 90 年代以来，以朱位秋等基于 Hamilton 理论体系获取 FPK 方程平稳解的努力为代表，科研工作者在非线性随机振动理论方法上取得了重要进展，但是对于一般非线性动力系统的非平稳性反应分析问题，仍然存在着尚未解决的问题。

1.5 随机结构分析方法研究述评

由于很难对待建和在建结构实施全部的监控，也不可能对已建成结构进行全面的观测，这就客观上造成了结构的一些物理参数(如结构的材料性能参数、几何尺寸以及边界约束条件等)是不确定的。此外，随着计算机技术的快速发展，有限单元法作为结构工程中最常用的数值计算方法，精度越来越高。因此，科研工作者开始尝试在进行结构随机性分析时引入有限元计算，这便成为随机结构分析方法快速发展的契机。有限元理论也在结构随机性问题研究方面凸显出很大优势，尤其在解决自身参数变异性较大的大型混凝土结构工程方面。在过去 50 多年的科学研究中，随机研究领域逐渐形成了三类随机结构分析方法：随机摄动理论、随机模拟方法和正交展开理论。

1.5.1 随机摄动理论

摄动技术在 20 世纪 60 年代开始得到应用，起初是应用于确定性的非线性结构分析。20 世纪 60 年代初，Soong 和 Bogdanoff(1963)结合传递矩阵法和摄动展开推导了一条无序线性链条自然频率的统计特性率，率先实现了将该技术在随机结构分析中的应用；Boyce 和 Goodwin(1964)用随机摄动法分析了一根弹性随机梁的横向振动频率。1969 年，Collins 和 Thomson 以摄动技术为手段，研究了具有随机参数的结构系统特征值问题，为早期随机摄动理论的发展奠定了基础。20 世纪 70 年代初，Hasselman 和 Hart (1972)将摄动技术与有限元理论相结合，利用小参数摄动技术将特征方程转化为一组确定性的递归方程，发展了基于随机摄动有限元的基本列式。

20 世纪 80 年代初，Hisada 和 Nakagiri(1980，1986)在考虑变量随机性时将一阶、二阶随机摄动技术与有限单元法相结合，并将该方法用于分析应力、应变的变异性和几何非线性问题。研究表明，一阶摄动随机法计算效率较高，但只适用于小变异性问题；二阶摄动随机法对问题变异性的适用范围得到一定扩展，计算精度也有所提高，但存在计算量过大、实用性较差的弊端。在以上研究的基础上，摄动随机法也开始应用于结构随机动力反应分析。

20 世纪 80 年代中后期，科研工作者基于随机函数建立非线性随机有限元方法的基本列式，得到确定性非线性方程组并进行求解使非线性随机摄动理论得到发展与完善。接着，结合混凝土非线性本构关系模型，随机摄动方法被应用到基于静力非线性的三维混凝土构件有限元分析中，并取得了良好的分析结果。令人遗憾的是，在随机摄动法求解过程中，方程组的一阶和二阶变异方程出现共振因素并导致在某些情况下出现不收敛情况，即所谓的“久期项”问题。久期项问题是摄动随机法所固有的缺陷，这使其在解决动力反应问题时只适用于较短时程。

1.5.2 随机模拟方法

从 20 世纪 70 年代初期开始，随机模拟方法开始兴起。Shinozuka 和 Jan(1972)最早开始利用 Monte Carlo 模拟技术，并与计算机技术相结合产生大量随机样本及每个样本的计算结果，进而获得结构的随机反应和可靠度情况。1976 年，Shinozuka 和 Lenoe 初步尝试采用该方法解决随机介质问题，并建立了基于材料空间变异性的概率模型，并把模型转化为随机场来进行研究，客观上促进了随机模拟方法的发展。80 年代后期，Yamazaki 等(1988)提出将算子的 Neumann 级数展式引入 Monte Carlo 方法中，以提高计算效率。Monte Carlo 方法虽然简单直观，获取的信息量丰富，但是收敛随机性问题以及计算工作量大等无法解决的弊端使其难以应用于大多数实际结构的随机分析问题中。

1.5.3 正交展开理论

20 世纪 70 年代末，Sun(1979)提出了基于 Hermite 正交多项式展开方法，很好地解决了具有随机参数微分方程的求解问题，并开启了正交多项式研究随机参数问题的新篇章。由于随机摄动方法自身局限性一直没有得到解决，随着运算时间的持续，动力反应方差的计算误差会越来越大。基于这一难题的阻碍，20 世纪 90 年代初以来学者们开始对正交多项式展开方法进行探索与研究。Ghanem 和 Spanos(1990)率先提出用混沌多项式对结构位移反应进行展开，并开展构件的随机静力反应分析。随着研究的推进，Ghanem 和 Spanos(1991)又进一步将该方法应用到了结构可靠度分析中。同时，Jensen 和 Iwan(1991)提出了采用一般正交多项式作为基函数，并将该方法应用到结构地震反应分析中。1995 年，李杰基于泛函空间中的次序正交分解概念，提出了概率测度空间中的次序正交分解原理，给出了随机结构分析的扩阶系统方法，进而将该方法推广应用到随机结构动力分析及复合随机振动问题上，并取得了较好的研究成果。基于正交多项式展开的随机有限元法克服了随机摄动方法存在的参数变异性和久期项问题，凸显出一定的优越性。然而，其代价是得到的扩阶系统方程的阶数远高于原系统方程，当问题涉及的基本随机变量数目较大时，计算工作量变得非常难以接受。为了提高求解扩阶方程的效率，李杰和魏星(1996)提出了解决扩阶系统方程问题的递归聚缩算法，极大地提高了计算速度，且该方法适用于解决一般随机结构分析问题。Nair 和 Keane(2002)提出了随机简缩基法，用随机 Krylov 子空间基向量的线性组合表示结构位移反应过程，也有效提高了扩阶系统方程的求解效率。

与随机摄动方法相比，正交多项式展开方法的计算工作量相对较大，并随着基本随机变量数目的增加，计算工作量呈幂次增长。但令人欣慰的是，正交多项式展开方法易于推广至线性随机结构系统分析问题中。也有不少学者采用该方法开展对非线性随机结构分析问题的研究，虽付出很多努力，但仍难以应用于一般复杂结构分析中。

综上所述，随机模拟方法适用范围比较广，可解决各类工程问题，但计算量太大且存在一直没有解决的随机收敛问题。随机摄动法计算量较小，但适用范围一般限于小变异性的静力结构分析问题。正交展开法突破了变异性的限制且也适用于动力结构的分析问题，但是随着问题维数的增加，计算量急剧增大。以上三种方法均在处理非线性与随机性的耦合方面遇到困难，因此无法有效解决结构非线性随机动力反应分析问题。

自2003年以来，基于概率守恒原理，李杰和陈建兵建立了广义概率密度演化方程，并形成了完整的概率密度演化理论。该理论事实上已经破解了非线性与随机性的耦合分析困难的问题，为解决结构非线性随机动力反应分析问题提供了新思路，为混凝土结构随机非线性地震反应分析提供了新途径。

1.6 本书主要研究工作

基于上述背景，本书以在水利工程中广泛应用的大型钢筋混凝土渡槽为研究对象，从非线性与随机性两个基本点出发，开展大型渡槽从材料到结构的非线性动力反应分析与抗震可靠性求解评估。

本书主要开展以下工作：

(1)开展了基于损伤的Push-over分析方法在渡槽抗震性能分析中的应用。介绍了Push-over分析方法的基本原理、基本假定、基本步骤、目标位移的确定、侧向荷载分布模式和结构的恢复力模型等理论，然后把基本理论与工程实际相结合，对中线工程某渡槽进行推倒分析与运算。研究表明，考虑P—Δ刚度影响不明显，但结构的延性明显减弱。而延性性能是结构抵御地震破坏的一个重要参数，所以在进行抗震性能分析时必须予以考虑；均布荷载模式和倒三角分布荷载模式所引起的渡槽位移存在一定的偏差。针对这种情况，在进行渡槽结构的抗震能力评估时，一般以产生较大位移的荷载分布模式作为参考。

(2)开展了基于损伤的渡槽抗震能力评估。阐述了抗震能力评估的基本原理、渡槽抗震能力评估方法的计算步骤，并结合具体的工程实例进行渡槽结构的抗震能力评估分析。通过求出能力谱首次屈服对应的值与渡槽的响应值 D_m 和 A_m，来进一步确定在不同地震水平下的损伤指数。根据损伤指数的大小查找渡槽结构的破坏等级划分表，确定渡槽结构的破坏情况，并根据破坏情况进行加固或改造。

(3)提出了渡槽结构的随机非线性动力反应分析方法，其中材料层次采用混凝土随机损伤本构关系模型，单元层次采用纤维梁单元模型。该分析方法兼顾了精度和效率，适合开展大量样本的渡槽结构非线性分析。以某大型渡槽结构为例，编写适用于 OpenSEES 开放性分析平台的 TCL 语言程序，建立基于混凝土随机损伤本构关系的渡槽结构精细化有限元分析模型。

(4)基于概率密度演化方法和混凝土随机损伤本构关系模型，提出渡槽结构输水功能可靠性分析方法。以某真实渡槽 200 个随机结构样本为基础，开展渡槽结构止水在某确定性地震作用下的随机地震反应分析，借助概率密度演化方法，考虑混凝土材料非线性与随机性耦合作用，分析渡槽结构的随机非线性地震反应规律，给出了止水在不同失效阈值下的渡槽的输水功能可靠性。

(5)提出了渡槽结构在强烈随机地震作用下的抗震可靠性分析方法。以工程地震动物理随机函数模型生成的 100 个随机地震动样本及相应的赋得概率为基础，开展该渡槽结构的随机地震反应分析，获取渡槽结构的随机动力反应。以渡槽槽墩极限位移角反应为吸收边界条件，进行概率密度演化分析，获得不同给定阈值条件下渡槽结构的动力可靠度指标，并基于工程经验的失效阈值给出了渡槽结构在特定情况下的可靠性量化指标。

(6)基于渡槽材料参数随机性与地震动激励随机性的耦合作用，开展渡槽结构在随机地震激励下的随机结构动力反应分析和可靠性评估，并分别与渡槽随机结构地震反应分析和渡槽随机地震反应分析结果进行对比。研究发现：在复合随机条件下渡槽结构的地震反应明显增大，破坏形式产生显著的变异性，渡槽结构的抗震可靠性降低。

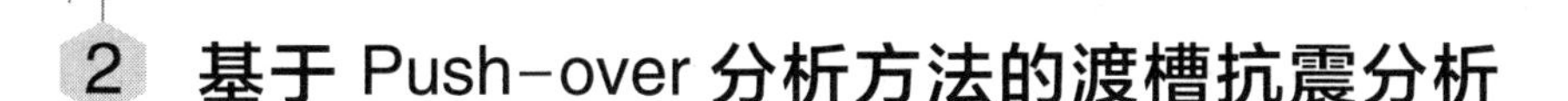

2 基于 Push-over 分析方法的渡槽抗震分析

2.1 Push-over 分析方法的国内外研究状况

2.1.1 Push-over 分析方法在国外的研究现状

西方国家的专家学者们着手研究和应用 Push-over 分析方法比较早。其中较有影响力的有以下几位：在 1975 年，Freeman 提出了静力弹塑性(Push-over)分析方法及能力谱方法，Push-over 分析方法第 1 次作为概念被提出。但当时并没有在学术界引起足够的重视，之后虽然有了一定程度的发展，但进展一直缓慢。

20 世纪 90 年代初，美国科学家和工程师们提出了基于性能(Performance-based)及基于位移(Displacement-based)的设计方法，Push-over 分析方法随之重新激发了专家学者们的兴趣，纷纷展开这方面的研究。一些国家如美国的抗震规范也逐渐接受了该分析方法并纳入规范中，如 ATC-40、FEMA-273 &274 等。在这些规范中，采用的侧向荷载分布形式有均匀分布、倒三角形分布、广义乘方分布、抛物线分布等，每种侧向荷载分布模式各有各的优缺点与适应范围。因此，在研究与应用过程中，科研人员可根据具体的实际情况，确定采用哪种荷载模式。

Push-over 分析方法经过不断的研究和改进，现已成为重要而常用的非线性抗震分析方法。直到 20 世纪 90 年代，基于结构性能抗震设计(PBSD)理论的提出，即结构抗震设计理论以建筑物结构在未来发生地震中的位移来做出预计，并以此作为设防目标。1997 年，美国的 ATC-40 和 FEMA-273 方法问世以后，Push-over 理论在建筑、桥梁等工程领域得到了更好的发展，更广泛的应用。

Push-over 分析方法也常在一些重要的国际会议或者一流刊物上被提及，最早可追溯到 20 世纪 80 年代初期。近年来有关这种方法的应用和研究逐渐广泛而深入，但是单一针对 Push-over 分析方法的研究仍旧比较少，多数专家一般是在进行其他方面的研究时把它当成一种结构分析的手段。1998 年 Helmut Kra Wiknler 的文章对 Push-over 分析方法在近 20 年的发展做了总结，全面地介绍了该方法的优点、适用范围及局限性，这标志着 Push-over 理论从发展走向成熟。几十年来，在科研人员对该方法进行不断地改进与创新下，Push-over 分析方法得到了很大的发展。Skokan 和 Hart(2000)解决了进行 Push-over 分析时的随机荷载问题，能够在此科研成果的基础上进行结构抗震的设计；Choara 和 Goelyi(2003)提出了振型 Push-over 的抗震分析方法，依托结构动力学科，将该理论如何分解振型与 Push-over 分析计算综合起来，这种方法比较适合进行结构的非线性分析，精确度相对于一般方法而言比较高；Jan(2004)总结的新公式是以参与系数为基础，该系数是地震反应谱的结构高振型位移系数，利用该法可以求出高层建筑民用建筑及高层工业厂房等的层间位移、顶点位移与塑性铰的转角且得到的计算结果精度非常高；Giusee Faella(2005)教授对建造在硬土地基上的同一个建筑结构分别利用 Push-over 分析方法和非线性动力方法对该结构进行地震分析，比较分析结果得出以下结论：确定目标位移是 Push-over 分析结构抗震反应的关键，而且当该结构的层间位移以及柱子的破坏情况在确定的情况下，非线性分析得到的结果要比动力分析高一些。对软土地基的情况没有进行深入的研究，有待于以后的科研工作者们做进一步的探讨。与此同时，Push-over 分析方法被引入到一些分析软件中，用于结构的设计分析，如 IDARC 软件、ETABS 家族的 SCM-3D 软件和 SAP2000 软件、ANSYS 软件等。如今，Push-over 分析方法已成为科学研究人员所关注的热点问题。

2.1.2　Push-over 分析方法在国内的研究现状

近年来，我国的专家学者们对 Push-over 分析方法相继展开了研究。该方法由于运算相对简单，同时又能够较精确地满足结构抗震能力分析研究的需要，逐渐在我国的工程领域得到推广与应用。

孙景江教授(2003)对通过加载到结构上各种类型的荷载分布模式而得到的结构能力曲线进行了对比分析，并在此基础之上提出了改进的分布模式。王理等(2000)将非线性静力分析理论应用于立体的框架结构，并利用SCM-3D有限元软件，建立了立体结构的非线性推覆模型，对某办公大楼进行了地震非线性静力分析计算。钱稼茹等(2000)就静力弹塑性分析在结构抗震设计中的应用及需要深入研究的一些问题做了深刻的探讨。欧进萍等(2001)全方位地分析了我国现行的抗震规范以及地震作用统计参数，并通过进一步研究提出了基于概率Push-over分析的结构抗震可靠度评估方法。尹伟华等(2003)考虑了高阶振型对建筑物结构地震反应的影响，把结构由原来的多自由度体系分别依次转换为3个与之等效的单自由度体系，最后把它们的结果进行叠加得到结构的最终结果。王东升、李宏男等(2006)提出了屈服谱加速度与屈服位移函数关系的地震需求谱，把多级性能目标引入到基于位移抗震设计方法中来实现。李刚等(2005)选取了具有代表性的几个加载模式，采用有限元结构分析软件，对不对称钢框架及钢混框架进行了Push-over分析与计算，得出了加载模式等因素对该分析结果的影响的结论。方德平等(2008)提出了改进的能力谱方法，定义结构的位移延性系数，并通过一定的手段进一步求出结构的最大抗震谱加速度，依此来评估框架结构的抗震性能。毛建猛等(2006)对MRA法进行了修正，对第1振型采用两阶段的分阶段加载模式，而对于其他振型仍然采用一次加载模式。该方法适当地考虑了屈服后结构刚度等问题，改进了以前的研究方法。

近年来，国内一些研究人员开始对基于位移的结构静力弹塑性分析方法进行探索与研究。汪梦甫等(2006)对基于位移的静力非线性方法进行深入的探讨，并选用典型的剪力墙结构进行了科学的分析。分析的结果表明，采用该方法对结构的抗震性能进行评估时，受高阶振型的影响非常小，可以忽略不计，并且结果更加准确合理。

以上各位专家的研究与创新丰富发展了我国的Push-over分析方法，为我国的建筑抗震评估和防震减灾做出了不可磨灭的贡献。但总体上来说，Push-over分析方法能为结构评估、抗震救灾及抗震设计理论的完善提供较为准确、合理的依据，是一个既相对简单，而准确度又相对高的结构性能分析方法。但是专家们大多是针对桥梁、房屋建筑等领域进行研究，对渡槽方面的研究还比较少，尤其是对渡槽基于损伤的研究更是空白，而基于损伤的抗震性能研究能很好地评价渡槽结构抵御地震破坏的能力，因此开展基于损伤的渡槽抗震性能研究意义重大，基于此，本书将开展在地震作用下基于损伤的渡槽结构 Push-over 分析方面的相关研究。

2.2 流固耦合理论与渡槽结构分析计算模型

流固耦合即水体与水工建筑物之间的相互耦合作用，是水利工程领域的常规问题。因此进行大坝、渡槽等水工结构分析计算时会经常遇到流固耦合的问题。水工建筑物结构在水体、地震等外荷载作用下会产生一定程度的变形，假设变形不随时间变化，则作用于结构上的流体及其他荷载与其变形无关，这种情况下，结构的变形由流体自身特性和流动条件决定，当结构在动荷载作用下随着时间的变化发生变形时，这种变形将对作用于结构接触面上的流体压力产生影响。流体压力的变化同时又会反过来对结构的变形产生影响，这即为流体与固体变形之间的互相作用问题。近年来，随着水利工程的发展，特别是南水北调工程的开工，国内水利领域的专家都对此进行了不同程度、不同角度的探讨与分析，并取得了一系列的成果。陈厚群(2003)、李遇春(2008)、刘云贺(2002)、王博(2010)、白新理等(2009)从不同的角度对渡槽结构进行了研究。在研究的过程中，上述专家遇到了以下几个关键性的学术问题：①渡槽槽体内的水体体积与质量都比较大，特别是在地震动力作用下水体大幅度的晃动，涉及“流—固”动力耦合理论等极其复杂的学术问题，增加了对渡槽动力特性影响研究的难度；②渡槽上部结构的巨大水体与槽身重量，对渡槽支撑结构的要求特别高，这将涉及桩体等一系列技术难题；③渡槽是水体、槽身、槽墩、桩体等组成的综合系统，在发生地震作用的情况下必须首要确保渡槽结构体系的安全性，此外还不容许造成影响槽身稳定、伸缩缝变形较大及水体外流的过大位移，这就需要把在桥梁领域应用比较成熟的隔、减震技术借鉴到渡槽结构系统研究上来，并对该体系进行有效的技术处理；④大跨度渡槽各槽墩可能分别处在不同场地的类型之中，这时地震反应分析中要考虑多支承、不同激励等问题。以上所述都是大型渡槽结构体系所遇到的难以解决的技术攻关难题。

渡槽与桥梁这两种结构体系极为相似，以上所述技术难题有很多在桥梁抗震领域研究得比较深入，但是渡槽水体与槽体结构的动力相互耦合作用，是渡槽抗震中所独有而且异常重要的技术问题，必须深入研究。渡槽槽体结构与槽内水体之间的动力相互作用，实际上就是流体与固体之间的动力耦合问题。

流体与固体之间的相互作用问题大概分为以下 3 种情况：①流体与固体之间有相当大的相对速度，如导弹等在空气中飞行速度快的物体与空气的动力耦合问题，该问题被称为气动弹性力学问题。②流体域与固体域的动力相互作用问题，这二者之间相互作用的时间比较长，而相对位移却很有限，被称为流体弹性力学问题，如大坝结构与水库内水体、波浪与海岸结构、渡槽槽体与水体等的流固耦合。③流体与固体之间相互作用的时间非常短，而流体的密度变化非常大的情况。本书在建立模型进行分析计算的时候，考虑的大型渡槽流体与固体的动力耦合属于上述第 2 种情况。

19 世纪 30 年代初，Westergaard(1933)首次开展对高度无限大、刚性垂直坝体上的动水压力的研究，标志着第 2 种流固耦合理论研究的开始。田野正(1957)对 Westergaard 的理论进行深入的论证，并在相同的假设条件下给出更加充分严密的数学解答。与此同时，我国学者对这方面的问题也开展了较广泛的研究，如钱令希、刘恢先等(1962)。这些研究大多是在 Westergaard 理论的基础上进行的，同时也进一步拓展了他的思路，但是这些成果都有一定的局限性，即忽略了水体的压缩性和晃动作用，仅反映了动水压力对结构的影响，但是该方法有计算简便、工程应用广泛的优点。

19 世纪 50 年代末，Housner 提出了储液容器晃动流体与结构耦合的“质量—弹簧”简化计算模型。Housner 模型分析得到的刚度较大的结构响应值与实际水体的响应值是非常接近的，所以后来的学者在对一些刚度较大的类似储液容器类的结构体系进行研究分析时就采用这种模型。张俊发

(1999)在研究渡槽在地震动力作用下的响应时，对水体的处理就采用了Housner的简化计算模型。由于该模型构造比较简单，物理概念清晰明确，避开了求解复杂数学方程的难题，便于计算机运算并且比较容易和梁单元结合。因此，该模型的编程易实现，便于大型结构体流固耦合时程分析与计算。

20世纪70年代后，随着计算机科学与技术的迅速发展与应用，利用有限元、边界元等数值计算方法研究"流体—固体"耦合问题的热潮迅速蔓延，使流固耦合理论得到较快的拓展。

Edwards、Nash等(1980)采用有限元分析方法研究储液罐晃动流体与固体的相互耦合问题。当时他们的研究也存在一定的局限性，即建立在线弹性变形等假设的基础上进行。Liu等(1981)首先采用非线性迎风有限元与程序LFUSTR相结合的方法来研究储液罐的流固动力耦合问题。随着科技的不断发展，又出现了ALE有限单元法与边界元法。吴轶等(2005)将任意拉格朗日-欧拉(ALE)方法用于分析"大型矩形"渡槽结构—水耦合体动力性能，并针对不同的水位、不同截面深宽比，研究渡槽结构在谐波激励、地震激励下的振动反应，ALE有限元法可以求出渡槽内部水体晃动波高的时间历程，能够较为全面地反映流体域的特征，该方法却存在不适合与梁单元结合的问题，对网格的运动算法有较高的要求，比其他几种方法的计算要复杂得多。

边界元法在进行计算分析时，只考虑流体边界值，具有划分的单元数目少、运算时间短的优点。李遇春(1998)采用边界元法分析计算了渡槽内水体在地震荷载下的非线性大幅度晃动问题。张效松(2000)通过具体工程实例对非连续边界元和有限元的耦合问题进行了分析与研究。但是该方法在计算分析时考虑不全面，仅仅反映流体晃动对槽身的影响，而没有反映槽身对流体的作用。

因此，这里先简要介绍流固耦合方法的研究进展、研究流固耦合的常用方法以及流固耦合的基本理论和基本假定。与此同时应用Housner流固耦合理论，建立流固耦合的渡槽计算模型，并通过一个实际工程算例，分别分析了空槽、设计两种不同工况下渡槽结构的自振特性。

2.2.1 流固耦合基本理论

2.2.1.1 基本假定

为了研究的需要，本书做了以下基本假定，以便进行简化计算：

(1)假定水体是无黏性、无旋转、不可压缩的理想流体。

(2)假定渡槽结构构件为理想弹性体，并且具有小变形特性。

(3)槽内水体与渡槽槽身内壁的界面上在任意时间点的法向速度是连续的，换言之，水体与槽身内壁在法向方向上不直接脱离，只沿切向方向滑动。

(4)只考虑渡槽结构的平面应力和平面应变问题。

根据以上假定，得到“流体—固体”耦合系统的统一支配方程。

2.2.1.2 有限域内的附加质量方法

根据所查阅的文献可知，渡槽结构与水体流固耦合的处理方法主要包括以下两类：一是把水体当作附加质量与渡槽结构通过某种形式连接在一起，进行动力研究的线性分析方法，如附加质量、Housner 模型；二是研究液体非线性晃动对渡槽影响的非线性方法，如边界元法、ALE 有限元法等。

利用非线性方法建立模型的过程相当复杂，而且运算量比较大，但是相对精度较高；线性方法相对于非线性分析方法计算精度较低，有时在满足工程精度计算要求的情况下，为了计算的简便性一般采用线性方法进行运算。线性方法包括附加质量和 Housner 模型两种方法，两者的建模复杂程度和计算工作量基本相似，但是附加质量法是将水体简化成质量块与槽身固结在一起，忽略了水体与槽身之间横向动力相互作用的影响，有较大的计算误差。

2.2.1.3 Housner 原理在本书中的应用

在横槽向地震作用下，按照储液容器的液动压力计算方式，则渡槽中水体内部任意位置点的液动压力为：

$$p=-\rho\frac{\partial\Phi}{\partial t}=\rho\left[\sum_{n=1,3,\cdots}^{\infty}b_n\ddot{q}_n(t)\frac{\cosh\frac{n\pi(z+h)}{a}}{\cosh\frac{n\pi h}{a}}\cos\frac{n\pi x}{a}+\left(\frac{a}{2}-x\right)\ddot{x}_0(t)\right] \tag{2-1}$$

渡槽槽身与槽身内部水体的相互作用力可分为作用在槽身内壁上的液动压力 S 以及倾覆力矩 M，分别为：

$$S=-2\rho\left(\sum_{n=1,3,\cdots}^{\infty}\ddot{q}_n(t)\frac{b_n a}{n\pi}\tanh\frac{n\pi h}{a}+\frac{ah}{2}\ddot{x}_0(t)\right) \tag{2-2}$$

$$M=-\rho ah^2\left\{\frac{\ddot{x}_0(t)}{2}+\frac{2a}{\pi^2h^2}\sum_{n=1,3,\cdots}^{\infty}\frac{b_n\ddot{q}_n(t)}{n^2}\left[\frac{n\pi h}{a}\tanh\frac{n\pi h}{a}+\frac{1}{\cosh\frac{n\pi h}{a}}-1\right]\right\}-\rho a^3\left(\frac{\ddot{x}_0(t)}{12}+\sum_{n=1,3,\cdots}^{\infty}\frac{2b_n\ddot{q}_n(t)}{n^2\pi^2a}\frac{1}{\cosh\frac{n\pi h}{a}}\right) \tag{2-3}$$

式中，ρ 为槽内水的密度，h 为槽体内水深，a 为槽内壁宽度，$\ddot{x}_0(t)$ 为渡槽槽身横向加速度。

根据 Housner 理论简化模型可知，在横槽向地震作用下，渡槽槽身和槽身内水体的相互作用力包括脉动压力和对流压力两部分。脉动压力对槽身内侧壁的作用荷载为：

$$S^0=2\rho\,\ddot{x}_0(t)\frac{h^2}{\sqrt{3}}th\left(\frac{\sqrt{3}a}{2h}\right) \tag{2-4}$$

用固定于槽体的质量块 M_{PR}^0 来等效替代脉动压力对渡槽槽身内壁的作用，则有：

$$M_{PR}^0=ah\rho\frac{th\frac{\sqrt{3}a}{2h}}{\frac{\sqrt{3}a}{2h}} \tag{2-5}$$

而质量块 M_{PR}^0 与槽身底板的距离 h_0 为：

$$h_0=\frac{3h}{8}+\frac{h}{2}\left(\frac{\frac{\sqrt{3}a}{2h}}{th\frac{\sqrt{3}a}{2h}}-1\right) \tag{2-6}$$

对流压力即为槽内水体的奇数阶振动对渡槽槽身的作用力，由于各阶振动对流压力 $S_n(n=1, 3, 5, \cdots)$ 全是与水体振动圆频率有关的谐振力，因此可以将这类谐振力的作用等效为一系列的"弹簧—质量系统"，如图2-1所示。以槽内水体的第 n 阶对流谐振力为例，其等效质量 M_{PR}^n、等效弹簧刚度 K_{PR}^n 与距底板的距离 h_n 分别为：

$$M_{PR}^n=\frac{a}{n}h\rho\left[\frac{\sqrt{10}a}{12hn}th\left(\frac{\sqrt{10}hn}{a}\right)\right];\ (n=1, 3, 5, \cdots) \tag{2-7}$$

$$K_{PR}^n=M_{PR}^n\omega_n^2=M_{PR}^n\frac{\sqrt{10}gn}{a}th\left(\frac{\sqrt{10}hn}{a}\right)=\frac{5}{6}\rho agth^2\left(\frac{\sqrt{10}hn}{a}\right);\ (n=1, 3, 5, \cdots) \tag{2-8}$$

$$h_n=h\left(1-\frac{ch\dfrac{\sqrt{10}hn}{a}-2}{\dfrac{\sqrt{10}hn}{a}sh\dfrac{\sqrt{10}hn}{a}}\right);\ (n=1, 3, 5, \cdots) \tag{2-9}$$

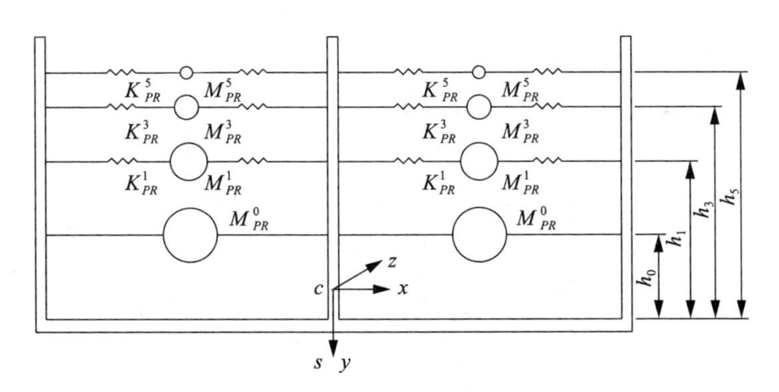

图 2-1　渡槽横截面水体等效示意图

根据计算分析，取前几阶对流谐振力即可得到满意结果。

2.2.2　渡槽结构动力分析计算模型

老张庄渡槽位于河南省新郑市，横断面为底宽 5.0m，槽深 4.25m，百年一遇设计流量 64m³/s，滞蓄水位 128.08m，三百年一遇校核流量 72m³/s，滞蓄水位 128.55m，全长 197.8m，上部为预应力混凝土矩形槽结构，过水断面(宽×高×槽数)为 4m×3.4m×2，下部为单排架支承、钻孔灌注桩基础，其立面图如图 2-2 所示，剖面图如图 2-3 所示。

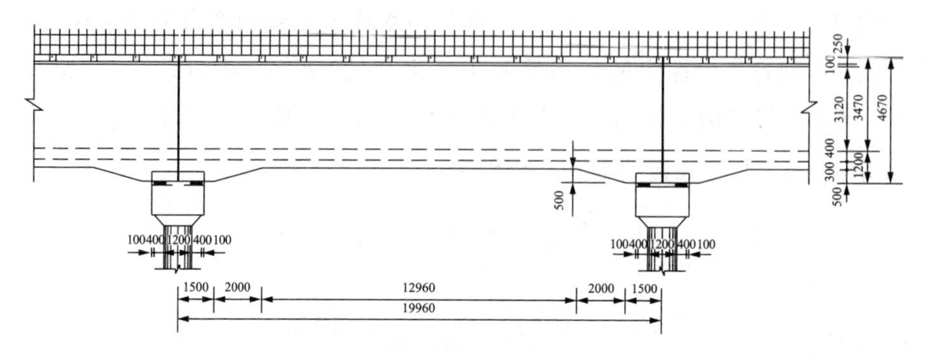

图 2-2　立面图（单位：mm）

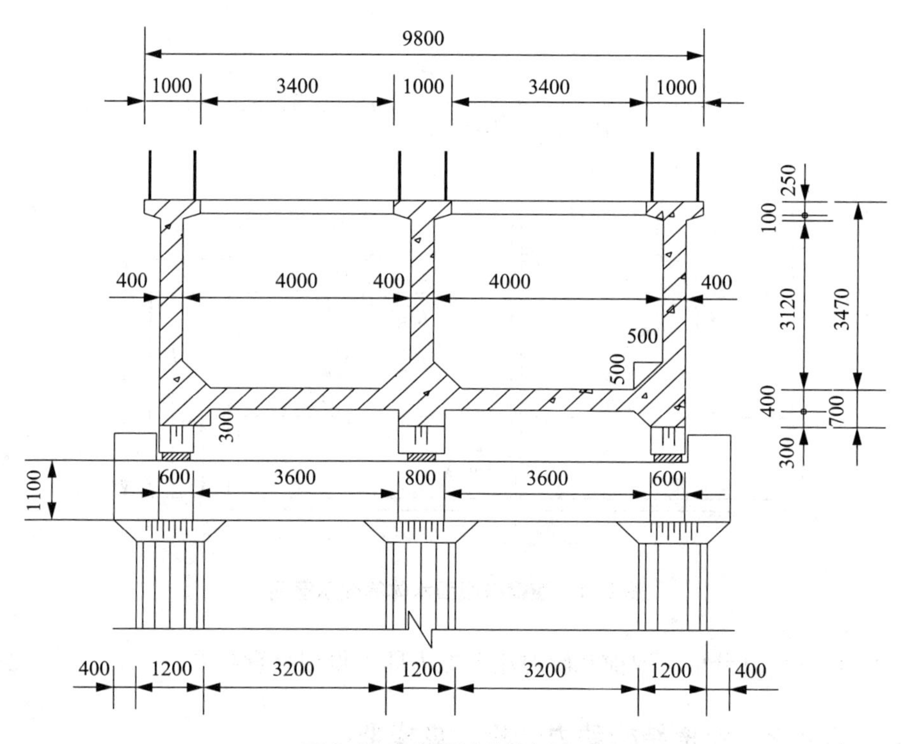

图 2-3　剖面图（单位：mm）

本书此处所采用的是老张庄渡槽全槽结构模型算例，用 SAP2000 软件建立了渡槽整体结构体系的分析模型，并进行了有限元分析计算，渡槽上下部结构分别采用厚壳单元和梁柱单元进行模拟，槽身和盖梁的接触部位用弹簧支座连接，槽墩底部与桩基础刚性连接。以渡槽槽身的关键部位为控制点，进行基本等距离的剖分。根据 Housner 理论，把槽内水体的质量分层转化到集中质量点上，集中质量点用弹簧或者刚性杆与槽壁连接。把渡槽水体分成 4 层，最底层是把水体转化成集中质量点，用刚性杆连接，其余上面 3 层把水体转化成集中质量点，用弹簧连接。在这种情况下，集中质量点能够较为真实地模拟槽内水体质量。槽墩按照梁柱单元进行剖分，并与地基基础刚性连接，不发生任何的移动或转动。

根据以上分析，在考虑水体的情况下，在 SAP2000 中建立渡槽结构的计算分析模型，如图 2-4 所示。

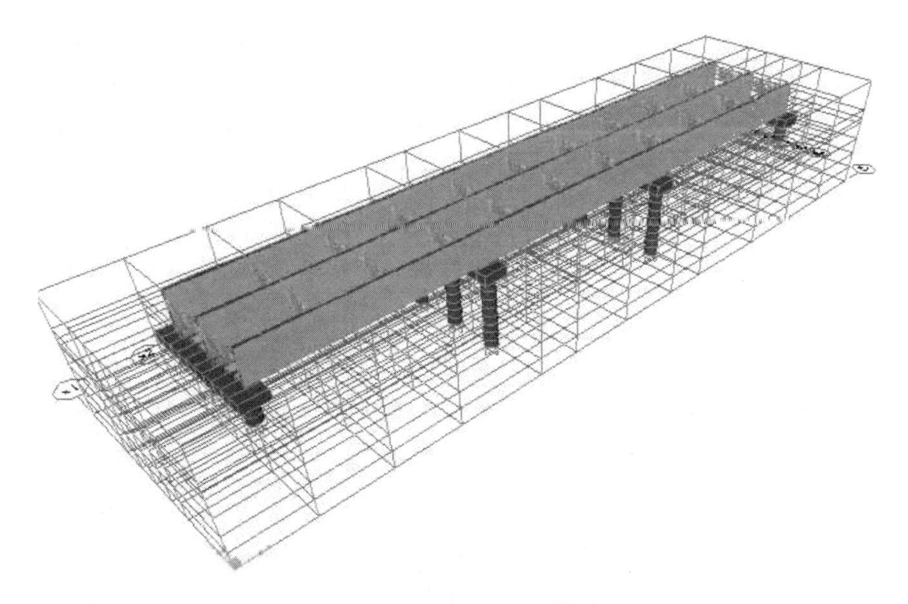

图 2-4 渡槽结构分析模型

2.2.3 案例分析

针对该分析模型，分别考虑以下两种工况下的渡槽结构自振特性：空槽（工况 1）、渡槽设计 3 米水深（工况 2）两种工况，由 SAP2000 有限元软件分析得到两种工况的自振特性见表 2-1。

表 2-1　渡槽自振特性频率与对应阵型表

自振模态特性	自振圆频率与对应阵型			
	工况 1		工况 2	
	圆频率(rad/s)	阵型	圆频率(rad/s)	阵型
1	2.138	纵向振动	1.812	纵向振动
2	5.786	横向翻	5.098	横向翻
3	6.933	竖向振动	6.136	竖向振动
4	8.013	横向翻	6.814	横向翻
5	8.499	绕中心横摆	7.038	绕中心横摆
6	9.049	上下翘	8.327	上下翘
7	14.812	端部扭	12.729	端部扭
8	24.279	中墩摆	21.538	中墩摆
9	24.289	中墩摆	22.379	中墩摆
10	35.186	端部扭	30.668	端部扭
11	37.917	上下翘	34.753	上下翘
12	45.184	侧壁翻	41.197	侧壁翻
13	52.188	纵向振动	46.562	纵向振动
14	53.353	横向翻	46.638	横向翻
15	60.654	竖向振动	50.566	竖向振动
16	63.103	绕中心横摆	51.566	绕中心横摆
17	68.022	上下翘	54.768	上下翘
18	77.022	端部扭	68.765	端部扭
19	80.761	中墩摆	72.537	中墩摆
20	90.350	侧壁翻	78.931	侧壁翻

由表 2-1 可知，考虑水体的自重后，结构的圆频率明显变小，说明质量增大，结构的自振周期明显变长。由公式 $\omega=2\pi\sqrt{k/m}$ 可得，当考虑水的工况时，m 值变大，比对应各阶无水工况时的振动频率 ω 小，验证了结构分析的正确性；而工况 2 包含了槽内水体的质量，总质量比工况 1 大，因此结构在此工况下的自振周期比工况 1 下的自振周期大，因此在渡槽结构的振动分析中考虑水体的作用是不可忽视的；Housner 模型采用多质量

块和多弹簧振子来模拟水体的晃动，较水体固结槽身更符合实际，其计算结果更准确和可信；比较这两种工况下的前12阶自振频率与振动模态，显示第1阶振型为纵向振动，第2、4阶为横向翻，第3阶振型均为竖向振动，第5阶为绕中心横摆，第6、11阶为上下翘，第7、10为端部扭，第8、9阶为中墩摆，第12阶为侧壁翻，由于计算所取渡槽在两种工况下振型出现的排列顺序一致，说明结构纵向刚度最小、横向刚度次之、竖向刚度最大，同时也说明水体的存在并未改变结构的整体振动形态(如图2-5至图2-14所示)。

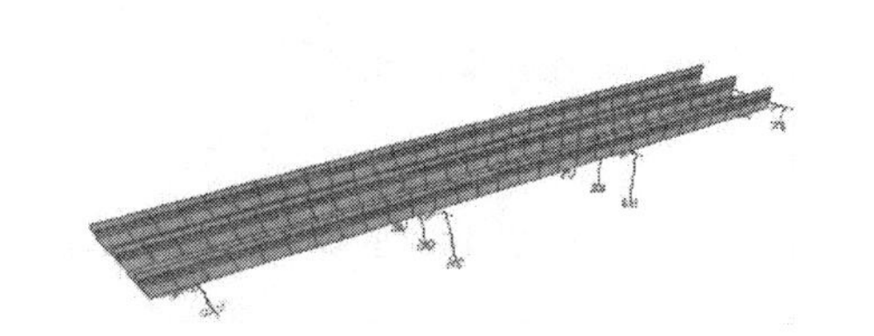

图2-5　一阶振型图(空槽)

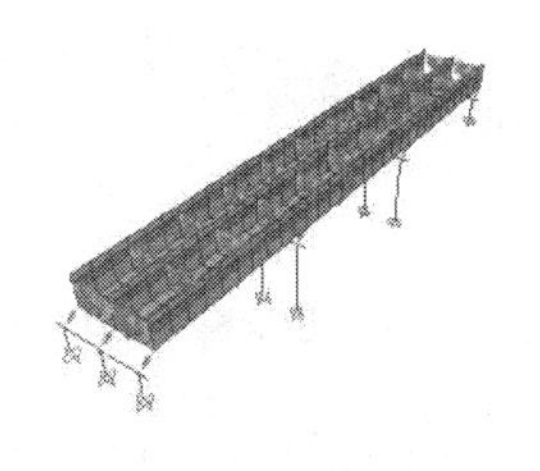

图2-6　一阶振型图(有水)

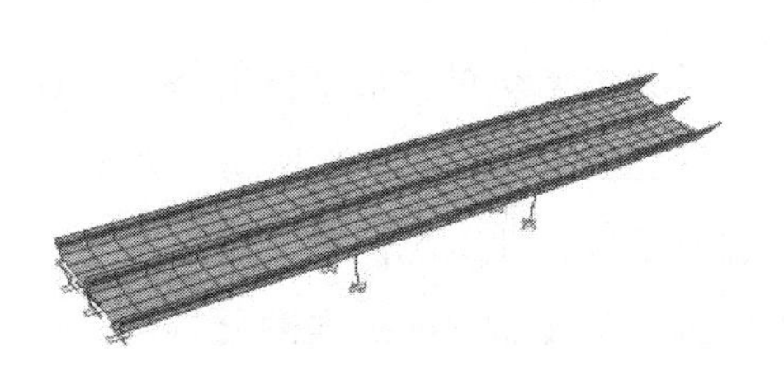

图2-7　二阶振型图(空槽)

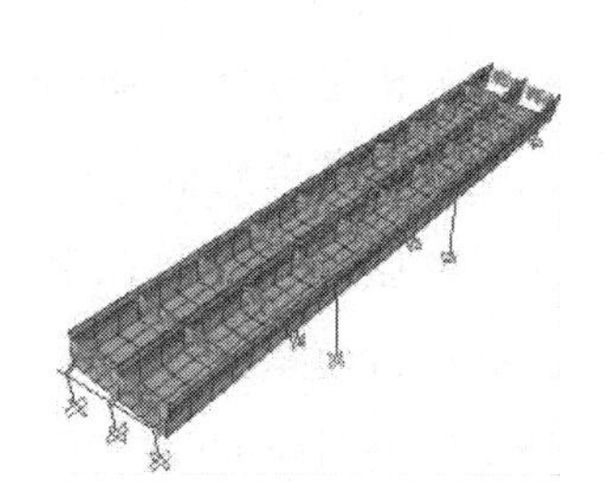

图2-8　二阶振型图(有水)

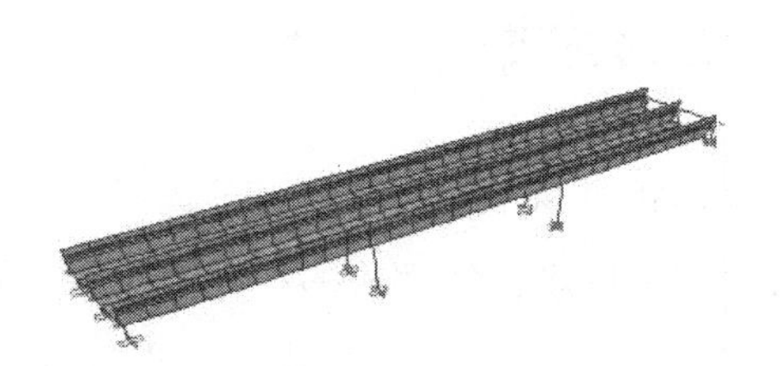

图2-9　三阶振型图(空槽)

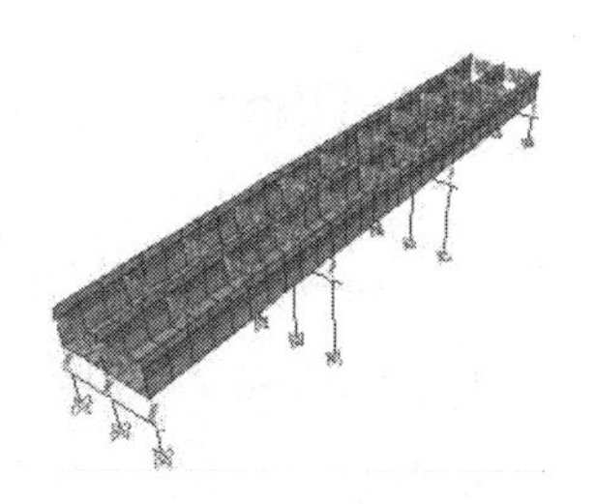

图2-10　三阶振型图(有水)

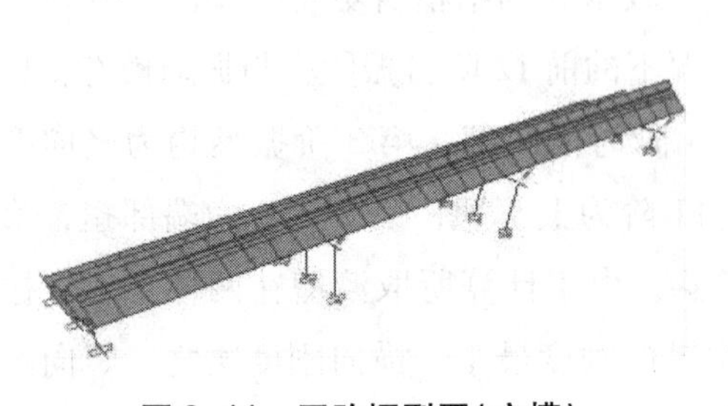

图 2-11　四阶振型图(空槽)

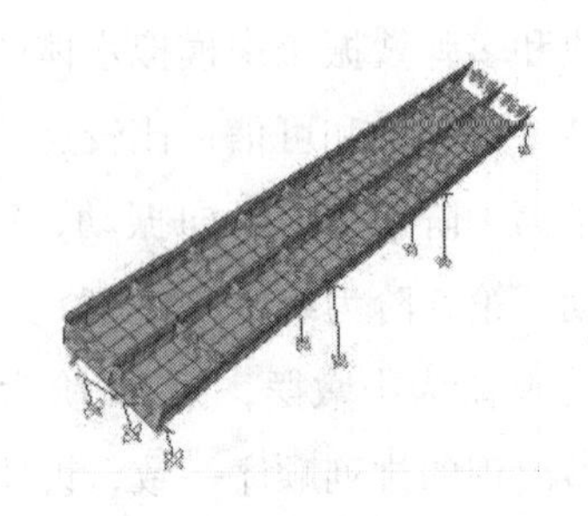

图 2-12　四阶振型图(有水)

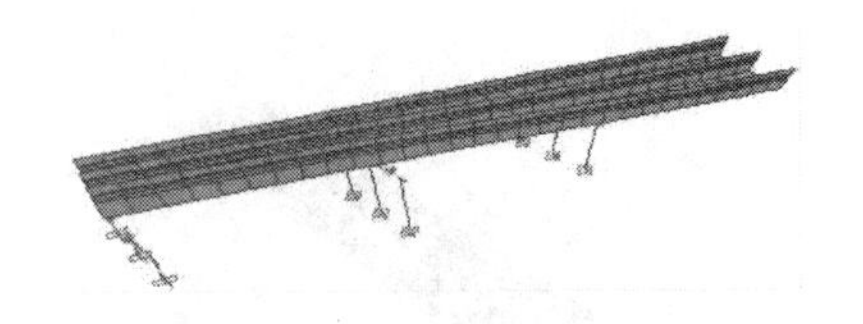

图 2-13　五阶振型图(空槽)

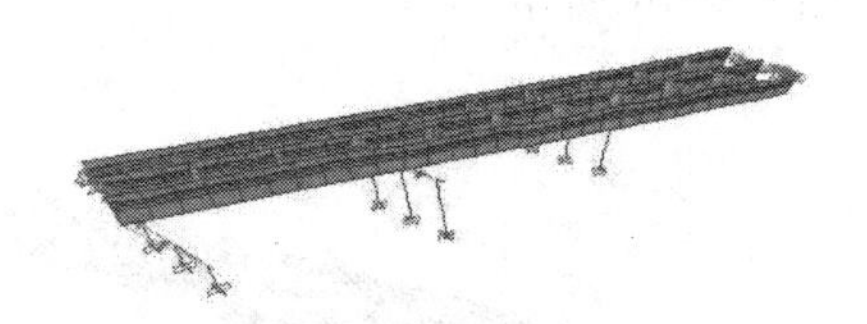

图 2-14　五阶振型图(有水)

渡槽结构模态分析，为渡槽结构的 Push-over 分析提供了必不可少的数据准备，同时也为 Push-over 的具体加载模式提供了参考。渡槽结构的自振特性分析是进行 Push-over 分析不可或缺的步骤。

以上计算结果显示：渡槽槽身内部水体晃动对渡槽结构的振动特性有比较明显的影响，所以在考虑有水工况时，考虑水体的晃动是非常必要的。此处进行模态分析，得到了空槽工况与设计工况两种工况下的一系列振型情况以及对应的圆频率，可为后续研究 Push-over 推倒分析提供了参考依据。

2.3　基于 Push-over 分析方法的抗震分析方法

由于 Push-over 分析方法具有运算相对简单、实用性强等优势，不少国家都已将 Push-over 分析方法当作结构抗震性能评价的一种有效方法纳入该国的规范，譬如美国加州结构工程师协会在 1996 年颁布的 SEAOC Vision 200，美国应用技术委员会在 1997 年颁布的 ATC-40 规范，联邦应急管理厅发布的(FEMA-274)规范等。近年来，Push-over 分析方法引入国内后也得到了迅速的推广与应用，并且也开始运用到渡槽的抗震性能分析研究与应用当中去，特别是计算机技术的发展使 Push-over 分析方法的功能进一步增强，软件只要具备对结构的非线性分析以及逐级加载功能就可以完成 Push-over 分析。相当一部分结构分析软件还专门设置了 Push-over 分析处理功能，这大大拓展了 Push-over 分析方法的应用，比如应用于平面结构分析的 DRAIN-2DX、IDARC 软件，以及应用于立体面分析的三维结构分析软件 DRAIN-3DX、SCM-3D、SAP2000/NL-Push 等一系列的分析软件。

2.3.1　Push-over 分析方法的基本原理与基本假定

Push-over 分析方法的主要功能是对现有结构以及设计方案的模型进行结构抗侧能力和目标位移的分析计算，然后根据计算分析结果，对结构的抗震能力进行评估。为防止在多遇地震特别是罕遇地震作用下结构发生破坏，造成经济损失和人员伤亡，科研人员有必要提前预测建筑抵御地震灾害的能力，并根据建筑物的抗震能力采取有效的防范措施。

2.3.1.1　Push-over 分析方法的基本原理

依据结构的具体构造形式，在结构上施加某种分布形式的水平荷载，并逐渐增加该水平荷载的作用力，使所分析结构的受力构件依次进入塑性状态。此时结构发生了塑性变形，并导致应力应变特性以及受力特性发生改变，在这个结构性能改变的基础之上继续加大水平荷载，直到结构达到提前设定的目标位移值。此时可以根据所分析结构以及构件的具体反应来判断结构与构件是否满足在某级地震水平作用下的抗震水平要求。

2.3.1.2　Push-over 分析方法的基本假定

Push-over 分析方法是基于性能分析设计的辅助计算工具，主要基于以下两个基本假定：

(1)MDOF(多自由度结构体系)的反应与等效 SDOF(单自由度结构体系)的反应存在一定的关联性，在某种条件下，MDOF 的反应可以与等效 SDOF 的反应相互转化。

(2)形状向量$\{\Phi\}$表达结构体系沿高度方向上的变形，在地震反应的整个过程当中，不管体系的结构与构件的变形大小如何变化，形状向量

$\{\Phi\}$始终保持不变。

以上两种基本假定体现出了结构的地震反应由单一的振型控制，并且在整个地震时程反应过程中该振型始终保持不变。很显然，这种假设不是十分科学，可是许多研究与实验表明，在多自由度建筑结构体系的反应是由单一振型控制的情况下，Push-over 分析方法却可以很好地预测多自由度建筑物结构的最大地震反应情况。

2.3.2　Push-over 分析方法的基本步骤

2.3.2.1　等效单自由度结构体系的转换方法

将多自由度结构体系转化为等效的单自由度结构体系的具体方法有多种，但等效转换原理基本上是相同的，即均通过多自由度的动力方程来实现。建筑物结构在地震荷载的作用下，在地面运动的动力微分方程为：

$$[M]\{\ddot{x}(t)\}+[C]\{\dot{x}(t)\}+\{Q\}=-[M]\{I\}\ddot{x}_g(t) \tag{2-10}$$

其中，$[M]$为结构的质量矩阵；$[C]$为结构的阻尼矩阵；$\{Q\}$为结构层间的恢复力向量；$x(t)$、$\dot{x}(t)$、$\ddot{x}(t)$分别为所研究结构相对于基底的位移反应向量、速度反应向量、加速度反应向量；$\ddot{x}_g(t)$为地震波产生的地面运动加速度。

依据假定可以用结构顶点位移$x_t(t)$和形状向量$\{\Phi\}$来表示结构位移向量$\{x\}$，有：

$$\{x(t)\}=\{\Phi\}x_t(t) \tag{2-11}$$

将式(2-11)代入式(2-10)得出：

$$[M]\{\Phi\}\ddot{x}_t(t)+[C]\{\Phi\}\dot{x}_t(t)+\{Q\}=-[M]\{I\}\ddot{x}_g(t) \tag{2-12}$$

定义所研究结构的等效单自由度结构体系的参考位移$x^r(t)$为：

$$x^r(t)=\frac{\{\Phi\}^T[M]\{\Phi\}}{\{\Phi\}^T[M]\{I\}}x_t(t) \tag{2-13}$$

等效单自由度结构体系的参考位移曲线如图 2-15 所示。

把式(2-13)做进一步的转化可以得到：

$$x_t(t)=\frac{\{\Phi\}^T[M]\{I\}}{\{\Phi\}^T[M]\{\Phi\}}x^r(t) \tag{2-14}$$

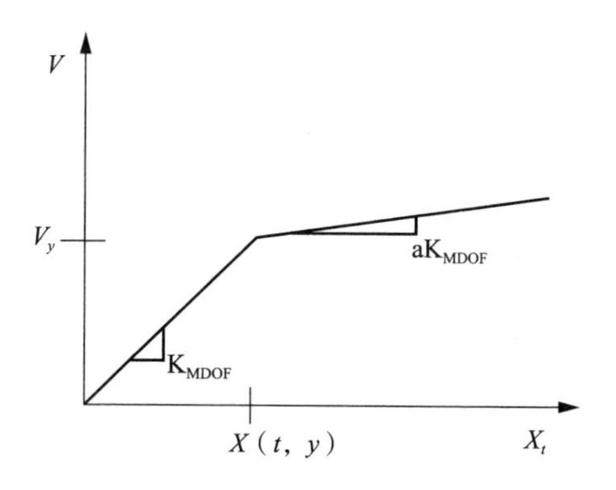

图 2-15 多自由度结构体系“力—位移”关系曲线

将式(2-14)代入式(2-12)，同时方程两边前乘$\{\Phi\}^T$可得到：

$$\{\Phi\}^T[M]\{\Phi\}\frac{\{\Phi\}^T[M]\{I\}}{\{\Phi\}^T[M]\{\Phi\}}\ddot{x}^r(t)+\{\Phi\}^T[C]\{\Phi\}\frac{\{\Phi\}^T[M]\{I\}}{\{\Phi\}^T[M]\{\Phi\}}\dot{x}^r(t)+\{\Phi\}^T\{Q\}=-\{\Phi\}^T[M]\{I\}\ddot{x}_g(t) \tag{2-15}$$

上式可进一步表示为：

$$M^r\ddot{x}^r(t)+C^r\dot{x}^r(t)+Q^r=-M^r\ddot{x}_g(t) \tag{2-16}$$

式中，M^r，C^r，Q^r 分别为等效单自由度结构体系的等效质量、等效阻尼和等效恢复力，计算公式如下所示：

$$M^r=\{\Phi\}^T[M]\{I\} \tag{2-17}$$

$$C^r=\{\Phi\}^T[C]\{\Phi\}\frac{\{\Phi\}^T[M]\{I\}}{\{\Phi\}^T[M]\{\Phi\}} \tag{2-18}$$

$$Q^r=\{\Phi\}^T\{Q\} \tag{2-19}$$

原结构 Push-over 分析得到简化的力与位移关系，转换后可以得到等效单自由度结构体系的力与位移关系，如图 2-16 所示。由原结构得到屈服点处的底部剪力与顶点位移，根据式(2-13)和式(2-19)可以得出单自由度结构体系对应屈服点位置的等效底部剪力 Q_y^r 与位移 X_y^r 的值，同时假定等效单自由度结构体系与原多自由度结构体系的强度硬化比 α 相同，则会得到：

$$X_y^r=\frac{\{\Phi\}^T[M]\{\Phi\}}{\{\Phi\}^T[M]\{I\}}X_{t,y} \tag{2-20}$$

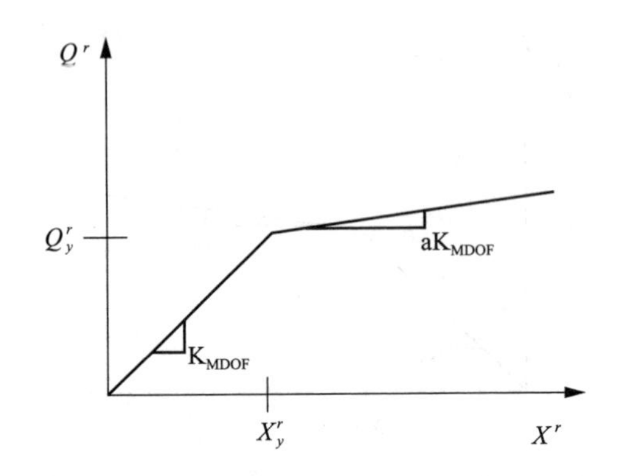

图 2-16　单自由度结构体系“力—位移”关系曲线

$$Q_y^r = \{\Phi\}^T\{Q_y\} \tag{2-21}$$

2.3.2.2　目标位移的确定

结构体系的目标位移是指结构在地震作用下可能达到的侧向最大位移值(一般指结构的顶点位移)。当把 MDOF 结构体系转化为 SDOF 结构体系之后，可以采用弹塑性时程分析或弹塑性位移谱法求出等效 SDOF 结构体系的最大位移，从而计算出所求结构的目标位移。确定方法主要包括能力谱方法和位移影响系数法这两种方法。能力谱方法的应用相对更广、更实用，因此下面主要介绍能力谱方法。

能力谱方法是美国 ATC-40 首先提出并采用的方法，它的总体思路是，建立两条相同基准的谱线，其中一条曲线是由加速度反应谱转换得到的 ADRS 谱(也称作需求谱)，另一条曲线是由“荷载—位移”曲线转换得到的能力谱线(也称作承载力曲线)，把这两条曲线放在同一个坐标系中，同时把这两曲线的交点定为“目标位移点”，亦称结构抗震性能点，将该性能点所对应的目标位移值与位移容许值进行对比，根据对比分析的结果来确定所检测的建筑物结构是否满足抗震要求。

为了“加速度—位移”反应谱的建立，需求谱曲线与结构能力曲线都应该以加速度谱对位移谱的坐标来绘制实现。把 S_a-T 谱(标准的加速度反应谱)转化为 S_a-S_d 谱，就得到了所求的 ADRS 谱。反应谱曲线上的每一点与 S_a(谱加速度)、S_v(谱速度)、S_d(谱位移)和 T(周期)都有着对应的关系。因此，很有必要确定曲线上每一点相应于 S_{ai} 和 T_i 的 S_{di} 值，就可以由 S_a-T

谱（第 1 段为常加速度）模式转化为 ADRS 模式，其关系由下式可求得：

$$S_{di}=\frac{T_i^{\ 2}}{4\pi^2}S_{ai}g \tag{2-22}$$

S_a-T（标准的需求反应谱）包括一段常量的谱加速度和另外一段常量的谱速度；在周期 T_i处的谱加速度和谱位移关系如下（第 2 段为常速度）：

$$\begin{cases} S_{ai}g=\dfrac{2\pi}{T_i}S_v \\ S_{di}=\dfrac{T}{2\pi}S_v \end{cases} \tag{2-23}$$

则根据以上关系式，标准反应谱（如图 2-17 所示）便可以转化为 ADRS 模式（如图 2-18 所示）。

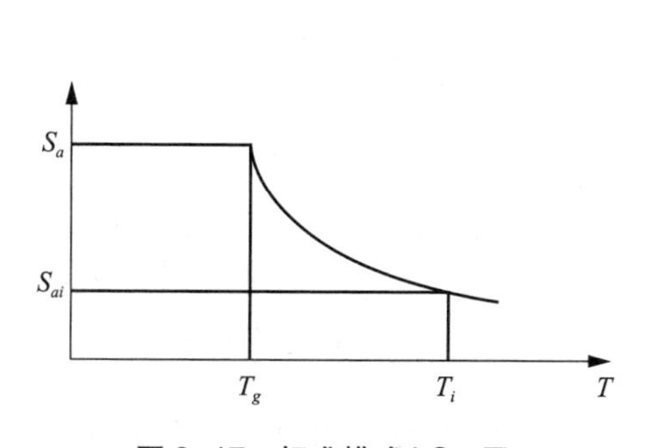

图 2-17　标准模式（S_a-T）

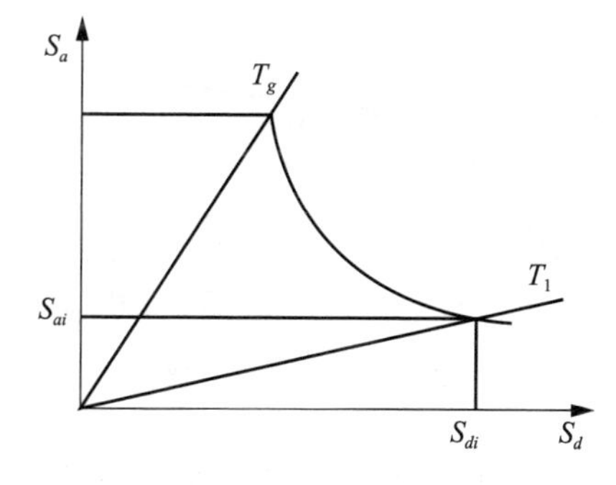

图 2-18　ADRS 模式（S_a-S_d）

将 Push-over Curve（能力曲线）（如图 2-19 所示）转化为能力谱曲线（如图 2-20 所示），每个点都需要转化，可以采用下面的公式把能力曲线上任意一点（V_i，Δ_{roof}）转化到能力谱曲线上相应的点（S_{ai}，S_{di}）：

$$\begin{cases} S_{ai}=\dfrac{V_i}{\alpha_1 G} \\ S_{di}=\dfrac{\Delta_{roof}}{\gamma_1 X_{1,roof}} \end{cases} \tag{2-24}$$

其中，α_1 为结构的第 1 阵型质量参与系数；γ_1 为结构的第 1 阵型参与系数；$X_{1,roof}$为结构的第 1 阵型顶点振幅。

阵型参与系数定义见公式 2-25 所示：

$$\begin{cases}\alpha_1=\dfrac{\left[\sum_{i=1}^{N}(m_i\varphi_{i1})\right]^2}{\left[\sum_{i=1}^{N}m_i\right]\left[\sum_{i=1}^{N}(m_i\varphi_{i1}^2)\right]}\\ \gamma_m=\dfrac{\sum_{i=1}^{N}(m_i\varphi_{im})}{\sum_{i=1}^{N}(m_i\varphi_{im}^2)}\end{cases}\tag{2-25}$$

式中：γ_m为结构的第 m 阵型的阵型参与系数；m_i 为结构的 i 层质量；φ_{im}为结构阵型 m 在 i 层的振幅；N 为结构的层数。

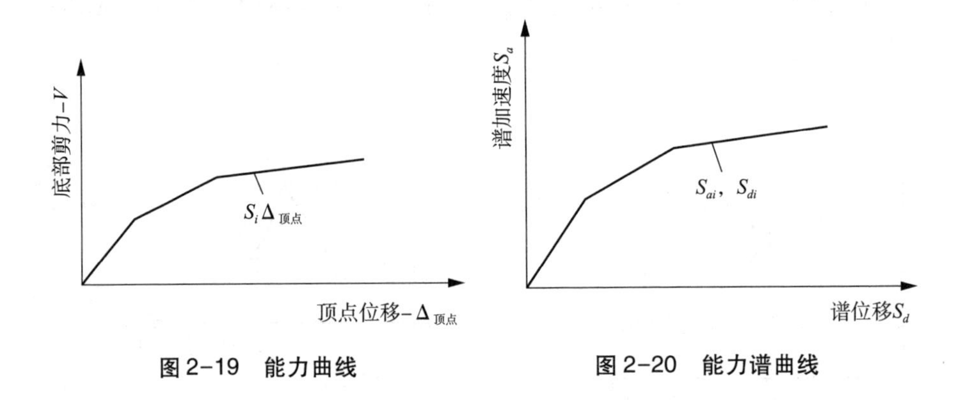

图 2-19　能力曲线　　　图 2-20　能力谱曲线

为了计算简便以及便于对比分析，本书采用最常用目标位移确定方法，其实施步骤如下：

(1)建立所分析结构的 5%阻尼设计反应谱并通过计算转化为 ADRS 格式；

(2)使用公式(2-24)把结构的能力曲线转化为结构的能力谱曲线；

(3)在以上基础上，选择一个试验性能点(S_{api}，S_{dpi})，可以用等位移近似(如图 2-21 所示)，或依据工程经验进行；

$$\begin{cases}SR_A=\dfrac{1}{B_S}=\dfrac{3.21-0.68\ln(\beta_{eff})}{2.12}\\ SR_V=\dfrac{1}{B_L}=\dfrac{2.31-0.41\ln(\beta_{eff})}{1.65}\end{cases}\tag{2-26}$$

(4)形成的能力谱双线表示，能力谱线下的面积与双线表示的面积相等，在锯齿状能力谱的情况下，双线性基于能力谱使得复合能力谱的性能点发生；

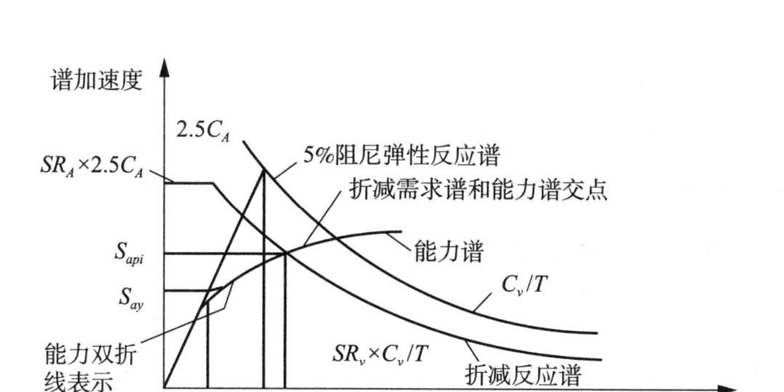

图 2-21　性能点确定图

(5)利用式(2-26)计算结构需求谱所对应的折减系数，然后把折减需求谱线和能力谱线画在同一个图上；

(6)假如折减需求谱与能力谱相交于(S_{api}，S_{dpi})或相交点在 S_{dpi} 的 5%范围内，相交点即表示性能点。

(7)假如交点不在容许范围(5%的 S_{dpi})，选择另外一点重复(4)—(7)步骤继续进行计算，步骤(6)的交点可以继续作为下一次迭代的起点。

2.3.2.3　侧向荷载分布模式

在模拟地震作用时，侧向水平荷载的分布模式与结构在地震作用下所产生的惯性荷载分布有着紧密的联系，一般情况下假定与结构的第 1 振型相似。由于结构侧向水平荷载增量的大小是随该结构单元的屈服范围的变化而变化，所以只能近似地假设侧向荷载分布系数为一个常数。对于高度非常大或者跨度非常大的结构体系，高阶振型对结构的影响不应该忽略不计，而且结构的基本振型也变成了非线性分布的形式。

渡槽结构体系抵抗地震破坏的能力主要取决于渡槽墩柱抵抗水平地震荷载的能力大小。一般情况下，渡槽槽墩高度不一致，所以此时不能简单地以对单个槽墩进行分析计算来代替渡槽的整体情况。所以在进行推倒分析时建议采用整体渡槽模型进行渡槽纵横向的地震反应分析。采用 Push-over 分析方法对渡槽结构推倒分析时，需要根据具体的渡槽结构形式来选取合理的侧向加载模式。

SAP2000 有限元分析软件提供了 3 种加载模式：均匀分布模式(Accel)、

倒三角分布模式(Mode)、自定义分布模式。自定义分布模式是组合了前两种加载模式。在选择加载模式的时候，一般至少选择两种加载模式，以便进行对比分析，防止采用一种加载模式分析得到的结果误差偏大。

2.3.2.4 结构的恢复力模型

(1)结构体系的恢复力模型由两部分构成：一是骨架曲线，二是具有不同特性的滞回曲线。骨架曲线指的是各次滞回曲线所产生的峰值点的连线。实验验证表明，这一系列峰值点所连接成的曲线与实验过程中单调加载时真实的“力—变形”曲线很相近。一般情况下，滞回曲线所围成滞回环的面积代表结构体系的塑性耗能能力。

(2)结构体系的恢复力模型包括曲线型和折线型两类。曲线型所给出的刚度是连续变化的，与工程实际情况非常接近，但是曲线型模型在刚度值的确定与计算方法上存在很多不足。折线型模型主要有以下 7 种形式：双线型、三线型、四线型(带负刚度)、退化二线型、退化三线型、指向原点型和滑移型。一般在进行钢结构恢复力模型的选取时多采用双线型。在进行钢筋混凝土结构恢复力模型的选取时，一般采用三线型，其中第 1 次刚度变化是发生在结构出现裂缝的时候。

2.3.2.5 Push-over 分析方法的分析步骤

(1)准备工作。建立所要研究结构的模型(其中包括几何参数和物理参数的设置)，计算结构在竖向荷载(主要是重力荷载)作用下考虑非线性的内力值。

(2)假定渡槽槽墩单个构件的非线性“力—位移”关系(包括刚度退化、强度退化、滑移参数等)。

(3)确定所分析结构的目标位移值。

(4)加载到结构上的水平侧向荷载分布模式。

(5)用单一方向增加的荷载一步步“Push”结构。

(6)当渡槽的一个节点或一批节点形成塑性铰，计算出各单元的内力值与位移值，并调整形成塑性铰处单元刚度，也可以说是得到了一个新的结构，并求出该新结构的周期，然后在该结构上再增加一定数量的水平荷载值。

(7)对于这个刚刚形成的新结构，继续进行 Push-over 分析，直至又一个或一批节点形成塑性铰。

(8)不断重复(6)、(7)步骤，直至槽墩位移达到目标值或槽墩发生倒塌破坏时，分析停止。

(9)汇总每一次有塑性铰出现后结构的新周期，累积每一次施加的荷载值。

(10)对分析的成果整理与汇总。把所得的结果绘成曲线图形(基底剪力—顶层位移、曲线等)。

为了更直观地反映上述分析步骤，本书给出了 Push-over 分析流程图，如图 2-22 所示。

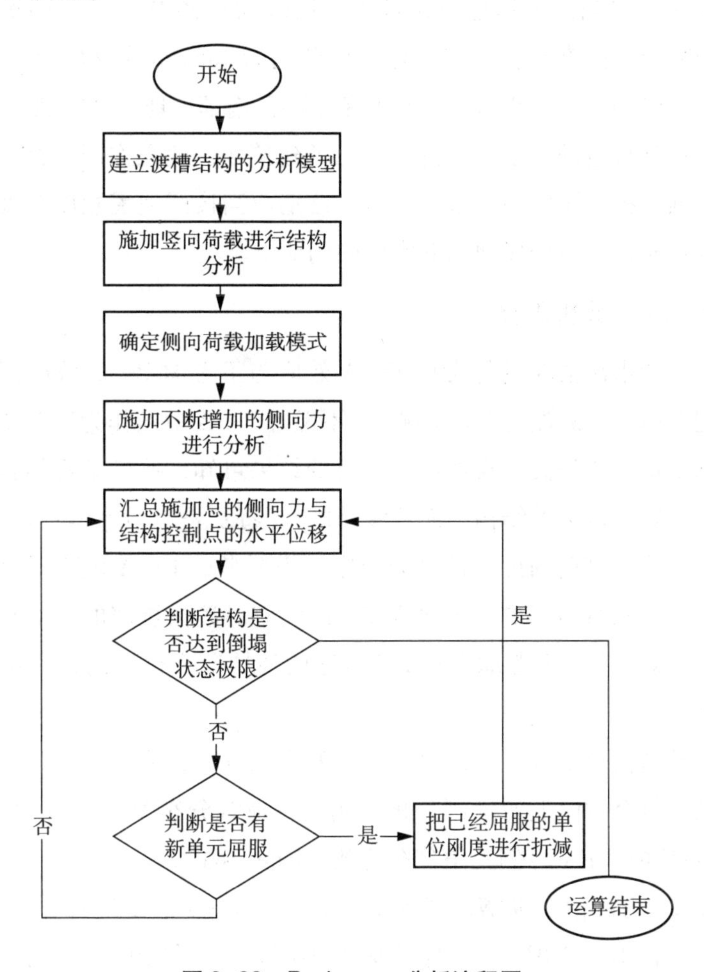

图 2-22 Push-over 分析流程图

2.3.3 工程实例分析

2.3.3.1 算例介绍

此处所采用的算例仍然为老张庄渡槽。工程区属黄河冲积平原区，地形平坦，老张庄沟自南向北流经本区，两岸地面高程 123.60~125.50m，沟底高程 122.60~123.90m，沟宽约 20m，深 1.5~2.0m。场区地层呈黏、砂多层结构，上部第①~④层为第四系全新统砂及黏性土，承载力低，且存在地震液化问题，工程地质条件差。第⑤层细砂及第⑥层中壤土厚度大，分布稳定，强度高，承载力标准值分别为 185kPa 和 280kPa。地下水对混凝土无腐蚀性。工程区位于华北断坳的西南部，地震基本烈度为 7 度。按照有关设计规范的规定，对待甲、乙类建筑物，地震作用应符合本地区抗震设防烈度提高 1 度的要求，故对本渡槽应当按照地震烈度 8 度进行验算。在计算时设定所处场地为Ⅱ类中硬场地土。

2.3.3.2 分析工况

针对设计水深情况进行考虑 P—Δ 效应与不考虑 P—Δ 效应两种工况分析。把考虑 P—Δ 效应作为工况 1，不考虑 P—Δ 效应作为工况 2。

根据本章对该类渡槽自振特性分析的结果可知，渡槽结构的自振周期相对较长，属于偏柔性结构，而且渡槽槽身(特别是包括水体时)的质量相对较大，因此在渡槽的抗震计算分析中，需要考虑 P—Δ 效应对渡槽结构的影响因素。同时为了更好地研究 P—Δ 效应对渡槽抗震的影响程度，特对考虑 P—Δ 效应与不考虑 P—Δ 效应这两种情况下得出的计算结果进行对比分析。

对渡槽结构分别进行了纵向与横向的推倒分析，为了验证分析的正确性，分别对每个方向上的推倒分析采用两种荷载分布模式：(1)均匀分布荷载(Accel)模式；(2)倒三角分布荷载(Mode)模式。

图 2-23 为渡槽在纵槽向考虑 P—Δ 与不考虑 P—Δ 时的对比分析图。从图中可以看出：考虑 P—Δ 刚度影响不明显，但结构的延性明显减弱。而延性性能是结构抵御地震破坏的一个重要参数，所以在进行抗震性能分析时必须予以考虑。

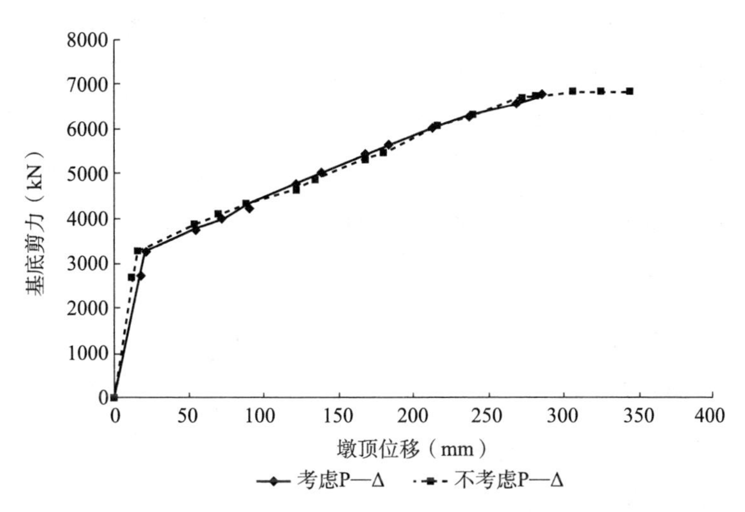

图 2-23 纵槽向考虑 P—Δ 与不考虑 P—Δ 时的对比分析

图 2-24 为渡槽在横槽向考虑 P—Δ 与不考虑 P—Δ 时的对比分析图。

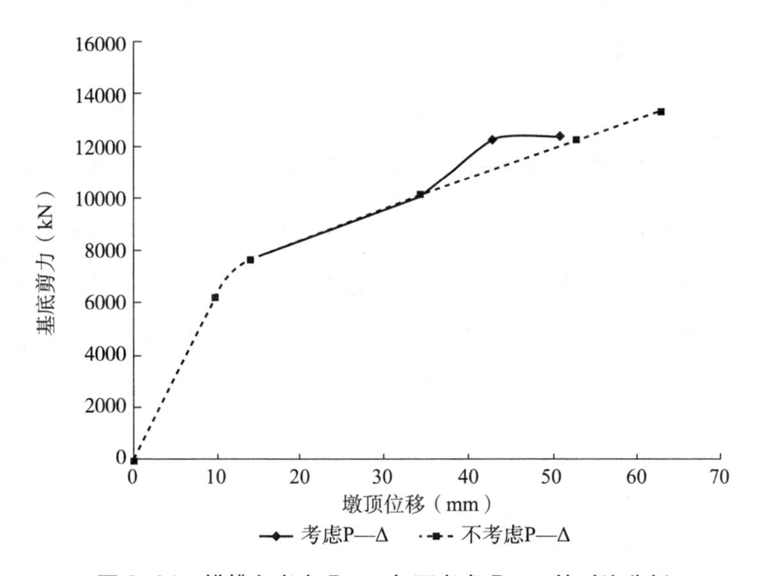

图 2-24 横槽向考虑 P—Δ 与不考虑 P—Δ 的对比分析

如图 2-24 所示：横槽向考虑 P—Δ 与不考虑 P—Δ 的情况对比，从另一个角度进一步印证了考虑 P—Δ 刚度影响不明显，但结构的延性明显减弱。

在横槽向均匀分布荷载模式与倒三角分布荷载模式作用下，基底剪力与顶端位移关系的能力曲线(考虑P—Δ效应)如图2-25所示。

从图2-25可以看出，两种荷载加载模式的总体趋势是一致的，均匀分布荷载模式得到的基地剪力和墩顶位移分别为12346kN，51mm；倒三角分布荷载模式得到的计算结果分别为10945kN，44mm。这两种分布荷载模式所产生的位移偏差为13%，在正常的范围内。

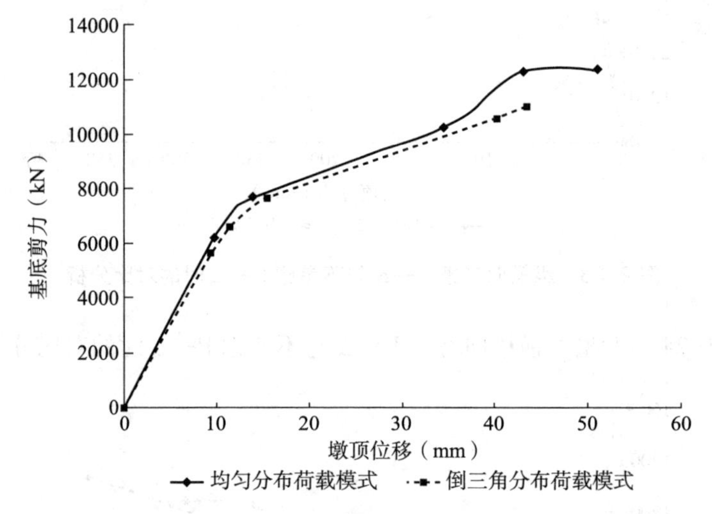

图2-25　横槽向均匀分布荷载模式与倒三角分布荷载模式能力曲线对比

如图2-26所示，当在横槽向施加水平荷载时，也就是在0步时，对应的就是恒荷载作用下的渡槽结构初始状态。从变形图上可以看出，当荷载步为2时，在渡槽中间墩顶与槽墩首先出现塑性铰。如图2-27所示，随着步数的增加，当增加到第5步的时候，一共出现了49个塑性铰。

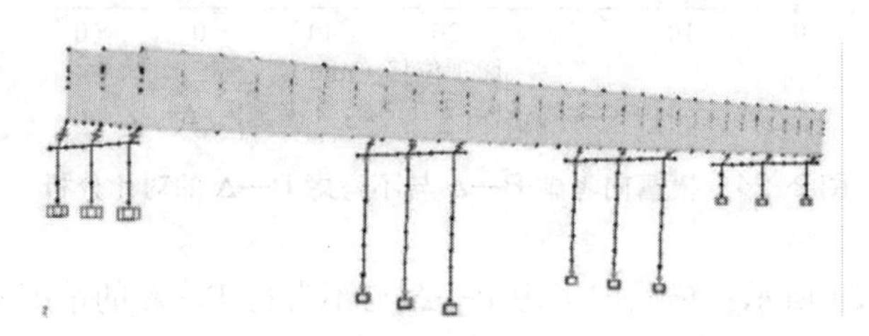

图2-26　横槽向荷载作用下荷载步为2时的塑性铰分布

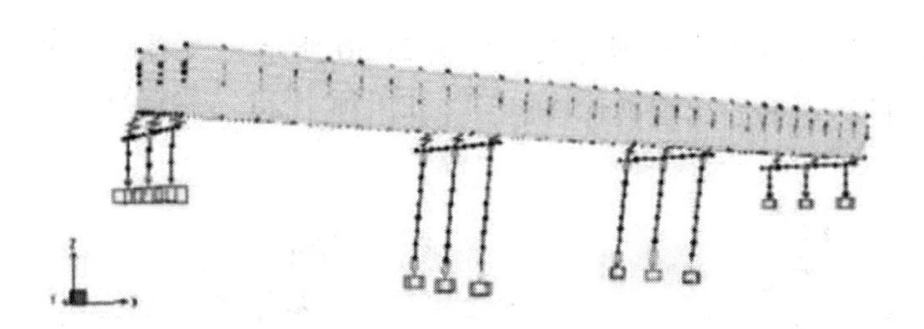

图 2-27 横槽向荷载作用下荷载步为 5 时的塑性铰分布

在纵槽向均匀分布荷载模式与倒三角分布荷载模式作用下，基底剪力与顶端位移关系的能力曲线(考虑 P—Δ 效应)如图 2-28 所示。

推倒曲线代表着渡槽纵槽向结构在地震作用下的抗倾覆能力。从图 2-28 可以很清晰地看出，这两条曲线具有明显的塑性变形段，并且两曲线之间的走向比较吻合，这又彼此印证了它们各自的正确性。在均匀分布荷载模式作用下，槽墩底部总剪力的最大值为 6771kN，发生的最大纵向位移为 286mm；倒三角分布荷载模式作用下的值分别为 6544kN，279mm。这两种分布荷载模式得到的结果非常接近。

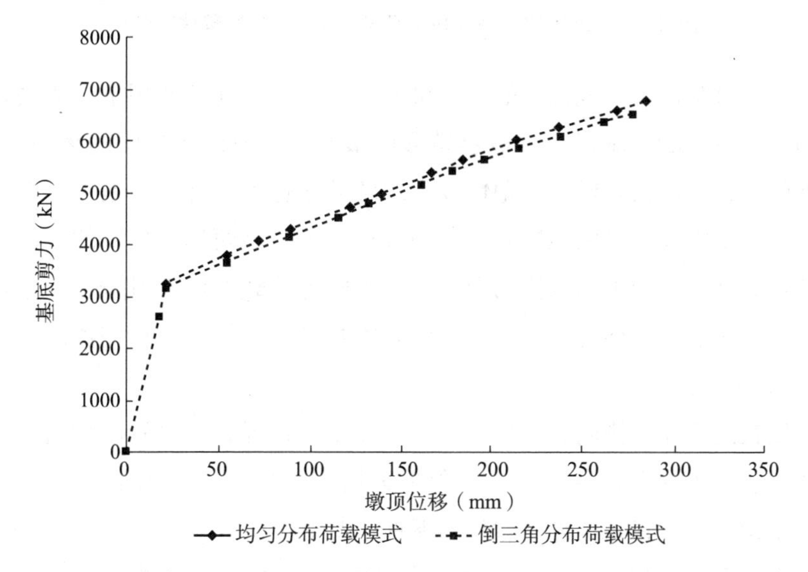

图 2-28 纵槽向均匀分布荷载模式与倒三角分布荷载模式能力曲线对比

当在纵槽向施加水平荷载时，也就是在 0 步时，对应的就是恒荷载作用下的渡槽结构初始状态。如图 2-29 所示，当荷载步为 3 时，在渡槽中

间两排墩的底部首先出现塑性铰。如图 2-30 所示，当增加到第 11 步时，渡槽两侧的短墩开始出现破坏情形，一共出现了 49 个塑性铰。

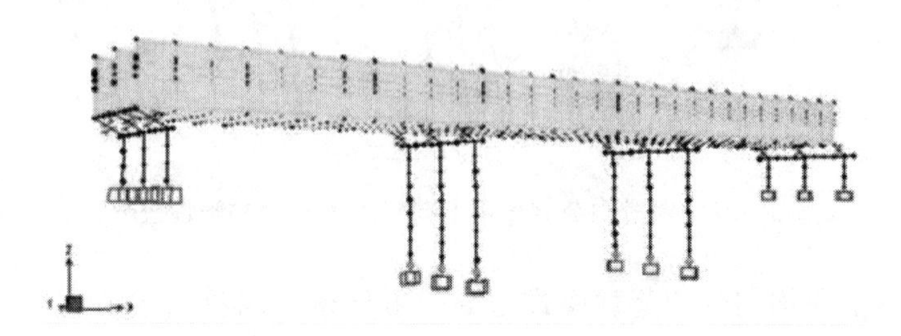

图 2-29　纵槽向荷载作用下荷载步为 3 时的塑性铰分布

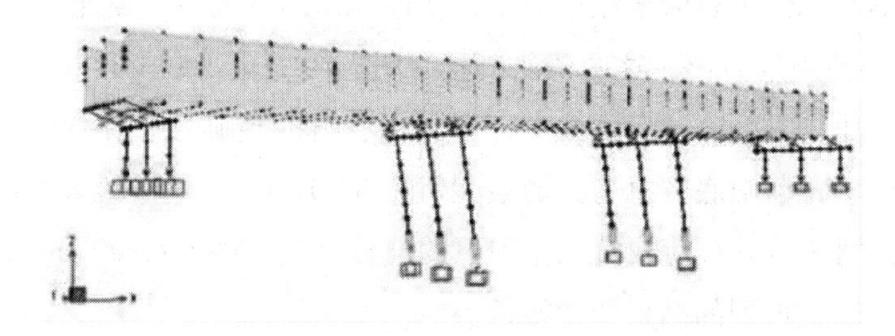

图 2-30　纵槽向荷载作用下荷载步为 11 时的塑性铰分布

通过对塑性铰形成过程的分析可知，在纵槽向荷载作用下，渡槽整体结构各墩墩底的曲率最大，最容易形成塑性铰。但由于各墩的墩高不同，所处的位置不同，各墩墩底塑性铰出现的顺序也不一样，而是有一定的顺序，首先是中间两排墩的墩底出现塑性铰，其次是两端两排墩的墩底出现塑性铰。这是因为中间两排的墩柱长，在同等荷载作用下对墩底产生较大的弯矩，属于不利构件，符合力学的基本规律。对纵向分析完成之后，出现了 75 个塑性铰。

比较渡槽在横槽向和纵槽向的塑性铰出现情况，可以看出渡槽在纵向失效的塑性铰的个数多于横向失效的塑性铰个数，这是由于渡槽在纵向的总体结构性比较强，在外荷载作用下首先发生破坏情形。

由表 2-2 可以看出，在纵槽向这两种工况的规律是一样的。从工况 1 和工况 2 的计算结果可以得出：随着震级的增加，墩顶位移量不断地增大，所受的剪力也不断增加；工况 1 在考虑 P—Δ 效应的情况下，抗震性能明显比工况 2 考虑 P—Δ 效应情况下的延性小，抗震性能也明显降低。

表 2-2 纵槽向相应地震等级作用下渡槽结构的性能点[位移(mm)，基底剪力(kN)]

分析工况	7 度多遇	7 度罕遇	8 度多遇	8 度罕遇
工况 1	(211，5077)	(250，5926)	(279，6544)	(305，7701)
工况 2	(229，5565)	(268，6279)	(345，6845)	(386，7259)

由表 2-3 可以看出，在横槽向这两种工况的规律也是基本相同的。从工况 1 和工况 2 的计算结果可以得出：随着震级的增加，墩顶位移量不断地增大，所受的剪力也不断增加；工况 1 在考虑 P—Δ 效应的情况下，抗震性能明显比工况 2 考虑 P—Δ 效应情况下的延性小，抗震性能也明显降低。

表 2-3 横槽向相应地震等级作用下渡槽结构的性能点[位移(mm)，基底剪力(kN)]

分析工况	7 度多遇	7 度罕遇	8 度多遇	8 度罕遇
工况 1	(33，8077)	(39，9926)	(44，10945)	(58，12906)
工况 2	(39，9565)	(49，10279)	(52，13348)	(69，13059)

为了验证 Push-over 分析的标准值，以下开展了纵槽向 Push-over 分析与非线性动力时程分析的对比研究。

采用二类场地下的 El Centro—NS 波其加速度时程曲线(如图 2-31 所示)纵向施加地震荷载，结构的非线性仍以塑性铰的形式给出，并根据不同烈度，对地震波的最大加速度进行比例调整，计算得到结构的基底最大剪力和槽墩顶点最大位移与 Push-over 计算得到的不同地震烈度下的性能点及对应的结构内力对比情况见表 2-4。

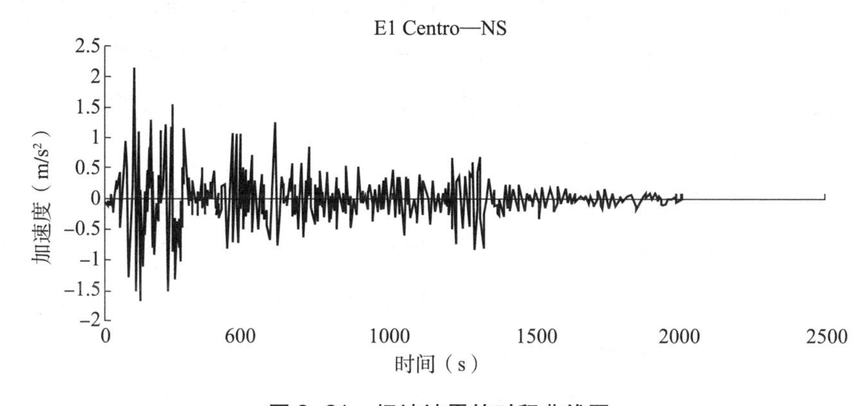

图 2-31 场地地震的时程曲线图

表 2-4 相应地震等级作用下渡槽结构的性能点[位移(mm)，基底剪力(kN)]

分类	7 度多遇	7 度罕遇	8 度多遇	8 度罕遇
Push-over 分析	(229，5077)	(250，5926)	(279，6544)	(335，7701)
非线性时程分析	(213，4769)	(228，5319)	(275，5650)	(323，6871)

由表 2-4 可以看出，Push-over 分析结果与非线性时程分析结果数值比较接近。Push-over 分析得到的关于结构性能点处的结构剪力满足不同烈度地震波荷载作用下的结构动力非线性反应，因此 Push-over 分析方法用于渡槽结构分析是可靠的和可行的。

同时可以看出 Push-over 分析是存在一定误差的，由于误差在 15%的范围内，所以产生的误差是允许的。这是因为 Push-over 分析是建立在等效单自由度结构体系的基础上进行的，忽略了高级振型对渡槽结构的影响；此外，在 Push-over 分析过程中，结构的实际刚度在不断地变化，自振特性也因此不断改变，引起侧向力加载模式的改变，因此 Push-over 分析并不能完全真实地反映所分析结构的实际非线性变形能力。

2.3.4 小结

本部分内容讲述了 Push-over 分析方法的基本原理、基本假定、基本步骤、目标位移的确定、侧向荷载分布模式和结构的恢复力模型等，然后把基本理论与工程实际相结合，对南水北调中线工程某渡槽进行推倒分析与运算。

在考虑 P—Δ 效应与不考虑 P—Δ 效应工况下，本书对抗震能力进行对比分析，得到如下结论：考虑 P—Δ 刚度影响不明显，但结构的延性明显减弱。而延性性能是结构抵御地震破坏的一个重要参数，所以在进行抗震性能分析时必须予以考虑。

本书对横槽向与纵槽向均匀分布荷载与倒三角分布荷载能力曲线进行对比，得出：这两种分布荷载模式所产生的位移有一定的偏差，但在正常的范围内。针对这种情况，在进行渡槽结构的抗震能力评估时，一般以产生较大位移的荷载分布模式作为参考。

将 Push-over 分析与时程分析方法对比验证得出：Push-over 分析得到的结果与时程分析得到的结果比较接近，验证了 Push-over 分析结果的可靠性。

3 基于损伤的渡槽抗震性能评估

3.1 概述

渡槽特别是大型跨流域渡槽结构是跨流域调水的关键环节和枢纽，一旦出现破坏会对流域调水产生致命性的影响。为了完成修复工程，需要暂停跨流域输水，这会对水资源奇缺的一些大城市造成突如其来的影响，将严重影响该城市正常的生产与生活秩序，造成不必要的经济损失。为了避免这种事故的发生，就很有必要对正在运行的渡槽抗震能力进行评估。根据评估分析的结果，对不满足抗震要求的渡槽结构进行加固处理，保证渡槽结构在预定地震荷载作用下能够满足抗震要求。

国内关于渡槽抗震能力评估方面的研究较少，在渡槽的抗震设计方面缺乏专业的规范，所以在对渡槽的抗震设计以及理论研究过程中，将较多地参考桥梁方面的文献资料。文献研究渡槽结构抗震性能评估时，借鉴桥梁抗震评价的现有理论研究成果，用能力谱方法确定结构的延性系数对渡槽结构进行抗震性能分析。延性系数的确定简单方便，运算工作量小，但是计算精度相对偏低。此外，经验统计法与规范校核法是比较传统的桥梁抗震能力评估方法，这两种评估方法计算分析简单方便，但是受经验和规范的局限性影响比较大，会造成较大的分析计算误差。研究表明，综合考虑弹塑性变形与累积耗能影响的基于损伤模型的评估方法计算精度高而且思路清晰明确，在桥梁领域应用的实例比较多，日渐受到科研人员及工程人员广泛的关注与研究。

本书将基于损伤模型的评估方法引用到渡槽的抗震性能评估之中。一般损伤模型参数采用非线性时程分析方法来确定，但对于渡槽结构而言，进行有限元分析计算时需要划分非常多而且不同类型的构件单元，必须求出结构中每个构件单元的损伤参数，然后对构件单元的损伤参数进行加权平均值运算以得到渡槽结构整体损伤指数，这种情况会造成分析计算的工作量非常大而且烦琐，许多参数确定起来非常困难，并且得到的结构损伤参数精度降低。而弹塑性 Push-over 分析方法由于计算简便灵活，考虑了结构构件的非线性性能，使计算的精确度大大提高，开始逐渐得到业内人士的认可。Push-over 分析可以得到基地剪力与顶端位移关系曲线的能力曲线并转化为能力谱后，能够总体上反映整体结构的抗震性能与损伤状态。

本章首先研究了常用的结构或构件的地震损伤模型以及地震损伤模型与结构抗震性能参数的选择问题。接着将进一步研究 Push-over 分析方法以及渡槽震害与损伤指数关系问题，提出了一种通过有限元软件来实现 Push-over 推倒分析的渡槽抗震能力评估方法。

3.2 渡槽地震损伤模型

3.2.1 概述

损伤(Damage)是一个相对广义的概念。由于构件选取的分析角度不同及外界因素的影响，每个构件损伤的表现形式也是不一样的。从材料的角度而言，由于材料的不同以及外荷载的不同，损伤的表现形式也有差异，典型的损伤形式有脆性损伤、延性损伤、蠕变损伤等。

近年来，研究渡槽等结构的地震损伤模型一般借鉴钢混建筑结构的地震损伤模型，主要包括基于强度的损伤模型和基于反应的损伤模型两类。以上所述模型需要单个甚至多个损伤参数，而所需要的参数主要是由非线性动力分析运算求得的，运算结果的精度保证率低，必须做大量试验，搜集大量实验数据与实地观察对其分析结果进行校核，才可以放心使用。因此，需要深入研究渡槽的地震损伤模型，为渡槽的抗震性能分析提供更全面的理论依据。

3.2.2 构件的损伤模型

(1)延性地震损伤模型。假定具备理想弹塑性的单质点体系存在如下的关系：

$$F_y = m\omega^2 \Delta_y \tag{3-1}$$

$$\begin{cases} m = \dfrac{\Delta_m}{\Delta_y} \\ u = \dfrac{\Delta_u}{\Delta_y} \end{cases} \tag{3-2}$$

该模型认为最大弹塑性变形会引起构件的损伤，并假定循环加载下的极限变形是单调增加荷载作用下的极限变形。损伤指数 DM 由如下公式定义：

$$DM = \frac{\Delta_m - \Delta_y}{\Delta_u - \Delta_y} = \frac{\mu_m - 1}{\mu_u - 1} \tag{3-3}$$

延性损伤模型的特点是结构形式相对简单、容易被抗震工作者学习与掌握，与其他模型相比，更加符合构件损伤的实际情况，因此延性损伤模型在抗震分析中应用比较广泛。但是该模型也存在如下弊端：仅用单一的延性损伤参数来描述构件的损伤程度，其描述的结果往往达不到科研工作者想要的效果，特别是当构件的节点或梁底钢筋由于剪切扭转而过早拔出时，产生的分析误差会更加大；实验研究表明，该模型不能考虑循环变形对损伤的影响。

(2)刚度退化地震损伤模型。Sozcn(1981)利用构件刚度的降低定义其损伤见式 3-4，具体的定义如图 3-1 所示。

$$DM = 1 - \frac{K_r}{K_0} \tag{3-4}$$

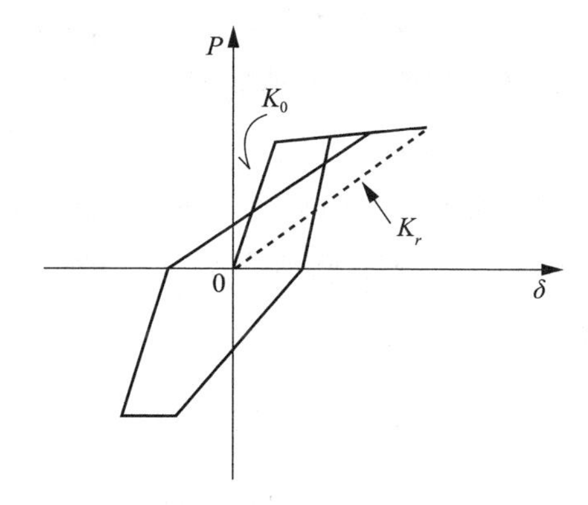

图 3-1　Sozcn 损伤模型

式中，k_0 为初始刚度；k_r 为构件的截面变形与最大位移之间的割线刚度。该模型结构简单，所代表的物理意义明确，比较适合定义钢混构件的损伤情况。

(3) Park 和 Ang 的双参数地震损伤模型。用于大跨度结构的地震损伤模型一般借鉴钢混建筑结构地震损伤模型。大量地震灾害的具体事例和实验结果表明：单从最大变形等某个方面来考虑构件的损伤，不容易反映构件的破坏机理。国内外学术界认为：构件的最大反应与累积损伤是相互关联的，随着结构构件累积损伤的不断增加，其最大反应的控制界限也不断降低；相同地，随着结构构件的最大反应不断增加，其累积损伤的控制界限将随之下降。所以，构件地震损伤模型越合理，就越能同时反映最大变形效应与累积损伤效应。

为此，Park 和 Ang 等人经过理论研究与实验验证，于 1985 年提出了钢混构件地震损伤模型，它由最大变形与累积滞回耗能线性组合而成：

$$DM=\frac{x_m}{x_{cu}}+\frac{E_h}{F_y x_{cu}} \tag{3-5}$$

式中，x_m 为构件在地震荷载下的最大变形；x_{cu}为构件在不断增加外荷载作用下的破坏极限位移值；E_h 为构件在地震作用下的累积滞回耗能值；F_y 为构件的计算屈服剪力值。

β 为构件的耗能因子，由下式可得出 β 值：

$$\beta=(-0.447+0.073\lambda+0.24n_0+0.314\rho_t)0.7^{100\rho_w} \tag{3-6}$$

式中，λ 为结构构件的剪跨比，当 $\lambda<1.7$ 时，取 $\lambda=1.7$；n_0 为轴压比值，当 $n_0<0.2$ 时，取 $n_0=0.2$；ρ_t 为构件纵向钢筋配筋率，当 $\rho_t<0.75\%$时取 0.75%；ρ_w 为该构件的体积配筋率，β 值的范围一般为 0~0.85。

Park 和 Ang 地震损伤模型需计算构件的滞回累积耗能 E_h，而累积滞回耗能不仅与恢复力模型参数有关，而且还与地震动强度和持续时间等因素有关，因此它的计算一直是损伤模型参数计算的一个难点。1992 年，P. Fajfar 引进了正规化累积耗能参数：

$$r_h=\frac{1}{m}\sqrt{\frac{E_h}{F_y x_y}} \tag{3-7}$$

式中，μ_m 为地震作用下构件的最大位移延性系数。Fajfar 通过大量弹塑性地震反应时程分析，给出了 r_h 的简化计算公式：

$$r_h = 0.6Z_t \frac{(\mu-1)^{0.58}}{\mu}\left(\frac{a_g}{v_g}t_D\right)^{0.3} \tag{3-8}$$

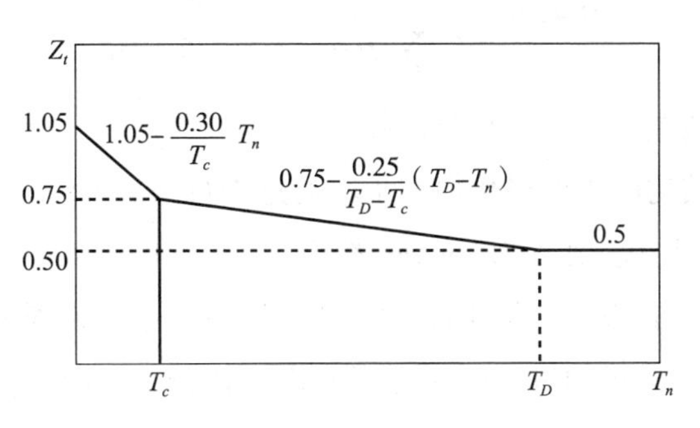

图 3-2　Z_t 与 T_n 关系式

式中，μ 为等价单自由度结构体系的最大地震反应延性系数；a_g 和 v_g 分别为设计地面峰值加速度和峰值速度；t_D 为地震动持时；Z_t 为参数，是等价单自由度结构体系周期的函数，按照图 3-2 所示的关系取值。其中 t_C、t_D 分别是弹性加速度设计谱中速度敏感区和位移敏感区起点对应的特征周期。

应用正规化累积耗能参数 r_h，上面可表示为：

$$DM = (1+\beta\gamma_h^2\mu_m)\frac{\mu_m}{\mu_{cu}} \tag{3-9}$$

式中，μ_{cu}是构件的极限延性系数。

3.2.3　结构的损伤模型

一般情况下，结构的损伤（也称作整体损伤）是其构件损伤的函数，该函数能够体现出结构最不利部位的潜在损伤。求解方法（损伤模型）有如下几种：

（1）Park 和 Ang 两位专家根据构件的损伤定义了结构的损伤：

$$DM_T = \sum_i \lambda_i DM_i \tag{3-10}$$

式中，$\lambda_i = E_i / \sum E_i$；$E_i$ 为结构中第 i 个构件吸收的总能量；DM_i 为结构中第 i 个构件的损伤值。

（2）P. Fajfar 将结构所包含构件损伤值进行加权平均来定义该结构的整体损伤：

$$DM_T = \sum \frac{DM_i}{\sum DM_i} DM_i = \frac{\sum DM_i^{\ 2}}{\sum DM_i} \tag{3-11}$$

式中，DM_i 为结构的第 i 个构件的损伤值。

（3）整体结构的刚度退化损伤指数通过进行两次 Push-over 推倒分析直接计算得到。该方法由 A. Ghobarah 教授在 1999 年提出。

该方法确实有很大的优越性，但是计算的工作量特别大，计算过于复杂，而且在推倒分析的过程中人为因素影响比较大。因此，后续文献在此基础上提出了改进的计算方法，在第 1 次 Push-over 推倒分析后，通过能力谱方法来确定桥梁的地震反应，然后再进行第 2 次 Push-over 分析。

3.3 渡槽震害等级划分

在对渡槽进行抗震能力评估时，先要给出一个参照标准来判断渡槽各构件及其整体在各级地震地面运动作用下的破坏情况。通常是将渡槽的震害划分等级以确定参照标准。渡槽结构的震害一般划分为以下 5 个等级：基本完好、轻微破坏、中等破坏、严重破坏和倒塌。但震害等级的划分只是一种定性的描述，为了对渡槽结构的震害进行较为准确的评价，还需要用量化的标准描述。混凝土结构地震反应及损伤的定量评价有多种方式，如位移、延性、能量、损伤指数、残留位移等。

3.3.1 渡槽结构极限状态

大型渡槽结构的抗震性能评价与分析事关新建渡槽以及已建渡槽的抗震安全问题，因此在评价的过程中要尽可能多地了解渡槽结构实际运行的性能及其在不同地震震级作用下所处的状态。渡槽结构抗震性能评价的极限状态分为局部构件的极限状态和渡槽结构整体的极限状态。根据以往的震害分析，渡槽的地震破坏首先产生于其下部结构，进而引发上部结构的破坏。这是由于下部结构破坏或是墩顶发生过大的位移造成渡槽槽墩的承载能力下降而造成上部结构坍塌破坏的。下面参照桥梁方面的资料给出渡槽的极限状态：

（1）开裂极限状态。对于在地震荷载作用下进入塑性状态的渡槽槽墩而言，在考虑结构弹性工作状态以及计算结构的自振周期时很有必要考虑因为结构开裂引起的刚度下降问题。

（2）首次屈服极限状态。此极限状态对应于槽墩最外层钢筋达到屈服，与此同时构件的刚度也发生较为明显的下降。

（3）混凝土构件剥落极限状态。对于箍筋等横向钢筋含量少的构件，由于其核心混凝土没有得到很好的约束，保护层混凝土剥落后会进而引发核心混凝土产生剥落，这样会造成构件强度急剧下降而失去承载能力。对于约束比较好的混凝土构件而言，由于极限抗压应变及承载能力会有明显的增加，保护层混凝土剥落后，结构有很好的延性，强度不会下降得过快，有可能强度还会有一定程度的增长，因而提高了渡槽槽墩的塑性变形能力及抵抗地震破坏的能力。

（4）破损极限状态。一般构件出现以下两种情况即可认为达到了构件的破损极限状态：①构件横向抗力值下降到最大抗力值的85%；②构件出现箍筋断裂，主筋屈曲，核心混凝土出现大量剥落现象。

3.3.2 渡槽结构的破坏等级划分

对渡槽震害等级相对应的震害和渡槽使用功能的描述，见表3-1。

表3-1 渡槽地震破坏等级及对应的震害和使用功能的描述

震害等级	震害描述	修复程度	使用功能描述
基本完好	渡槽完好，非承重构件受轻微损伤，不影响结构的正常使用功能	无须修复	完全正常运行
轻微破坏	非承重结构损害，但承重结构完好或只出现允许的裂缝，对结构承载力无影响，震后经小修即可恢复正常使用。如墙、护坡、栏杆等非承载构件破损，槽面伸缩缝变化，梁轻微移动，墩台轻微变位，台背填土下沉等	小修	功能受损，仍能运行

续表

震害等级	震害描述	修复程度	使用功能描述
中等破坏	主要承重结构破坏较严重，如墩台轻微倾斜和变位，桩顶、桩与横系梁连接处，槽墩变截面处处出现小裂缝，活动支座倾斜、移位，固定支座损坏，主梁纵横向变位，桥头引道下沉，锥坡严重破坏，槽梁承载力有所下降，经修复后可以正常使用	中修	丧失功能
严重破坏	主要承重结构破碎、断裂，如梁裂缝，墩台滑移、断裂、严重倾斜，跨度明显变化，构件承载力明显降低，并处于危险状态	大修	接近倒塌
倒塌	墩台折损，倒毁、压曲、落梁，渡槽丧失使用功能	不可修	倒塌

上面对渡槽震害等级的划分只是一种定性的描述，没有给出量化的关系，而且其对应的损伤指数尚无文献可查。本书参照钢筋混凝土建筑结构不同震害等级的损伤指数范围，确定了渡槽结构在不同震害等级下的损伤指数范围。

钢筋混凝土结构在地震作用下的震害或损伤通常划分为以下 5 个等级：基本完好、轻微破坏、中等破坏、严重破坏和倒塌。

欧进萍等在参考了大量资料的基础上，给出了钢筋混凝土框架结构震害等级与损伤指数的对照关系，见表 3-2。

表 3-2　钢筋混凝土框架结构震害等级与损伤指数的对照关系

震害等级	震害描述	损伤指数
基本完好	梁或柱端有局部不贯通的细小裂缝，墙体局部有细小裂缝，稍加修复即可使用	0~0.2
轻微破坏	梁或柱端有贯通的细小裂缝，节点处混凝土保护层局部脱落，墙体大都有内外贯通裂缝，较易修复	0.2~0.4
中等破坏	柱端周围裂缝，混凝土局部压碎和露筋，节点严重裂缝，梁折断等，墙体普遍严重开裂或部分墙裂缝扩张，难以修复	0.4~0.6
严重破坏	柱端混凝土压碎崩落，钢筋压屈，梁板下塌，节点混凝土压裂露筋，墙体部分倒塌	0.6~0.9
倒塌	主要构件折断，倒塌或整体倾斜，结构安全丧失功能	>0.9

从钢筋混凝土建筑结构和渡槽结构的震害等级描述中可以发现，两种类型结构都划分了 5 个震害等级，且对各震害等级的描述是基本相同的，

因此对于钢筋混凝土渡槽结构的抗震能力研究可参照欧进萍等提出的钢筋混凝土框架结构的损伤指数。但是因渡槽结构是由上部结构、支座、槽墩(台)、桩基等构件组成的综合系统，所以其对应于各震害等级的损伤指数范围的确定仍然还需要大量的研究工作。

3.4 基于损伤的渡槽抗震能力评估方法

3.4.1 基本原理

针对某渡槽工程实例的具体情况，选取合理的地震损伤模型，应用SAP2000对结构进行Push-over推倒分析，计算出在某一地震等级作用下渡槽的损伤参数，并根据损伤参数与破坏等级之间的关系，来确定渡槽在地震荷载作用下的破坏等级，估算已建渡槽的实际抵御地震破坏的能力。

3.4.2 渡槽抗震性能参数与地震损伤模型的选择

(1)渡槽抗震性能参数的选择。选取合适的参数是对结构进行合理评估的重要前提条件，所以在选择参数时必须认真研究渡槽在地震作用下抗震性能与破坏机理。

根据我国的抗震规范可知，建筑物在遭遇震害时要满足“小震不坏，中震可修，大震不倒”的原则，即在发生较小地震荷载下，结构必须保证处于弹性状态，在“中、大震”荷载下，允许结构发生一定程度的塑性变形，造成一定程度的损伤，因此弹性性能和弹塑性性能两部分共同构成渡槽结构抗震性能。弹塑性性能也称为损伤性能。由于对渡槽结构在强烈地震作用下的破坏情况进行评价被称为渡槽结构的抗震性能评估，因此本书研究的抗震性能换句话说也是结构的损伤性能。

一般常用弹性变形情况来反映结构物的弹性性能，同时结构的弹塑性最大位移或位移延性系数是对结构进行非弹性性能评估的重要参数。根据地震灾害的资料以及对地震的研究可知：地震具有往复震动作用的特点，而且发生地震时，地震作用在结构上的外荷载持续的时间较短，因此结构在地震作用下的损伤与结构的最大变形有关系的同时还与结构的低周期疲劳效应所造成的积累损伤有着密切的联系。因此，结构的损伤指数应能较为全面地反映结构的变形和累积损伤效应。

(2)地震损伤模型的选择。在进行地震损伤模型选择的时候，既要保证能够真实地反映结构的损伤程度，同时还要易于技术人员理解，以便进行具体的工程应用。Sozcn 的刚度退化模型是单参数模型，计算简单，可用于计算 6 度和 7 度时的结构损伤指数；应用正规化累积耗能参数 γ_h 的 Park 和 Ang 双参数损伤模型既考虑了地震作用下结构的最大变形，又反映了低周期疲劳下的累积损伤，是一种比较合理的地震损伤模型。宗德玲(2004)选择损伤参数与模型对桥梁进行抗震性能评估的思路，采用单参数和双参数两种损伤模型分别计算损伤参数，使单参数损伤指数满足损伤允许下限值(即不超过损伤允许下限值)，双参数损伤指数满足损伤允许上限值，目的是提高评估的准确性。

3.4.3 单参数和双参数损伤模型

(1)结构单参数损伤模型的简化计算。采用能力谱方法和 Push-over 分析方法相结合的方式来计算结构的初始弹性刚度 K_0 和对应于地震响应点的割线刚度 K_r，模型参数意义如图 3-3 所示。

$$\begin{cases} K_0 = A_y / D_y \\ K_r = A_m / D_m \end{cases} \tag{3-12}$$

其损伤指数可由下式计算：

$$DM = 1 - \frac{K_r}{K_0} \tag{3-13}$$

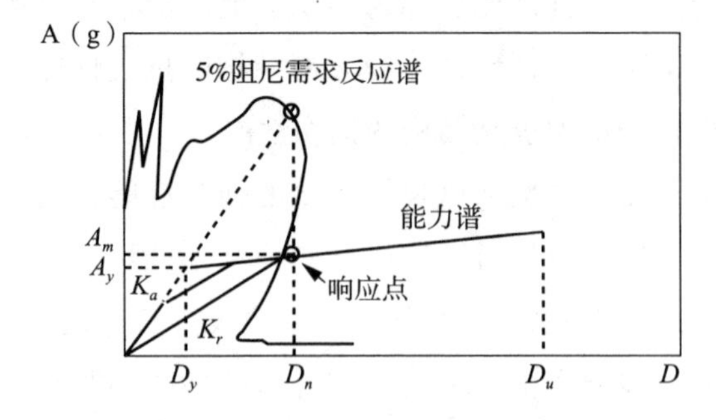

图 3-3 结构单参数损伤模型参数意义

(2)结构双参数损伤模型的简化计算。在式(3-8)中，正规化累积耗能参数 γ_h 的变化特征和研究主要是针对单自由度结构体系进行的，通过Push-over 分析正是将多自由度结构体系等效为单自由度结构体系，因此，正规化累积耗能损伤参数 γ_h 可直接用于结构层次。

不同的是，式(3-9)中构件的耗能因子 β，是在大量钢筋混凝土梁柱实验结果的基础上得到的，与构件的配筋和截面形状有关，因此不能直接用于结构层次。对于弯曲构件，β 可按下式简化计算：

$$\beta=[0.37n_0+0.36(k_\rho-0.2)^2]0.9^{100\rho_w} \tag{3-14}$$

式中，k_ρ 为归一化的配筋率，$k_\rho=\dfrac{\rho f_y}{0.85f'_c}$，$f_y$ 和 f'_c 分别为受拉钢筋的强度设计值和混凝土圆柱体轴心抗压强度设计值。n_0 为轴压比，$n_0=N/(f'_c bd)$，其中 N 为构件轴向力，b 和 d 分别是构件的宽度和受拉钢筋到受压混凝土边缘的高度，当 $n_0<0.2$ 时，取 $n_0=0.2$。ρ_w 为体积配筋率，$0.2<\rho_w<2.0$。一般在 0~0.85 之间变化。

对于普通规则渡槽，各个渡槽截面尺寸与配筋率基本相同，等效单自由度结构体系的低周期疲劳参数 β 可取为单个构件的低周期疲劳参数，由式(3-14)计算得到；对于不规则渡槽根据加权平均的原则，等效单自由度结构体系的耗能因子为 $\beta=\sum\beta_i^2/\sum\beta_i$，$\beta_i$ 由式(3-14)计算得到。

最大位移延性系数 μ_m 和极限延性系数 μ_u 可依据图 3-4 计算得到：

$$\begin{cases} m=D_m/D_y \\ u=D_u/D_y \end{cases} \tag{3-15}$$

式中，D_y 为双线性能力谱上的屈服位移；D_m 为对应于地震响应点的位移；D_u 为能力谱上的极限位移。

结构双参数损伤模型的损伤指数由下式计算：

$$DM=(1+\beta\gamma_h^2\mu_m)\frac{\mu_m}{\mu_u} \tag{3-16}$$

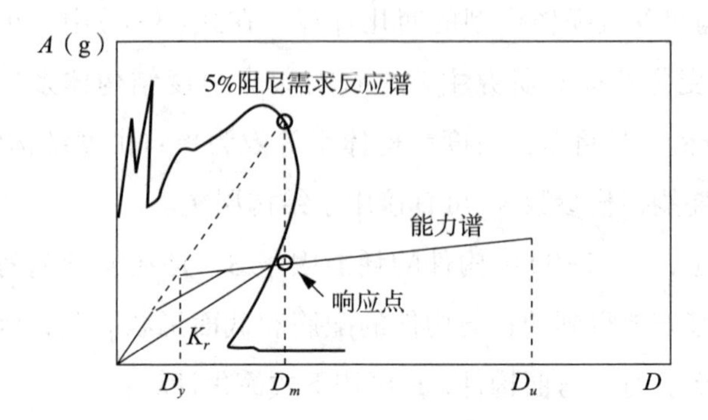

图 3-4 结构双参数损伤模型参数意义

3.4.4 渡槽抗震能力评估方法的计算步骤

基于 Push-over 分析方法的渡槽结构抗震能力评估方法的具体实施步骤如下：

(1) 建立渡槽结构的有限元分析模型。

(2) 计算输入地震动相当于某一峰值的弹性加速度反应谱 S_a(5%的弹性阻尼比)。

(3) 纵槽向的渡槽结构整体损伤指数计算：

①在纵槽向，对其上部结构的各个节点施加相同的位移量，对纵向渡槽进行 Push-over 分析，得到结构整体的能力曲线，并根据式(3-15)将其转化为能力谱曲线；

②将原结构体系用以等效单自由度结构体系近似代替，并确定等效单自由度结构体系的等效线性参数 k_{eq}、ζ_{eq}，同时依据式(3-13)、式(3-14)将反应谱转化为地震需求曲线，并按等效黏滞阻尼 ζ_{eq} 进行折减；

③将转化后的能力曲线和折减后的地震需求曲线叠加在同一坐标系中，得到构件单元在地震作用下的各响应值：D_y、A_y、D_m、A_m、D_u；

④在给定的条件下按照式(3-6)和式(3-7)计算单个槽墩的抗震性能参数 β、γ_h，并根据式(3-13)、式(3-16)分别计算渡槽整体结构的单参数模型和双参数模型的损伤指数。

(4) 横槽向的渡槽结构整体损伤指数计算：

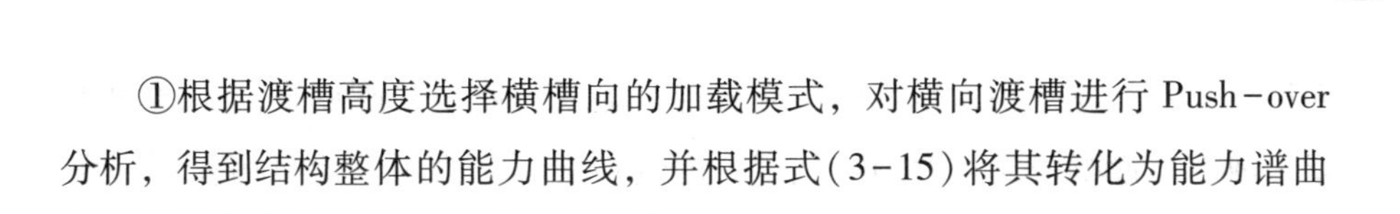

①根据渡槽高度选择横槽向的加载模式，对横向渡槽进行 Push-over 分析，得到结构整体的能力曲线，并根据式(3-15)将其转化为能力谱曲线；②~④分步同第 3 步中的②~④分步。

(5)根据计算所得的损伤指数值，参照渡槽震害等级与损伤指数的对应关系，对渡槽整体结构在第 2 步输入地震动强度下开展渡槽抗震能力评估：若结构的单参数损伤指数值不大于某个震害等级所对应的损伤指数范围的下限，而双参数的损伤指数值也不超过某个震害等级所对应的损伤指数范围的上限，则它在该地震动强度下的破坏等级就是上述震害等级，从而就可以给出在第 2 步输入地震动强度下渡槽结构整体的破坏等级。

(6)改变第 2 步的输入加速度峰值，重新输入地震动相当于某一峰值的弹性加速度反应谱 S_a(5%的弹性阻尼比)；重复第 3 步到第 6 步，就得到不同地震动强度下渡槽结构整体的破坏等级。

因此，通过输入峰值不同的地震动加速度反应谱，就可得到渡槽结构在不同地震水平下的破坏等级，从而可以对渡槽在不同地震动强度作用下的抗震能力进行评估。

3.5　工程实例

3.5.1　工程概况

本算例所采用的是第 2 章自振特性分析和侧向荷载分析时所采用的老张庄渡槽。

地质条件：场区地层呈黏、砂多层结构，上部第①~④层为第四系全新统砂及黏性土，承载力低，且存在地震液化问题，工程地质条件差。第⑤层细砂及第⑥层中壤土厚度大，分布稳定，强度高，承载力标准值分别为 185kPa 和 280kPa。地下水对混凝土无腐蚀性。由于第①~④层的土质比较差，所以在施工的过程中，渡槽基础下部混凝土灌注桩穿过了第①~⑤并直接打入到第⑥层土中。

验算烈度：该地区抗震设防烈度为 7 度。按照有关设计规范的规定，

对待甲、乙类建筑物，地震作用应符合本地区抗震设防烈度提高 1 度的要求，故对本渡槽应当按照地震烈度 8 度进行验算。为了评价渡槽在不同地震水平下的抗震能力，分别计算了该桥梁在 7 度和 8 度时的损伤指数。此时由于混凝土灌注桩打入到中壤土，所以可以设置为Ⅱ类中硬场地土，在 8 度多遇地震的情况下，峰值加速度设为 0.2g，场地反应谱特征周期为 0.35s，反应谱 α_{max} 为 0.16。

8 度多遇地震的情况下所用地震波对应的加速度与时间关系的时程曲线如图 3-5 所示。

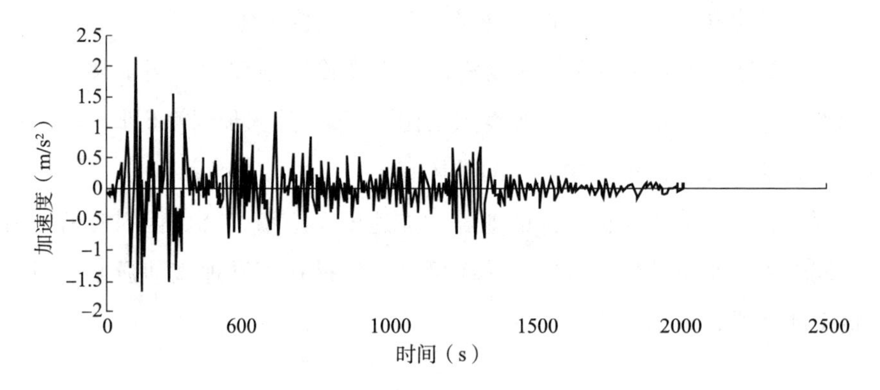

图 3-5　El Centro—NS 波地震时程曲线

在 SAP2000 推倒分析的结果输出中，需求曲线的建立是基于 ATC-40 或是 FEMA-356 的参数设定，如图 3-6 所示。所以在获取需求谱时，需要对 ATC-40 给出的自定义系数 C_a、C_v 进行修正，以使其建立在我国的规范基础上。

根据我国规范的反应谱与 ATC-40 定义的反应谱，可以得到：

$$\eta_2\alpha_{max}=2.5C_a \tag{3-17}$$

$$\eta_2\alpha_{max}=2.5C_a \tag{3-18}$$

譬如，在场地特征周期为 0.45、8 度多遇地震下，阻尼比为 0.05 时：

$$\eta_2\alpha_{max}=0.16$$

$$C_a=0.064,\ C_v=0.072$$

通过这样的系数修正，就可以得到基于我国规范反应谱的需求谱，如图 3-7 所示。

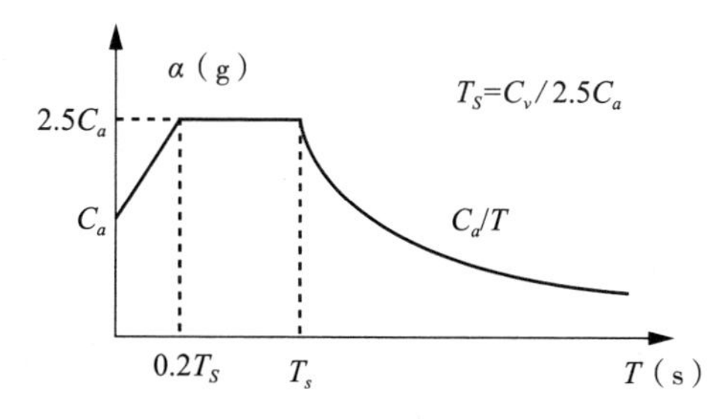

图 3-6 ATC-40 定义的反应谱

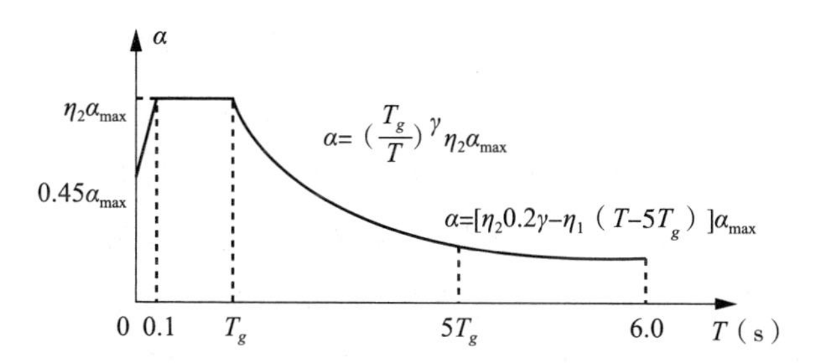

图 3-7 基于中国规范反应谱的需求谱

参考纵向能力谱方法计算图（规范反应谱），根据《水工建筑物抗震设计规范》（DL 5073—2000）可知本工程实例处在Ⅱ类场地，所以本书分析Ⅱ类场地的情况。由于设计工况比较典型，对这一典型设计工况进行分析。下面是二类场地的规范反应谱，见表 3-3 和表 3-4。

表 3-3 时程分析时各级抗震设防烈度所对应的加速度时程的最大值

震级	7 度	8 度
多遇地震	0. 1g	0. 2g
罕遇地震	0. 15g	0. 25g

表 3-4 Push-over 推倒分析时加速度值设置参数表

震级	7 度	8 度
多遇地震	0. 1g	0. 2g
罕遇地震	0. 15g	0. 25g

3.5.2 渡槽结构的抗震能力评估

3.5.2.1 纵槽向抗震能力评估

根据第2章分析的结果，均匀分布荷载比倒三角分布荷载分析得到的位移偏移值大，因此为了安全起见，在进行抗震能力评估时，采用倒三角分布荷载模式。对渡槽设计水位情况的整体结构作纵向 Push-over 分析，得到基底剪力(各墩柱底部剪力之和)和上部结构水平位移关系的能力曲线，将其转化为能力谱，并与地震需求反应谱绘制在一起，在峰值加速度为0.1g、0.15g的情况下，能力谱与需求反应谱的交点位于能力谱的弹性段内，在峰值加速度为0.2g、0.25g的情况下，能力谱与需求反应谱的交点位于能力谱的非弹性段内，采用强度折减系数的简化能力谱方法，得到折减后的非弹性响应点的响应值；由于地震波 El Centro—NS 波波形比较典型，能够代表其他地震波的特点，所以在进行时程分析时，本书采用该地震波。首次屈服点所对应的值和各响应点的值分别见表3-5、表3-6。

表3-5 能力谱首次屈服对应的值与渡槽纵向的响应值 D_m 和 A_m

El Centro—NS 波	地震烈度				屈服点
周期(0.35s)	7度多遇	7度罕遇	8度多遇	8度罕遇	
峰值加速度(g)	0.1	0.15	0.2	0.25	
D(mm)	23	32	60	76	0.051
A(g)	0.012	0.018	0.035	0.043	0.040

表3-6 纵槽在不同地震水平下的损伤指数

El Centro—NS 波	地震烈度			
周期(0.35s)	7度多遇	7度罕遇	8度多遇	8度罕遇
峰值加速度(g)	0.1	0.15	0.2	0.25
结构单参数损伤模型	0	0	0.132	0.339
结构双参数损伤模型	0	0	0.331	0.391

根据计算所得的响应值，分别采用本章给出的结构单参数损伤模型和结

构双参数损伤模型进行在各级抗震设防烈度地震水平下的损伤值的计算。

以表 3-2 结构破坏等级与损伤指数范围的对照关系为标准，使得计算的单参数损伤值小于某一破坏等级的下限值，双参数损伤值小于同一破坏等级的上限值，可以得到渡槽纵向在各级设防烈度所对应的地震水平下的破坏情况，见表 3-7。

表 3-7 纵槽向在各设防烈度下的破坏情况

抗震设防烈度	7 度多遇地震	7 度罕遇地震	8 度多遇地震	8 度罕遇地震
El Centro—NS 波	基本完好	基本完好	轻微破坏	轻微破坏

从该表可以看出：在 El Centro—NS 波作用下，遭遇 7 度多遇、罕遇地震时，渡槽结构基本完好，不需要修复；在遭遇 8 度多遇、罕遇地震时，有轻微损伤，经过修复之后，仍可以正常使用。

3.5.2.2 横槽向抗震能力评估

根据计算所得的响应值，分别采用本章给出的结构单参数损伤模型和结构双参数损伤模型进行在各级抗震设防烈度地震水平下损伤值的计算，结果见表 3-8、表 3-9。

表 3-8 能力谱首次屈服对应的值与渡槽横向的响应值 D_m 和 A_m

地震波	El Centro—NS 波				屈服点
周期	0.35s				
峰值加速度(g)	0.1	0.15	0.2	0.25	
D(mm)	12	21	39	51	0.048
A(g)	0.010	0.016	0.031	0.040	0.039

表 3-9 横槽向在不同地震水平下的损伤指数

El Centro—NS 波	地震烈度			
周期(0.35s)	7 度多遇	7 度罕遇	8 度多遇	8 度罕遇
峰值加速度(g)	0.1	0.15	0.2	0.25
结构单参数损伤模型	0	0	0.17	0.266
结构双参数损伤模型	0	0	0.259	0.302

以表 3-2 结构破坏等级与损伤指数范围的对照关系为标准，使得计算的单参数损伤值小于某一破坏等级的下限值，双参数损伤值小于同一破坏

等级的上限值，可以得到渡槽横向在各级设防烈度所对应的地震水平下的破坏情况，见表 3-10。

表 3-10　横槽向在各设防烈度下的破坏情况

抗震设防烈度	7 度多遇地震	7 度罕遇地震	8 度多遇地震	8 度罕遇地震
El Centro—NS 波	基本完好	基本完好	轻微破坏	轻微破坏

从该表可以看出：在 El Centro—NS 波作用下，遭遇 7 度多遇、罕遇地震时，渡槽结构基本完好，不需要修复；在遭遇 8 度多遇、罕遇地震时，有轻微损伤，经过修复之后，仍可以正常使用。

该渡槽处在抗震设防烈度为 7 度的地区，根据以上分析可知，结构在 7 度地震作用下，基本完好，在 8 度地震作用下，出现轻微损伤。所以结构满足抗震要求在 7 度地震情况下，可以正常运行，在 8 度地震破坏后，做一定的加固处理就可以正常运行。

3.6　小结

本章讨论了渡槽结构的地震损伤模型及地震损伤模型的选取问题；论述了渡槽震害等级划分的问题，以便于对结构进行抗震能力评估；同时阐述了抗震能力评估的基本原理、渡槽抗震能力评估方法的计算步骤，并结合具体的工程实例进行渡槽结构的抗震能力评估分析。在进行抗震能力评估时，通过求出能力谱首次屈服对应的值与渡槽的响应值 D_m 和 A_m，来进一步确定在不同地震水平下的损伤指数。根据损伤指数的大小对比渡槽结构的破坏等级划分表，确定渡槽结构的破坏情况，并根据破坏情况进行加固或改造。

4 钢筋混凝土渡槽结构动力损伤分析方法

4.1 概述

近年来，强烈地震灾害的不断发生再次为我们敲响了警钟，作为生命线工程的大型钢筋混凝土渡槽结构的抗震安全问题不可忽视。混凝土本构关系是开展混凝土结构动力灾变研究的前提，大型钢筋混凝土渡槽结构的抗震研究离不开混凝土本构关系这一重要基础。

查阅已有文献可知渡槽结构损伤和破坏的研究相对滞后。本书前部分内容对渡槽结构在弹塑性状态下开展位移响应和损伤分析的研究是远远不够的，还必须开展渡槽结构损伤机理的研究，以便更准确地把握渡槽结构的损伤破坏过程。

混凝土结构动力灾变研究的核心是其非线性性态和演化机理，它是以混凝土本构关系为先决条件的。然而，由于混凝土是多相复合材料，加之已有文献对其本构关系的研究相对滞后，经典的弹性力学、塑性力学和断裂力学等理论，仍难以准确地把握混凝土结构从材料损伤、构件失效乃至结构破坏的非线性发展全过程。

根据已有研究可知，混凝土的破坏过程是由混凝土材料损伤的演化、发展和累积等一系列物理过程构成的。自 20 世纪 80 年代以来，逐步发展与完善的混凝土损伤力学，为合理反映混凝土受力力学行为带来了新的机遇。有关文献通过引入弹性损伤能释放率建立损伤准则，基于应力张量正负分解，进而建立了混凝土弹性损伤本构模型。在此基础上，有关文献则建立了混凝土弹塑性损伤本构模型的理论框架。该理论体系在屈服面处理和数值收敛性等方面皆具明显优势。而在引入弹塑性损伤能释放率后，混凝土损伤本构关系具有了明确的热力学基础。系统整合上述研究成果，基本上建立了完整的混凝土连续介质损伤力学的理论框架。在此框架下，结构非线性分析工具与现代数值算法相结合逐渐在研究和工程实践中得到广泛的应用。

事实上，混凝土的受力力学行为不仅具有显著的非线性，还存在明显的随机性。这从本质上来讲，是由混凝土材料初始损伤分布的随机性这一客观事实决定的。连续介质损伤力学理论框架体系的建立没有考虑该因素，因此无法反映混凝土的这一随机性特性，也因此无法从本质上正确把握混凝土损伤演化的物理机制。基于这一现实问题，在 Krajcinovic 和 Silva 等研究的基础之上，李杰和张其云(2001)提出了混凝土细观随机断裂本构模型，从而实现了将混凝土材料的非线性与随机性及两者之间的耦合作用纳入统一的体系中。在此基础上，通过引入能量等效应变的概念，建立了基本完整的混凝土随机损伤本构关系模型。该模型从物理本质上解释了损伤何时发生、损伤如何演化等经典损伤力学难以回答的基本问题，不仅可以合理地给出混凝土材料在多维应力状态下的均值本构关系及其随机变化范围，而且可以理想地反映混凝土材料所特有的单边效应、强度软化、刚度退化、拉压软化和有侧压时的强度提高等一系列力学行为，从而为进行结构层次的非线性分析打下了基础。

本章从混凝土材料的典型非线性力学行为出发，简要介绍了连续介质损伤力学理论、随机损伤演化规律和塑性演化法则，给出了完整的混凝土弹塑性随机损伤本构模型，并对混凝土随机损伤本构关系的数值实现方法和细观随机断裂模型的参数识别进行了阐述。

4.2 混凝土弹塑性随机损伤力学基础

4.2.1 连续介质损伤力学理论

定义有效应力张量$\bar{\sigma}$为弹性变形在无损材料上引起的应力：

$$\bar{\sigma}=\mathbb{E}_0: \varepsilon^e \tag{4-1}$$

其中，$\mathbb{E}_0$为材料在初始状态时的弹性刚度。

将应力张量 ε 分解为两部分，分别为弹性应力张量 ε^e 与塑性应力张量 ε^p

$$\varepsilon=\varepsilon^e+\varepsilon^p \tag{4-2}$$

根据 Ladevèze 的应力张量正负分解思想，将有效应力张量在有效应力空间进行正、负分解：

$$\bar{\sigma}=\bar{\sigma}^{+}+\bar{\sigma}^{-} \tag{4-3}$$

式中，

$$\begin{cases}\bar{\sigma}^{+}=\mathbb{P}^{+}:\bar{\sigma}\\ \bar{\sigma}^{-}=\mathbb{P}^{-}:\bar{\sigma}\end{cases} \tag{4-4}$$

其中，$\mathbb{P}^{+}$和$\mathbb{P}^{-}$分别为$\bar{\sigma}$的正、负投影张量，定义为

$$\begin{cases}\mathbb{P}^{+}=\sum_{i=1}^{3}H(\hat{\bar{\sigma}}_i)(p_i\otimes p_i\otimes p_i\otimes p_i)\\ \mathbb{P}^{-}=\mathbb{I}-\mathbb{P}^{+}\end{cases} \tag{4-5}$$

式中，$\hat{\bar{\sigma}}_i$ 为$\bar{\sigma}$的第 i 阶特征值，p_i 为$\bar{\sigma}$的特征向量，$\mathbb{I}$ 为四阶单位张量，$H(x)$为 Heaviside 函数，可表示为：

$$H(x)=\begin{cases}0 & (x\leqslant 0)\\ 1 & (x>0)\end{cases} \tag{4-6}$$

在等温绝热状态下，可以假定材料的弹性 Helmholtz 自由能势和塑性 Helmholtz 自由能势不耦合。基于这一前提，材料的总弹塑性 Helmholtz 自由能势可表达为弹性部分 ψ^e 和塑性部分 ψ^p 之和的形式：

$$\psi(\varepsilon^e,\ \kappa,\ D^+,\ D^-)=\psi^e(\varepsilon^e,\ D^+,\ D^-)+\psi^p(\kappa,\ D^+,\ D^-) \tag{4-7}$$

式中，D^+和 D^-分别为受拉和受压损伤标量，κ 为塑性硬化内变量，ψ^e 为材料的弹性 Helmholtz 自由能势，可表示为：

$$\begin{aligned}\psi^e(\varepsilon^e,\ D^+,\ D^-)&=\psi^{e+}(\varepsilon^e,\ D^+)+\psi^{e-}(\varepsilon^e,\ D^-)\\&=(1-D^+)\psi_0^{e+}(\varepsilon)+(1-D^-)\psi_0^{e-}(\varepsilon)\\&=\frac{1}{2}(1-D^+)\bar{\sigma}^{+}:\varepsilon^e+\frac{1}{2}(1-D^-)\bar{\sigma}^{-}:\varepsilon^e\end{aligned} \tag{4-8}$$

ψ^p 为材料的塑性 Helmholtz 自由能势，可表示为：

$$\psi^{p}(\kappa, D^{+}, D^{-}) = \psi^{p+}(\kappa, D^{+}) + \psi^{p-}(\kappa, D^{-})$$
$$= (1-D^{+})\psi_{0}^{p+}(\kappa) + (1-D^{-})\psi_{0}^{p-}(\kappa)$$
$$= (1-D^{+})\int_{0}^{\varepsilon^{p}} \bar{\sigma}^{+} : \mathrm{d}\varepsilon^{p} + (1-D^{-})\int_{0}^{\varepsilon^{p}} \bar{\sigma}^{-} : \mathrm{d}\varepsilon^{p} \tag{4-9}$$

材料的损伤过程和塑性流动过程均是不可逆热力学过程，根据热力学第二定律可知，其能量耗散在数值上应为非负值，且必须同时满足热力学的不可逆条件，即 Clausius-Duhem 不等式。在等温绝热条件下，该不等式可表示为：

$$\sigma : \dot{\varepsilon} - \dot{\psi} \geqslant 0 \tag{4-10}$$

将式(4-7)关于时间微分并代入式(4-10)，可得如下不等式：

$$\left(\sigma - \frac{\partial \psi^{e}}{\partial \varepsilon^{e}}\right) : \dot{\varepsilon}^{e} + \left(-\frac{\partial \psi}{\partial D^{+}}\right)\dot{D}^{+} + \left(-\frac{\partial \psi}{\partial D^{-}}\right)\dot{D}^{-} + \left(\sigma : \dot{\varepsilon}^{p} - \frac{\partial \psi^{p}}{\partial \kappa} \cdot \dot{\kappa}\right) \geqslant 0 \tag{4-11}$$

由于 $\dot{\varepsilon}^{e}$ 的任意性，要满足上述不等式要求，应有：

$$\sigma = \frac{\partial \psi^{e}(\varepsilon^{e}, D^{+}, D^{-})}{\partial \varepsilon^{e}} \tag{4-12}$$

将式(4-8)定义的材料弹性 Helmholtz 自由能势代入式(4-12)可以得到弹塑性损伤本构关系：

$$\sigma = (1-D^{+})\frac{\partial \psi_{0}^{e+}(\varepsilon)}{\partial \varepsilon^{e}} + (1-D^{-})\frac{\partial \psi_{0}^{e-}(\varepsilon)}{\partial \varepsilon^{e}} \tag{4-13}$$
$$= (1-D^{+})\bar{\sigma}^{+} + (1-D^{-})\bar{\sigma}^{-}$$

其中，四阶损伤张量表示为：

$$\mathbb{D} = D^{+}\mathbb{P}^{+} + D^{-}\mathbb{P}^{-} \tag{4-14}$$

式(4-14)为混凝土双标量弹塑性损伤模型。由该式可知，通过有效应力的正、负分解，可将损伤张量投影到有效应力的相应主方向，进而考虑了材料拉、压迥异的特性，并可通过主方向的受拉损伤和受剪损伤对材料的总体损伤实现系统性描述。

由于内变量 D^{+}、D^{-}和 ε^{p} 的存在，式(4-13)还不能单独完全确定应力随应变的具体变化过程，需要进一步确定内变量的具体演化法则，方能构成完整的损伤力学本构模型。需要强调的是，根据不等式(4-11)，内变量的演化过程还应该满足如下两组不等式：

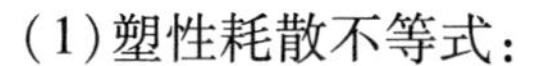

（1）塑性耗散不等式：

$$\sigma：\dot{\varepsilon}^p-\frac{\partial\psi^p}{\partial\kappa}\cdot\dot{\kappa}\geqslant 0 \tag{4-15}$$

（2）损伤耗散不等式：

$$\begin{cases}\left(-\dfrac{\partial\psi}{\partial D^+}\right)\dot{D}^+=Y^+\dot{D}^+\geqslant 0\\[2ex] \left(-\dfrac{\partial\psi}{\partial D^-}\right)\dot{D}^-=Y^-\dot{D}^-\geqslant 0\end{cases} \tag{4-16}$$

其中，Y^+与Y^-分别称为受拉和受剪损伤能释放率。

基于Drucker-Prager型塑性势函数，同时忽略塑性变形对材料Helmholtz自由能受拉部分的影响，通过简化运算可得受拉和受剪损伤能释放率的表达式分别为：

$$Y^+=\frac{1}{2E_0}\left[\frac{2(1+\nu_0)}{3}(3\bar{J}_2^+)+\frac{1-2\nu_0}{3}(\bar{I}_1^+)^2-\nu_0\bar{I}_1^+\bar{I}_1^-\right] \tag{4-17}$$

$$Y^-=b_0(\alpha\bar{I}_1^-+\sqrt{3\bar{J}_2^-})^2 \tag{4-18}$$

其中，$\bar{I}_1^+$和$\bar{J}_2^+$分别为有效应力正分量$\bar{\sigma}^+$的第一不变量和第二不变量；$\bar{I}_1^-$和$\bar{J}_2^-$分别为有效应力负分量$\bar{\sigma}^-$的第一不变量和第二不变量；b_0为材料参数；E_0与ν_0分别为未损伤材料的弹性模量和泊松比；受剪损伤参数α可定义为如下形式：

$$\alpha=\frac{f_{by}^-/f_y^--1}{2f_{by}^-/f_y^--1} \tag{4-19}$$

其中，f_{by}^-和f_y^-分别表示为双轴等压和单轴受压状态下混凝土材料的线弹性极限强度，即初始屈服应力。双轴等压和单轴受压屈服强度之比一般取为1.10~1.16，相应地，α的取值为0.08~0.12。

由于损伤能释放率可反映损伤耗能关于损伤发展的变化速度，因此可将损伤准则定义为损伤能释放率的函数，从而构建了受拉和受剪损伤的发生准则，可表达为：

$$g^\pm(Y^\pm,\ r^\pm)=Y^\pm-r^\pm\leqslant 0 \tag{4-20}$$

其中，r^+表示为受拉损伤能释放率的阈值，r^-表示为受剪损伤能释放率的阈值，这两个阈值可以控制损伤的发展。

进而，可以给出基于损伤能释放率的损伤演化方程一般表达式为：

$$D^{\pm}=g_Y^{\pm}(Y^{\pm}) \tag{4-21}$$

至此，就比较完整地建立了确定性连续介质损伤力学的基本理论。需要说明的是，对于损伤阈值的确立、损伤和塑性演化规律及二者耦合效应的考量，将在下文中做进一步探讨。

4.2.2 随机损伤演化规律

在浇筑成型之时，作为多相复合材料的混凝土内部就具有随机分布的微孔洞、微裂缝等初始缺陷。在外部较大的荷载作用下必然会导致损伤演化进程具有随机性特征。为了在细观物理机制上反映混凝土的随机损伤演化过程，在“微—细”观层面引入断裂的随机描述，建立了损伤的物理演化规律。

在细观层面上，可以将任意一维应力状态下的混凝土基本受力单元离散为一系列相互并联的微弹簧，即图 4-1 所示的细观随机断裂模型。单根微弹簧的性质代表了材料的微观性质，而并联弹簧的集合特性表征了材料的细观力学特征。由于混凝土细观强度分布具有随机性，微弹簧的断裂应变应为随机变量。当荷载逐步增加时，微弹簧将发生随机断裂，从而导致并联弹簧单元体的“应力—应变”曲线偏离线性进入非线性发展阶段（如图 4-2 所示），这诠释了损伤导致非线性的物理本质。由于各微弹簧的断裂应变具有随机分布特性，因此，初始损伤的发生时刻和后续的应力重分布过程都将具有典型的随机性特征，由此导致随机的强度表现、随机的“应力—应变”本构关系。在外部荷载作用下，单根微弹簧服从图 4-3 所示的微观弹脆性本构关系，断裂应变为随机变量，服从某一概率分布。

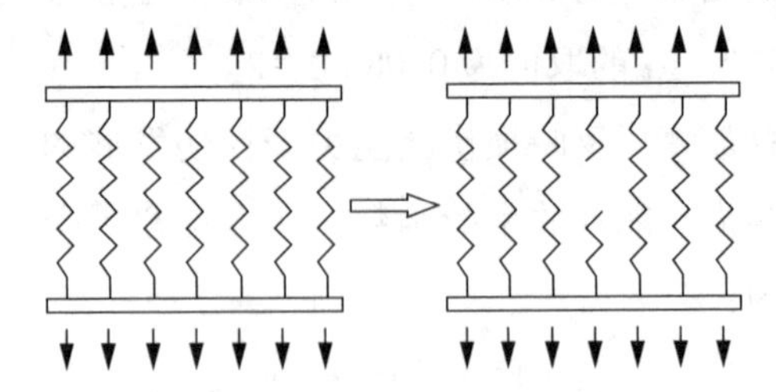

图 4-1　细观随机断裂模型

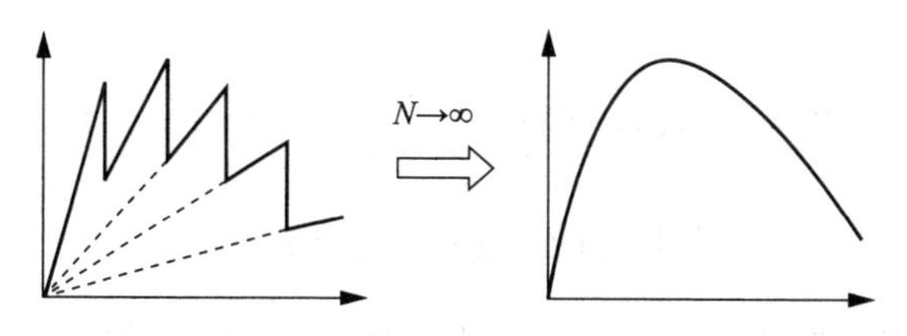

图 4-2　微弹簧系统“应力—应变”关系演变

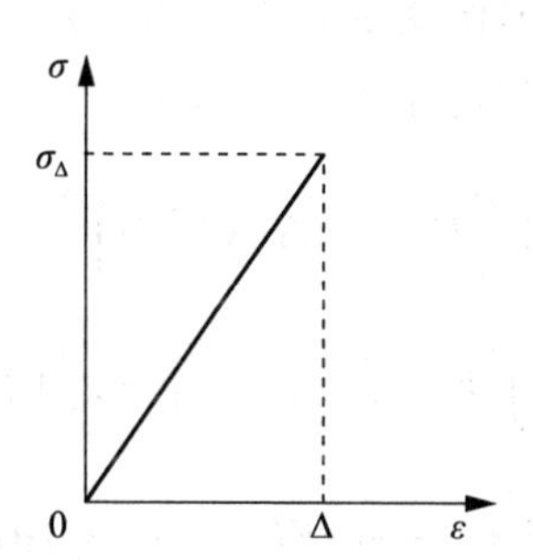

图 4-3　微弹簧“应力—应变”关系

根据上述模型，定义损伤变量为：

$$D = \frac{A_f}{A_0} = \frac{n}{N} = \frac{1}{N}\sum_{i=1}^{N} H(\varepsilon - \Delta_i) \tag{4-22}$$

式中，A_f 为细观单元中微弹簧断裂而导致材料退出工作的面积；A_0 为细观单元横截面积；n 为在当前荷载作用下断裂的弹簧根数；N 为微弹簧总数量；Δ_i 为微弹簧 i 的极限破坏应变，为服从某一概率分布的随机变量；$H(x)$ 为 Heaviside 函数。

当单元中微弹簧个数 N 趋于无穷大时，并联弹簧可以看作一维连续体，损伤变量可按如下随机积分形式表述，即为损伤演化函数式：

$$D(\varepsilon) = \lim_{N\to\infty}\left[\frac{1}{N}\sum_{i=1}^{N} H(\varepsilon - \Delta_i)\right] = \int_0^1 H[\varepsilon - \Delta(x)]\,\mathrm{d}x \tag{4-23}$$

式中，$\Delta(x)$ 为一维断裂应变随机场，x 为位置坐标。

假定断裂应变随机场 $\Delta(x)$ 具有二阶平稳性，其一维、二维分布密度函数可以表示为：

$$f(\Delta;\ x) = f(\Delta) \tag{4-24}$$

$$f(\Delta_1,\ \Delta_2;\ x_1,\ x_2) = f(\Delta_1,\ \Delta_2;\ |x_1 - x_2|) \tag{4-25}$$

对损伤演化函数式（4-23）左右两边分别求期望，可得到均值损伤演化规律：

$$\mu_D(\varepsilon)=E\left[\int_0^1 H[\varepsilon-\Delta(x)]\mathrm{d}x\right]=\int_0^1\int_{-\infty}^{+\infty}H[\varepsilon-\Delta(x)]f(\Delta;\ x)\mathrm{d}x\mathrm{d}\Delta$$

$$=\int_0^1\int_{-\infty}^{\varepsilon}f(\Delta;\ x)\mathrm{d}x\mathrm{d}\Delta=F(\varepsilon) \tag{4-26}$$

式中，$E(\cdot)$表示期望算子，$F(\varepsilon)$为断裂应变随机变量的累积分布函数。

同样地，也可以得到损伤变量演化表达的方差函数为：

$$Var[D(\varepsilon)]=E[^{D}(\varepsilon)]^2-[^{\mu}_{D}(\varepsilon)]^2$$

$$=E\left[\int_0^1 H[\varepsilon-\Delta(x)]\mathrm{d}x\right]^2-[\mu_D(\varepsilon)]^2$$

$$=\int_0^1\int_0^1 F(\varepsilon,\ \varepsilon;\ |x_1-x_2|)\mathrm{d}x_1\mathrm{d}x_2-[\mu_D(\varepsilon)]^2$$

$$=2\int_0^1(1-\eta)F(\varepsilon,\ \varepsilon;\ \eta)\mathrm{d}\eta-[F(\varepsilon)]^2$$

$$\tag{4-27}$$

式中，$\eta=|x_1-x_2|$为随机变量x_1和x_2之间的相对距离。

需要说明的是，如果断裂应变随机场$\Delta(x)$是独立随机场，则：

$$\int_0^1(1-\eta)F(\varepsilon,\ \varepsilon;\ \eta)\mathrm{d}\eta=\int_0^1(1-\eta)F(\varepsilon)^2\mathrm{d}\eta=\frac{1}{2}[F(\varepsilon)]^2 \tag{4-28}$$

将式(4-28)代入损伤变量方差的表达式(4-27)，可得到：

$$Var[D(\varepsilon)]=2\int_0^1(1-\eta)F(\varepsilon,\ \varepsilon;\ \eta)\mathrm{d}\eta-[F(\varepsilon)]^2=0 \tag{4-29}$$

此时，损伤的方差为零，说明得到的是确定性的损伤演化方程。

然而实际上，混凝土细观结构性质的空间变化不可能是完全独立的，如果空间某一点的断裂应变比较大，那么其紧邻的点断裂应变也不会很小，它们应该具有一定的空间相关性。可见，考虑断裂应变随机场的空间相关性是正确反映混凝土细观结构的要求。作为对真实物理背景的一种近似，可以假设$\Delta(x)$的一维概率分布为对数正态分布，即：

$$\Psi(x)=\ln[\Delta(x)] \tag{4-30}$$

服从正态分布，且λ和ζ分别为正态分布随机过程$\Psi(x)$的数学期望和标准差，则其与对数正态随机过程$\Delta(\xi)$的一维概率密度分布的数学期望μ

$_{\Delta}$和标准差 σ_{Δ} 之间满足如下关系：

$$\lambda = E[\Psi(x)] = E\{\ln[\Delta(x)]\} = \ln\left(\frac{\mu_{\Delta}}{\sqrt{1+\delta_{\Delta}^{2}}}\right) \tag{4-31}$$

$$\zeta^{2} = Var[\Psi(x)] = E[\Psi(x)-\lambda]^{2} = E[\Psi^{2}(x)]-\lambda^{2} = \ln(1+\delta_{\Delta}^{2}) \tag{4-32}$$

其中，$\delta_{\Delta}=\sigma_{\Delta}/\mu_{\Delta}$ 为 $\Delta(x)$的变异系数。

显然，损伤均值函数即 $\Delta(x)$的累积分布函数式(4-26)变为：

$$\begin{aligned}\mu_{D}(\varepsilon) = F(\varepsilon) &= \int_{0}^{\varepsilon}\frac{1}{\sqrt{2\pi}t\zeta}\exp\left\{-\frac{1}{2}\left[\frac{\ln(t)-\lambda}{\zeta}\right]^{2}\right\}\mathrm{d}t \\ &= \Phi\left(\frac{\ln\varepsilon-\lambda}{\zeta}\right) = \Phi(Y)\end{aligned} \tag{4-33}$$

式中，$\Phi(\cdot)$表示标准正态分布的累积分布函数。

至此，基于细观物理的一维随机损伤演化规律已基本建立。而且，在随机场 $\Delta(x)$具有二阶平稳性质的假定下，可以自然地给出随机损伤演化规律的均值和方差函数，从而可以在二阶统计意义上反映混凝土材料的随机损伤特性。该模型中的两个参数 λ、ζ 可基于现行混凝土设计规范的“应力—应变”曲线进行参数识别获得。

以上所述的细观随机断裂模型，本质上是将材料层次的随机性作为损伤演化的依据之一，这就顺其自然地将混凝土材料内秉的非线性与随机性及两者的耦合作用纳入到一个统一的模型中来，实现了非线性与随机性的综合反映。细观层次损伤随机性的把握，是建立损伤演化从细观到宏观的纽带，这也从物理机制上给混凝土材料的损伤演化规律一个合理的解释。事实上，细观随机断裂模型从本质上初步解释了损伤何时发生(损伤准则)、损伤如何演化(损伤演化法则如何建立)的物理原因，正确地回答了这些经典损伤力学很难回答的问题。

4.2.3 塑性演化法则

前已表述，完整的混凝土随机损伤本构模型，不仅包括损伤内变量的演化规律，还需要确定塑性内变量的具体演化法则。塑性变形仅存在于有效应力空间中，因此建立弹塑性随机损伤本构模型时，有效应力张量$\bar{\sigma}$应替换 Cauchy 应力张量，以此来进一步确定损伤材料的塑性演化。

根据经典塑性力学基本理论，在有效应力空间中，率形式的塑性力学基本公式如下：

(1)塑性本构方程：

$$\dot{\bar{\sigma}}=\mathbb{E}_0:(\dot{\varepsilon}-\dot{\varepsilon}^p) \tag{4-34}$$

(2)塑性流动法则：

$$\dot{\varepsilon}^p=\dot{\lambda}^p\frac{\partial F^p}{\partial\bar{\sigma}} \tag{4-35}$$

式中，λ^p 为塑性流动因子；F^p 为塑性势函数。

对于混凝土材料，可取为 Drucker-Prager 类型的函数：

$$F^p=\sqrt{2\bar{J}_2}+\alpha^p\bar{I}_1 \tag{4-36}$$

式中，$\bar{I}_1$ 和 $\bar{J}_2$ 分别为有效应力张量 $\bar{\sigma}$ 的第一不变量和有效偏应力张量 $\bar{s}$ 的第二不变量；α^p 为反映混凝土剪涨效应的参数，一般取值为 0.2~0.3。

(3)塑性硬化准则：

$$\dot{\kappa}=\dot{\lambda}^p\cdot H \tag{4-37}$$

式中，κ 为塑性硬化向量，H 表示塑性硬化函数，其表达式为：

$$H=\frac{\partial\kappa}{\partial\varepsilon^p}:\frac{\partial F^p(\bar{\sigma})}{\partial\bar{\sigma}} \tag{4-38}$$

(4)塑性屈服与加卸载条件：

$$\begin{cases}F(\bar{\sigma},\kappa)\leqslant 0\\ \dot{\lambda}^p\geqslant 0\\ \dot{\lambda}^p\cdot F(\bar{\sigma},\kappa)=0\end{cases} \tag{4-39}$$

式中，$F(\cdot)$ 为塑性屈服函数。借鉴 Lee-Fenves 修正的 Lubliner 模型，塑性屈服函数可表示为：

$$F(\bar{\sigma},\kappa)=\frac{1}{1-\alpha}[\alpha\bar{I}_1+\sqrt{3\bar{J}_2}+\beta(\kappa)\langle\bar{\sigma}_{\max}\rangle]-\bar{c}(\kappa) \tag{4-40}$$

其中

$$\beta(\kappa)=\frac{f_y^-+\dfrac{\mathrm{d}f^-(\kappa^-)}{\mathrm{d}\kappa^-}\kappa^-}{f_y^++\dfrac{\mathrm{d}f^+(\kappa^+)}{\mathrm{d}\kappa^+}\kappa^+}(1-\alpha)-(1+\alpha) \tag{4-41}$$

$$\bar{c}(\kappa)=f_y^-+\frac{\mathrm{d}f^-(\kappa^-)}{\mathrm{d}\kappa^-}\kappa^- \tag{4-42}$$

式中，α 为常数，一般取 $\alpha=0.1212$；$\bar{I}_1$ 为有效应力偏量第一不变量；$\bar{J}_2$ 为有效应力偏量第二不变量；$\bar{\sigma}_{\max}$ 为代数值最大的有效主应力；β 为无量纲参数，$\bar{c}$为有效内聚力参数。$f_y^{\pm}$为单轴受拉和受压状态下混凝土材料的初始屈服应力(线弹性极限强度)；$f^{\pm}(\kappa^{\pm})$为单轴受拉和受压应力状态下，材料屈服以后的塑性硬化函数。

(5)塑性流动一致性条件：

$$\dot{F}(\bar{\sigma},\ \kappa)=0 \tag{4-43}$$

结合式(4-34)、式(4-35)和式(4-43)，假定混凝土材料符合非相关流动准则($F\neq F^p$)，可以得到塑性流动因子 $\dot{\lambda}^p$ 为：

$$\dot{\lambda}^p=\frac{\partial_{\bar{\sigma}}F:\ \mathbb{E}_0:\ \dot{\varepsilon}}{\partial_{\bar{\sigma}}F:\ \mathbb{E}_0:\ \partial_{\bar{\sigma}}F^p-\partial_\kappa F\cdot H} \tag{4-44}$$

进而可以得到有效应力张量与应变张量之间的率本构关系

$$\dot{\bar{\sigma}}=\mathbb{E}^{\mathrm{ep}}:\ \dot{\varepsilon} \tag{4-45}$$

式中，$\mathbb{E}^{\mathrm{ep}}$为有效弹塑性切线刚度张量

$$\mathbb{E}^{\mathrm{ep}}=\begin{cases}\mathbb{E}_0, & \dot{\lambda}^p=0\\ \mathbb{E}_0-\dfrac{\mathbb{E}_0:\ (\partial_{\bar{\sigma}}F^p\otimes\partial_{\bar{\sigma}}F):\ \mathbb{E}_0}{\partial_{\bar{\sigma}}F:\ E_0:\ \partial_{\bar{\sigma}}F^p-\partial_\kappa F\cdot H}, & \dot{\lambda}^p>0\end{cases} \tag{4-46}$$

上述内容即构建了基于经典塑性力学理论并在有效应力空间求解混凝土材料塑性变形的一般流程，基本构建了完整的混凝土随机损伤本构关系模型。其中，在一维加、卸载条件下，图 4-4 所示的“应力—应变”关系曲线可形象地描述上述混凝土均值随机损伤本构模型，清晰地展现了混凝土材料所特有的单边效应、强度软化、刚度退化和残余变形等一系列非线性力学行为，从而为进行结构层次的非线性分析打下了基础。

4.3 弹塑性损伤本构关系数值算法

前文所述的混凝土弹塑性损伤本构关系涉及损伤和塑性内变量的演化

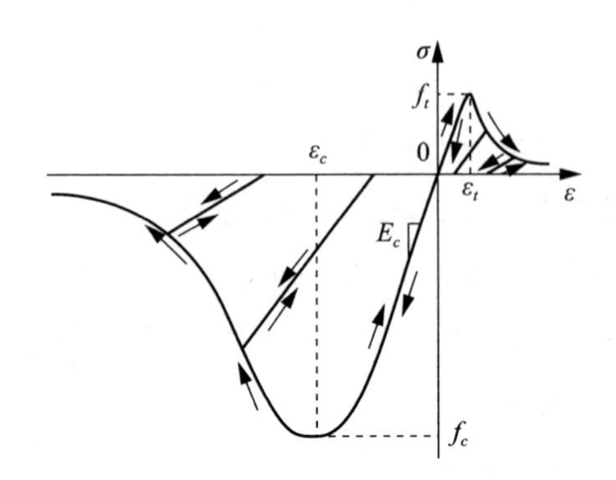

图 4-4　混凝土一维损伤本构关系图

求解，因此必须采用效率高、计算精确且稳定的数值算法，才能有利于开展基于偏微分方程组的迭代求解，获得“应力—应变”关系的数值解，进而应用于混凝土结构的非线性分析。损伤本构关系的数值求解可简要概括如下：根据初边值问题的数值解法，可将时间离散成$\cup_{n=1}^{N}[t_n,\ t_{n+1}]$，共计 N 个时间增量步。已知当前 t_n 时刻的已知状态量$\{\overline{\sigma}_n,\ d_n^{\pm},\ \boldsymbol{\varepsilon}_n^p,\ \boldsymbol{\kappa}_n\}$，在给定应变增量 $\Delta\varepsilon$ 的情况下，求解计算 t_{n+1}时刻的状态量$\{\overline{\sigma}_{n+1},\ d_{n+1}^{\pm},\ \boldsymbol{\varepsilon}_{n+1}^p,\ \boldsymbol{\kappa}_{n+1}\}$。

根据应变等效假定可知，塑性演化发生在有效应力空间，损伤发生在损伤空间，因而塑性和损伤的求解是解耦的。在这种情况下，应力更新过程可通过算子分离法求解计算实现，具体步骤包括弹性预测、塑性修正和损伤修正三部分，下文将简要概述。

(1)弹性预测。根据增量有限元格式，t_{n+1}时刻的位移增量 Δu_{n+1}已知，则积分点处应变更新为：

$$\begin{cases}\Delta\varepsilon_{n+1}=B\Delta u_{n+1}\\ \varepsilon_{n+1}=\varepsilon_n+\Delta\varepsilon_{n+1}\end{cases}\tag{4-47}$$

式中，B 是单元应变矩阵。

弹性预测的基本思路为：先假定在这个增量过程中没有塑性演化和损伤演化，从而按弹性预测更新的状态变量可表达为：

$$\begin{cases}\varepsilon_{n+1}^{p,trial}=\varepsilon_n^p;\\ \kappa_{n+1}^{trial}=\kappa_n;\\ \overline{\sigma}_{n+1}^{trial}=\mathbb{E}_0:(\varepsilon_{n+1}-\varepsilon_n^p);\\ d_{n+1}^{trial\pm}=d_n^{\pm}\end{cases} \tag{4-48}$$

完全按弹性预测更新后的有效应力$\overline{\sigma}_{n+1}^{trial}$，称为试有效应力（trial stress），也称为弹性试算应力。相应地，更新后t_{n+1}时刻的状态变量称为试状态变量：

$$\{\overline{\sigma}_{n+1}^{trial},\ \varepsilon_n^p,\ \kappa_n,\ d_n^{\pm}\} \tag{4-49}$$

由于弹性预测没有考虑塑性演化，而事实上材料的真实应力状态可能会进一步引发塑性流动或损伤演化。因此，需要对上述弹性预测的更新状态变量进行塑性修正或损伤修正。

（2）塑性修正。将弹性预测更新后的试状态变量式（4-48）代入到屈服函数式（4-40）中，若：

$$F(\overline{\sigma}_{n+1}^{trial},\ \kappa_n)\leqslant 0 \tag{4-50}$$

则表明该增量步$[t_n,\ t_{n+1}]$内确实没有塑性流动产生，无须进行塑性修正，可直接进入损伤修正阶段。反之，如果$F(\overline{\sigma}_{n+1}^{trial},\ \kappa_n)>0$，则表明按弹性预测更新的状态变量仍需进行塑性修正。

有效应力空间的塑性修正和应力更新一般采用回映算法来实现。进行塑性更新后的真实状态变量可表达为：

$$\Delta\varepsilon_{n+1}^p=\Delta\lambda^p\frac{\partial F^p(\overline{\sigma}_{n+1},\ \varepsilon_{n+1}^p,\ \kappa_{n+1})}{\partial\overline{\sigma}} \tag{4-51}$$

$$\varepsilon_{n+1}^p=\varepsilon_n^p+\Delta\varepsilon_{n+1}^p \tag{4-52}$$

$$\kappa_{n+1}=\kappa_n+\Delta\lambda^p H(\overline{\sigma}_{n+1},\ \kappa_{n+1}) \tag{4-53}$$

需要指出的是，采用回映算法对塑性状态的判定和有效应力的更新需要大量的迭代计算，进而会造成计算成本非常大，因此在实际分析应用中通常采用经验塑性方法修正塑性变形。为此将$\overline{\sigma}_{n+1}^{trial}$分解为正负两部分，即$\overline{\sigma}_{n+1}^{trial+}$和$\overline{\sigma}_{n+1}^{trial-}$，并分别计算受拉损伤能释放率$Y_{n+1}^{trial+}$和受剪损伤能释放率$Y_{n+1}^{trial-}$。如果受剪损伤能释放率$Y_{n+1}^{trial-}>r_n^-$，则当前步已知的状态量直接更新塑性应变增量。

$$\varepsilon_{n+1}^{p}=\zeta(\sigma_{n},\ \kappa_{n},\ \cdots)\Delta\varepsilon_{n+1} \tag{4-54}$$

式中，$\zeta(\cdot)$是塑性系数。

经过塑性修正后，更新状态变量为：

$$\{\bar{\sigma}_{n+1},\ \varepsilon_{n+1}^{p},\ \kappa_{n+1},\ d_{n}^{\pm}\} \tag{4-55}$$

(3)损伤修正。在上一步塑性修正得到 t_{n+1}时刻塑性应变 ε_{n+1}^{p}和有效应力$\bar{\sigma}_{n+1}$的基础上，可根据式(4-17)和式(4-18)计算损伤能释放率：

$$Y_{n+1}^{+}=\sqrt{E_{0}(\bar{\sigma}_{n+1}^{+}:\ \Lambda_{0}:\ \bar{\sigma}_{n+1})} \tag{4-56}$$

$$Y_{n+1}^{-}=\alpha(\bar{I}_{1})_{n+1}+\sqrt{3(\bar{J}_{2})_{n+1}}-\gamma\langle-\hat{\bar{\sigma}}_{i,\max}\rangle_{n+1} \tag{4-57}$$

进而，损伤变量可更新为：

$$d_{n+1}^{\pm}=\begin{cases}d_{n}^{\pm} & 若\ Y_{n+1}^{\pm}\leqslant r_{n}^{\pm}\\ d_{n+1}^{\pm}+(Y_{n+1}^{\pm}-Y_{n}^{\pm})h^{d^{\pm}}=G^{d^{\pm}}(Y_{n+1}^{\pm}) & 其他\end{cases} \tag{4-58}$$

相应的损伤阈值 $r_{n+1}^{\pm}$更新为：

$$r_{n+1}^{\pm}=\max\{r_{n}^{\pm},\ Y_{n+1}^{\pm}\} \tag{4-59}$$

经塑性修正和损伤修正后，可得 t_{n+1}时刻更新后 Cauchy 应力为：

$$\sigma_{n+1}=(1-d_{n+1}^{+})\bar{\sigma}_{n+1}^{+}+(1-d_{n+1}^{-})\bar{\sigma}_{n+1}^{-} \tag{4-60}$$

到此，就完成了一个增量步内的塑性与损伤内变量的演化更新，可在此基础上进行下一个增量步的塑性与损伤的更新。

事实上，上述增量模式的混凝土弹塑性损伤本构模型已经实现了 OpenSEES 有限元程序材料本构的对接，即程序中已嵌入了 ConcreteD 材料本构，因此在采用该本构时，无须再通过用户自定义的方式手动嵌入到 OpenSEES 有限元软件中。此处仅简要说明混凝土材料子程序的实现流程，如图 4-5 所示。

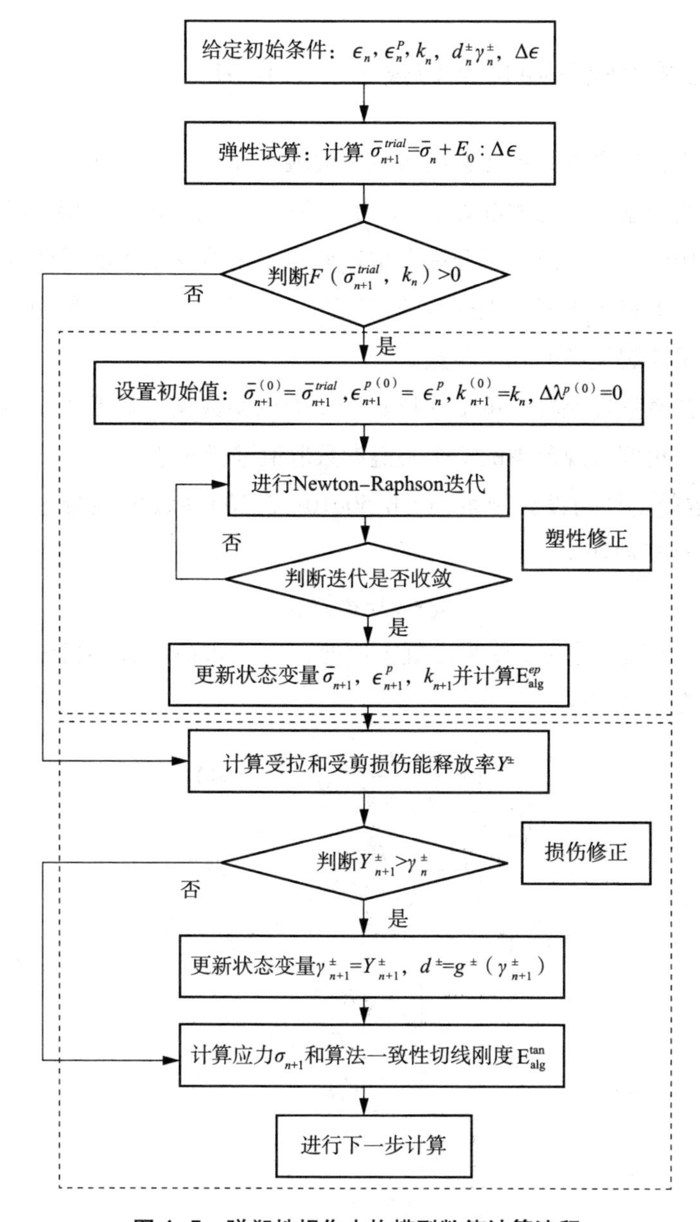

图 4–5　弹塑性损伤本构模型数值计算流程

4.4　混凝土随机损伤本构模型参数识别

混凝土损伤本构关系已经纳入我国混凝土设计规范。从工程实用的角度出发，利用基于规范的混凝土“应力—应变”曲线，识别混凝土随机损伤本构模型中的基本参数，是开展大型钢筋混凝土渡槽结构非线性动力分析的基础。以下将基于混凝土规范的“应力—应变”曲线通过参数识别方法获得细观随机断裂模型的相应参数。

通过搜集整理混凝土单轴受拉和受压的试验数据，从混凝土结构受拉和受剪两个角度对规范中的 7 个关键参数取值进行介绍。

由《混凝土结构设计规范》(GB 50010—2010) 建议的混凝土单轴受压“应力—应变”曲线为：

$$\sigma=(1-d_c)E_c\varepsilon \tag{4-61}$$

其中，σ 为混凝土应力，ε 为混凝土应变，E_c 为混凝土弹性模量。取受压损伤演化变量 d_c 为：

$$d_c=\begin{cases}1-\dfrac{\rho_c n}{n-1+x^n} & x\leqslant 1\\[2ex] 1-\dfrac{\rho_c}{\alpha_c(x-1)^2+x} & x>1\end{cases} \tag{4-62}$$

式(4-62)中各量满足

$$\begin{cases}\rho_c=\dfrac{f_c}{E_c\varepsilon_c}\\[2ex] n=\dfrac{E_c\varepsilon_c}{E_c\varepsilon_c-f_c}\\[2ex] x=\dfrac{\varepsilon}{\varepsilon_c}\end{cases} \tag{4-63}$$

其中，f_c 为混凝土单轴抗压强度，ε_c 为与 f_c 相对应的混凝土峰值压应变。α_c 为描述混凝土单轴受压“应力—应变”曲线下降段部分的参数。

混凝土单轴受拉损伤模型与受压模型相似，其“应力—应变”曲线可表达为：

$$\sigma=(1-d_t)E_c\varepsilon \tag{4-64}$$

试验结果表明，混凝土受拉弹性模量值与相同等级混凝土的受压弹性模量值相差很小，可忽略不计，因此这里仍用混凝土受压弹性模量 E_c 表示，d_t 为受拉损伤演化变量，取值为：

$$d_t=\begin{cases}1-\rho_t[1.2-0.2x^5] & x\leqslant 1\\ 1-\dfrac{\rho_t}{\alpha_t(x-1)^{1.7}+x} & x>1\end{cases} \tag{4-65}$$

式(4-65)中各量满足：

$$\begin{cases}\rho_t=\dfrac{f_t}{E_c\varepsilon_t}\\ x=\dfrac{\varepsilon}{\varepsilon_t}\end{cases} \tag{4-66}$$

其中，f_t 为混凝土单轴抗拉强度；ε_t 为与 f_t 相对应的混凝土峰值拉应变；α_t 为描述混凝土单轴受拉“应力—应变”曲线下降段部分的参数。

综上所述，混凝土单轴损伤模型共计有 7 个关键参数，其中 E_c 为混凝土弹性模量；f_c 和 f_t 分别为混凝土单轴抗压和抗拉强度；ε_c 和 ε_t 分别为混凝土峰值压应变和峰值拉应变；α_c 和 α_t 分别为受压和受拉参数。

事实上，这 7 个参数并不是相互独立的。早在 20 世纪 90 年代，过镇海(1997)就给出了上述部分参数两两间的试验数据和统计回归关系，并已应用到现行《混凝土结构设计规范》(GB 50010—2010)中，如混凝土抗压强度 f_c 与峰值压应变 ε_c 相关模型[见图 4-6，式(4-67)]、混凝土抗拉强度 f_t 与峰值拉应变 ε_t 相关模型[见图 4-7，式(4-68)]和混凝土抗压强度 f_c 与抗拉强度 f_t 相关模型[见图 4-8，式(4-69)]。需要注意的是，混凝土抗压强度 f_c 与弹性模量 E_c 的相关模型[见图 4-9，式(4-70)]可参考国家建委建筑科学研究院的研究工作；混凝土抗拉强度 f_t 与受拉参数 α_t 的统计模型可参考有关文献[见式(4-71)]。需要说明的是，混凝土抗压强度 f_c 与受压参数 α_c 的统计模型[见式(4-72)]不可得，仅知晓该回归模型来源于文献①。引用该文献对此关系的表述：“……经过多种试验资料的综合分析，参数值

① 过镇海：混凝土的强度和变形：试验基础和本构关系[M]. 北京：清华大学出版社，1997.

可采用 $\alpha_c = 0.132 f_{cu}^{0.785} - 0.905$……”。

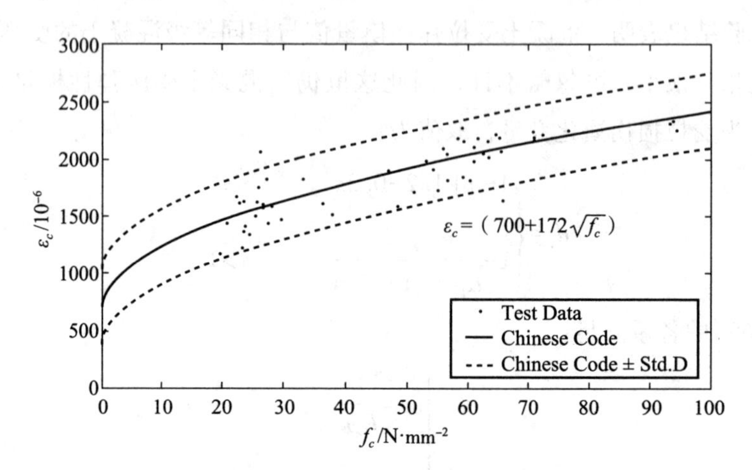

图 4-6　混凝土抗压强度与峰值压应变关系

$$\varepsilon_c = (700 + 172\sqrt{f_c}) \times 10^{-6} \tag{4-67}$$

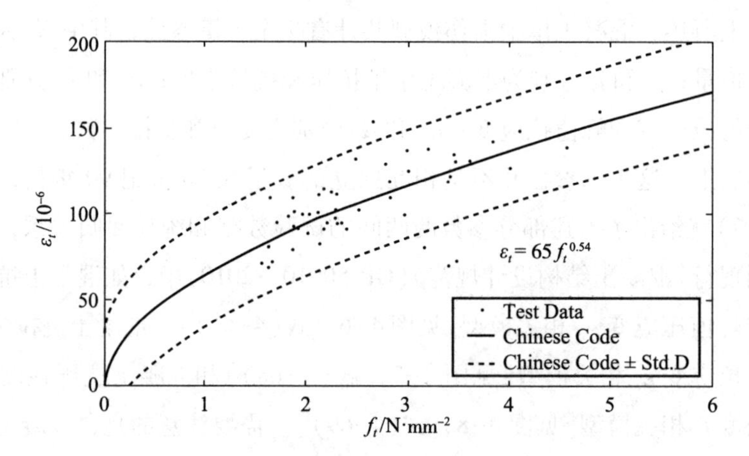

图 4-7　混凝土抗拉强度与峰值拉应变关系图

$$\varepsilon_t = 65 f_t^{0.54} \times 10^{-6} \tag{4-68}$$

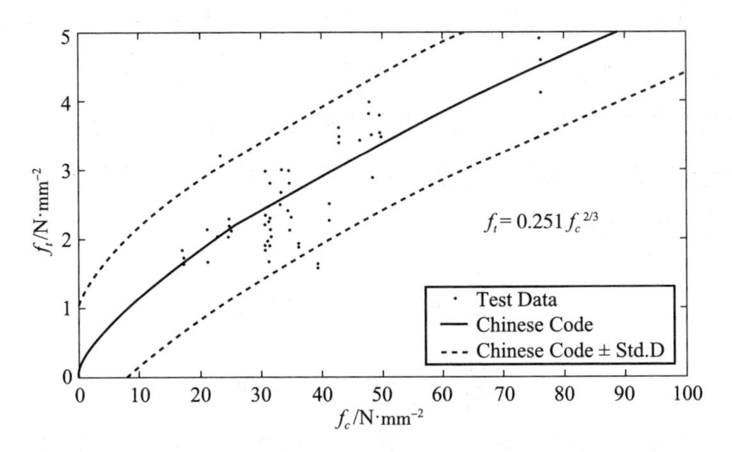

图 4-8　混凝土抗压强度与抗拉强度关系图

$$f_t = 0.251 f_c^{2/3} \tag{4-69}$$

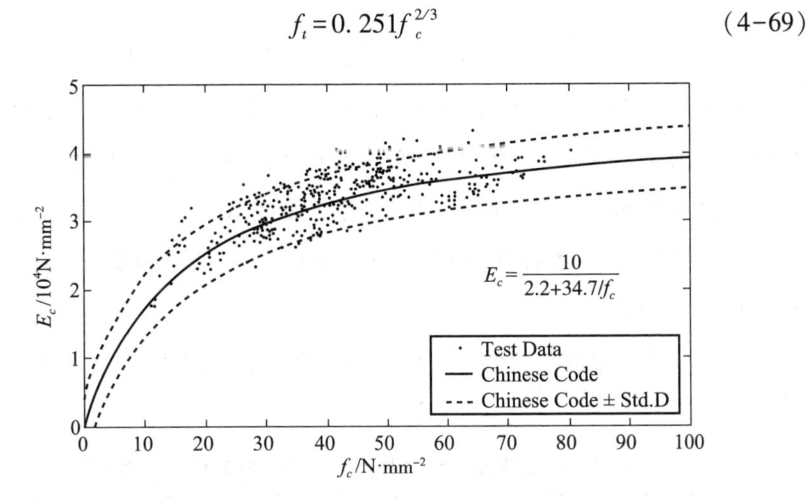

图 4-9　混凝土抗压强度与弹性模量关系图

$$E_c = \frac{10^5}{2.2 + \dfrac{34.7}{f_c}} \tag{4-70}$$

$$\alpha_t = 0.312 f_t^2 \tag{4-71}$$

$$\alpha_c = 0.157 f_c^{0.785} - 0.905 \tag{4-72}$$

参数识别的理论基础是随机建模的基本思想，随机建模准则即为求解最优解的优化问题。

根据上述随机损伤演化规律，可采用基于实验样本集合的建模方法。

首先，根据上文介绍的相关公式，容易由混凝土规范均值"应力—应变"曲线得到各离散应变点 ε_j 处的应力均值和方差参数(μ_{σ_j}，V_{σ_j})。其次，由假定的微观断裂应变随机场参数采用上述理论模型计算应变为 ε_j 时的应力均值 μ_σ 与标准差 V_σ。最后，分别以相应的理论值与目标值差值的平方和最小为优化准则，即：

$$\sum_{j=1}^{N}(\mu_{\sigma_j}-\mu_\sigma)^2 \rightarrow \min \tag{4-73}$$

$$\sum_{j=1}^{N}(V_{\sigma_j}-V_\sigma)^2 \rightarrow \min \tag{4-74}$$

识别模型参数。当然，理论上应该将上述参数放在一起识别，即采用下式：

$$\alpha\sum_{j=1}^{N}(\mu_{\sigma_j}-\mu_\sigma)^2+\beta\sum_{j=1}^{N}(V_{\sigma_j}-V_\sigma)^2 \rightarrow \min \tag{4-75}$$

事实上，细观随机断裂模型的"应力—应变"关系曲线和损伤演化曲线对均值和方差两个模型参数都是十分敏感的。这也为进一步考虑混凝土材料的箍筋约束效应、受拉刚度效应和率相关特性的参数识别提供了重要参考，即必须通过一一识别确定的细观参数才可以应用于随机断裂模型。

混凝土细观随机断裂模型均值参数可根据混凝土设计规范进行识别得到，详见表 4-1。

表 4-1　不同强度等级混凝土细观随机断裂模型均值参数

混凝土材料或本构模型参数	符号(单位)	C30	C40	C50	C60
混凝土弹性模量	E_0(MPa)	30000	32500	34500	36000
混凝土泊松比	μ_0	0.2	0.2	0.2	0.2
混凝土双轴强度提高因子	f_{bc}/f_c	1.16	1.16	1.16	1.16
细观随机断裂模型均值参数	λ^+	4.8944	4.9414	5.0603	5.0854
	λ^-	7.4026	7.6319	7.7136	7.7951
细观随机断裂模型均方差参数	ζ^+	0.4425	0.4188	0.4073	0.3917
	ζ^-	0.6958	0.6175	0.5680	0.5197

注：上标"+"表示受拉材料参数，上标"-"表示受压材料参数。

理想的混凝土本构关系模型是开展渡槽结构随机非线性动力分析的前提，基于混凝土弹塑性随机损伤力学理论构建的混凝土细观随机断裂模型为其推广提供了有效途径。混凝土随机损伤本构关系模型能够全面地反映混凝土材料的强度软化、刚度退化、单边效应、拉压软化和残余变形等力学行为，可为下文建立基于混凝土随机损伤本构关系的大型渡槽结构有限元模型，开展其在地震激励下的非线性动力反应分析和抗震可靠性研究奠定基础。

4.5 精细化纤维梁单元模型

梁柱构件的精细化模型主要有三维实体模型和纤维梁单元模型。三维实体模型模拟钢筋混凝土结构，计算量非常大。经过多年的实践与探索发现，纤维梁单元模型能较好地模拟和反映钢筋混凝土结构的力学行为，而且计算工作量较小，是模拟钢筋混凝土结构常用的单元型式。纤维梁单元模型的基本原理是将梁柱横截面分成若干纤维截面，在满足平截面假定前提下，认为每根纤维受力处于单轴受力状态，根据纤维对应材料的单轴“应力—应变”关系计算得到整个截面的力和变形关系。

采用纤维梁单元模型将梁柱截面分为 n 条纤维，如图 4-10 所示，并满足以下基本假定：

(1)基于经典 Euler-Bernoulli 梁理论，纤维截面变形满足平截面假定，只需确定截面中面的应变和曲率就可以获得截面所有纤维的应变。

(2)忽略钢筋纤维和混凝土纤维之间的滑移，忽略截面剪切、扭转变形影响。

(3)每根纤维材料满足单轴“应力—应变”本构关系。

纤维梁单元模型包括基于刚度法的纤维梁单元模型和柔度法的纤维梁单元模型两种。刚度法是基于位移形函数建立单元刚度矩阵；柔度法是采用单元截面力插值函数，通过假定截面内力分布建立单元柔度矩阵。基于刚度法的单元主要缺点是 3 次 Hermit 差值函数不能很好地描述端部屈服后单元的曲率分布，且单元层次没有迭代计算，因此收敛速度慢。基于柔度法的单元优点是在模拟弯曲型梁柱构件时，可以得到很好的效果且收敛速度快。基于此，本书采用基于柔度法的纤维梁柱单元模型模拟大型钢筋混凝土渡槽结构，分析其在地震激励下的动力非线性力学行为。

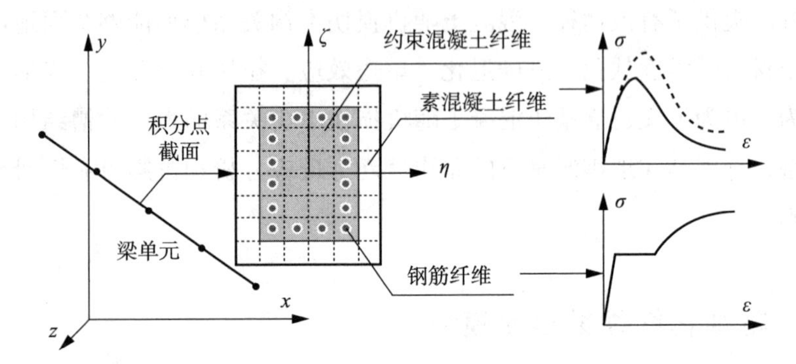

图 4-10　纤维梁单元示意图

该模型可根据研究对象的实际情况把单元划分若干积分区段，通过线性插值方法得到积分点处的截面力，线性插值函数如下所示。

$$b(x)=\begin{bmatrix}(x/L-1) & x/L & 0\\ 0 & 0 & 1\end{bmatrix} \tag{4-76}$$

利用插值函数可实现把单元力转化为截面力，进而根据上一迭代截面柔度矩阵，将截面力进一步变成截面变形，通过截面的力与变形关系得到截面的抗力与切线刚度。截面的柔度矩阵沿长度方向进行积分可得到单元柔度矩阵，如下所示。

$$\overline{F}=\int_0^L b^T(x)f(x)b(x)\,\mathrm{d}x \tag{4-77}$$

截面的不平衡力向量转化为残余变形，并沿长度方向进行积分得到单元下一步迭代的变形增量，如下所示。

$$\Delta q^{j+1}=-s^j=\int_0^L b^T(x)r(x)\,\mathrm{d}x \tag{4-78}$$

$$k(x)=\begin{bmatrix}\sum_i^n E_iA_iy_i^{\,2} & \sum_i^n E_iA_iy_i\\ -\sum_i^n E_iA_iy_i & \sum_i^n E_iA_i\end{bmatrix} \tag{4-79}$$

当截面抗力与截面力不相等时，将截面不平衡力转化为截面残余变形

重新赋予单元进行迭代计算直至截面不平衡力为零，这个过程称为单元内部迭代。对单元进行内部迭代计算，可使整体结构计算时迭代收敛速度提高。采用纤维截面，则纤维截面的截面刚度矩阵如式(4-79)所示。

柔度法的梁柱单元积分多采用 Gauss-Lobatto 积分方法，将式(4-77)改写成积分式(4-80)。

$$\overline{F} = \sum_{i=1}^{N_P} b^T(x_i)f(x_i)b(x_i)w_i \tag{4-80}$$

积分点位置与积分点的权系数如图 4-11 所示。

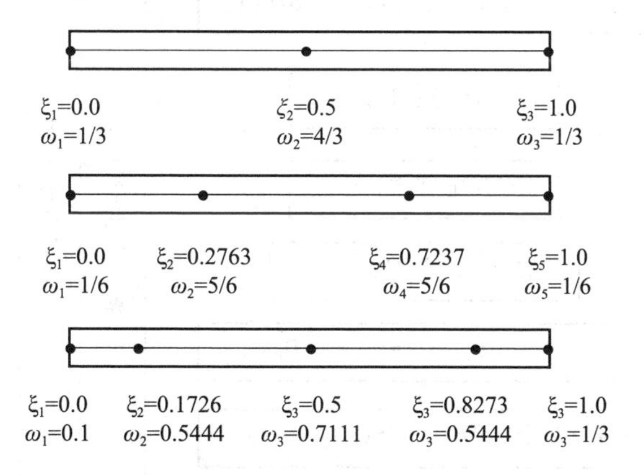

图 4-11　Gauss-Lobatto 积分点与权系数示意图

基于柔度法的梁柱单元模型的优点是在模拟弯曲型梁柱构件时，可以得到很好的效果且收敛速度快。基于此，本书在模拟渡槽结构时采用基于柔度法的梁柱单元模型，确切地说是纤维梁单元模型。基于柔度法的单元内迭代过程如图 4-12 所示。

在进行结构有限元分析时，科研人员一般会把钢筋视作各向同性均匀材料，采用弹塑性本构关系模型模拟其力学特性。基于以往研究经验，本书在分析计算时采用 Hsu 和 Mo(2010)提出的简化双线性模型来模拟其"应力—应变"关系骨架曲线，同时考虑埋入至混凝土中的钢筋与裸钢筋间的差异性。

$$f_s = \begin{cases} E_S\varepsilon_S & \varepsilon_S \leqslant \varepsilon_y' \\ (0.91-2B)f_y+(0.02+0.25B)E_S\varepsilon_S & \varepsilon_S > \varepsilon_y' \end{cases} \tag{4-81}$$

式中，$\varepsilon_y'=f_y'/E_S$，$f_y'=(0.93-2B)f_y$，$B=\dfrac{1}{\rho}(f_{t,r}/f_y)^{1.5}$；$f_s$ 为钢筋应力，ε_S

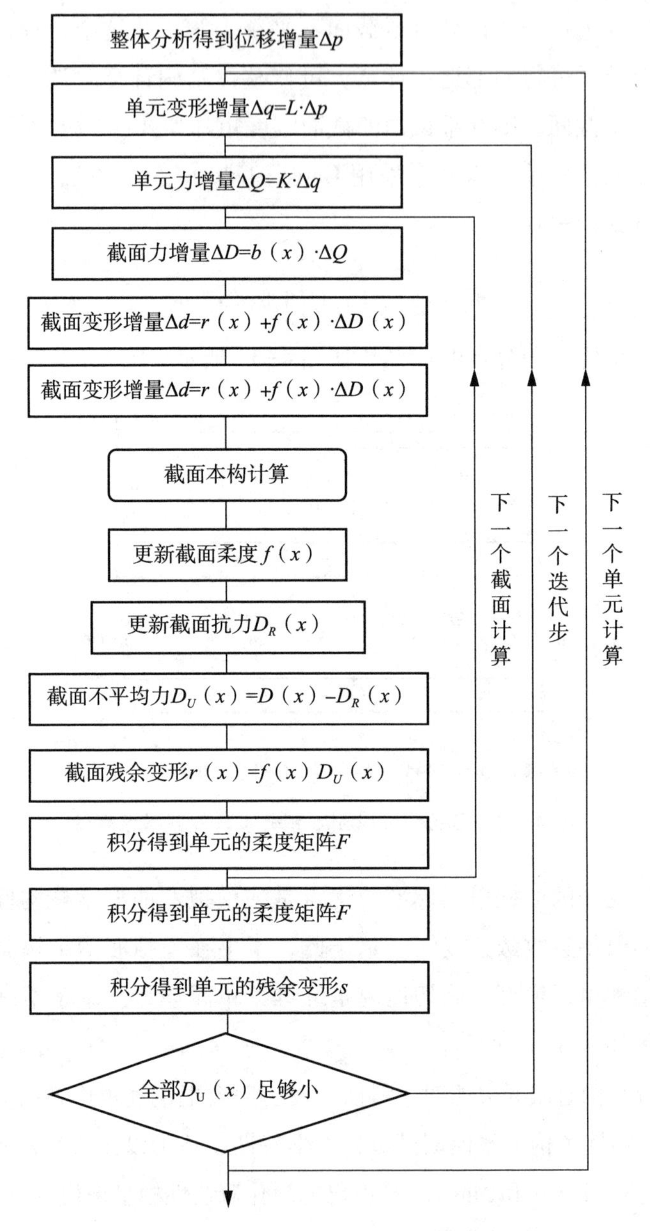

图 4-12　基于柔度法的单元内迭代流程图

为钢筋应变，E_S 为钢筋弹性模量；f_y、ε_y 分别为裸钢筋屈服应力和屈服应变，f_y'、ε_y'为埋入混凝土中钢筋的屈服应力和屈服应变；ρ 表示配筋率；$f_{t,r}$ 为混凝土的抗拉强度。

在加、卸载滞回规则上，采用 Filippou 等(1983)建议的模型，以准确反映钢材的 Bauschinger 效应和应变强化等特性。钢筋的骨架曲线和滞回曲线如图 4-13 所示。

对于箍筋约束区的混凝土，在计算时应对素混凝土本构模型加以修正，以反映约束效应的影响。由于约束作用本质上是减缓了有效弹性应变和损伤演化的发展速度，因此可通过对式(4-23)做出修改，得到约束混凝土的损伤演化函数，即：

$$D_{con}^{-}(\varepsilon^{-})=\int_{0}^{1}H[\gamma\varepsilon^{-}-\Delta^{-}(x)]\mathrm{d}x \tag{4-82}$$

式中，γ 为减缓系数。定义塑性应变的函数为：

$$\gamma=1-\left(\frac{\upsilon\varepsilon^{p}}{\varepsilon^{p}+\vartheta/100}\right)^{\varpi} \tag{4-83}$$

其中，υ、ϑ 和 ϖ 为模型参数，可通过基于规范的混凝土“应力—应变”曲线参数识别确定，结果见表 4-2。

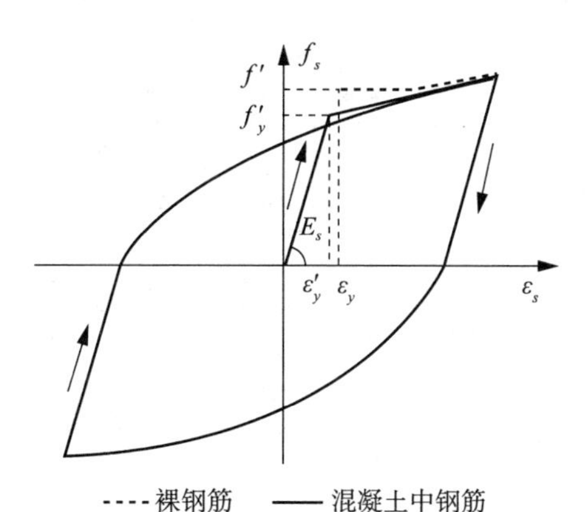

图 4-13　钢筋“应力—应变”关系曲线

表 4-2　不同强度等级混凝土细观随机断裂模型箍筋约束参数

模型参数	符号(单位)	C30	C40	C50	C60
箍筋约束模型参数	ε_y	0.8721	0.8719	0.8716	0.8712
	f'_y	0.4347	0.4662	0.4922	0.5202
	ϖ	0.5559	0.6295	0.6996	0.7260

4.6 渡槽结构止水模型

渡槽结构止水模型采用压板式止水模式，设计伸缩缝的宽度为40mm。如图4-14所示，伸缩缝中止水带厚7mm，内部U形鼻子半圆环的内、外半径分别为8mm和15mm，鼻高50mm，可吸收接缝位移且不会在止水带中产生较大应力。止水带表面设置了勒筋与燕尾，以提高抗绕渗能力和固定效果，止水带与底部混凝土间采用GB胶板黏接。在有限元分析模型中，采用零长单元来模拟橡胶止水材料。橡胶止水材料，弹性模量为6.1MPa，泊松比为0.49，密度为1×10^3kg/m^3。

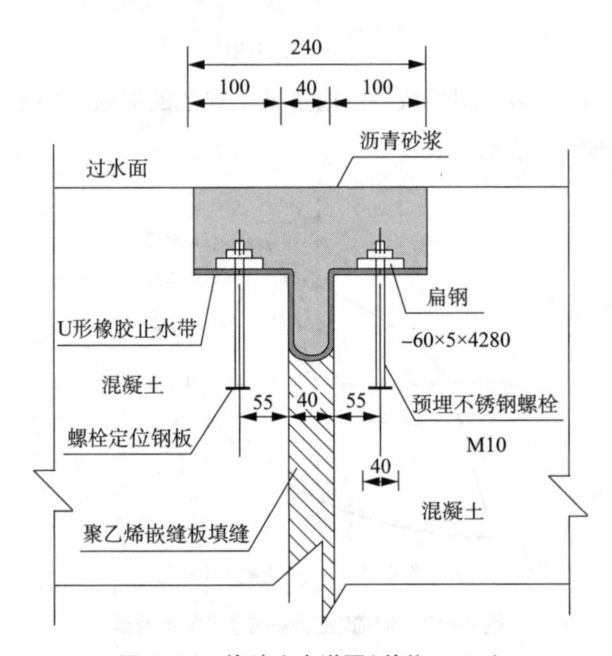

图4-14　橡胶止水详图(单位：mm)

4.7 结构非线性动力分析数值算法

在开展渡槽结构非线性动力分析时，需要利用数值算法来获得动力反应结果。总体来讲，数值算法分为显式积分算法(以下简称显示算法)和隐式积分算法(以下简称隐式算法)两类。显式算法是利用t_i时刻的平衡条件

来获得 t_{i+1} 时刻的反应值，而隐式算法则用 t_{i+1} 时刻的平衡条件来求 t_{i+1} 时刻的反应值。事实上，隐式算法是最为常用的算法，该算法精度较高，同时因其采用迭代计算方式使得计算效率有所降低，也会出现不收敛的问题。显式算法在解决不易收敛的结构强非线性问题中显示出极大优势。由于无须进行迭代，该方法易获得稳定解。本书在开展渡槽结构地震反应对比分析时，采用显式算法，在后续进行基于 OpenSEES 软件的大量样本的结构地震反应分析时，采用隐式算法。

4.7.1 显式算法

一般地，显式算法无须求解每一步迭代线性方程组的解，且只需很小的时间步长就可以获得稳定解。换言之，显式算法关于时间步长的大小是有条件稳定的。这是由于显式算法有如下优点：如果阻尼矩阵、质量矩阵是对角形式，则整体方程是解耦的，只需在单元层次计算即可，无须形成总体刚度矩阵和总体质量矩阵，因此单步的计算量小，所占用的存储空间亦小。

中心差分法是具有代表性的显式算法。该算法是基于对位移时间导数的有限差分近似计算的，算法思路如下所示。

t_i 时刻的速度、加速度的中心差分格式分别表示为：

$$\dot{u}_i=\frac{u_{i+1}-u_i}{2\triangle t} \tag{4-84}$$

$$\ddot{u}_i=\frac{u_{i+1}-2u_i+u_{i-1}}{(\triangle t)^2} \tag{4-85}$$

由达朗伯原理可得渡槽结构在一维地震激励下的运动方程，如下所示：

$$M\ddot{X}(t)+C\dot{X}(t)+KX(t)=MH_0\ddot{X}_g(t) \tag{4-86}$$

其中，$X(t)$、$\dot{X}(t)$ 和 $\ddot{X}(t)$ 分别是结构 n 维的位移、速度和加速度向量；$\ddot{X}_g(t)$ 是地震动加速度时程；H_0 是 $n\times1$ 维地震动加速度矩阵。

将式(4-84)和式(4-85)代入式(4-86)可得：

$$M\frac{u_{i+1}-2u_i+u_{i-1}}{(\triangle t)^2}+C\frac{u_{i+1}-u_i}{2\triangle t}+Ku_i=P_i \tag{4-87}$$

式(4-87)可转化为:

$$K'u_{i+1}=P_i' \tag{4-88}$$

其中

$$K'=\frac{M}{(\Delta t)^2}+\frac{C}{2\Delta t} \tag{4-89}$$

$$P_i'=P_i-\left[\frac{M}{(\Delta t)^2}-\frac{C}{2\Delta t}\right]u_{i-1}-\left[K-\frac{M}{(\Delta t)^2}\right]u_i \tag{4-90}$$

则可求得:

$$u_{i+1}=\frac{P_i'}{K'} \tag{4-91}$$

根据以上思路迭代,可求地震作用下渡槽结构反应的速度和加速度。

4.7.2 Newmark-β 法

Newmark-β 法是线性动力分析和非线性动力分析计算中应用最为广泛的方法之一。针对结构非线性分析,Newmark-β 法通常分为全量和增量两类数值方法。鉴于混凝土的本构关系具有混凝土强度软化、刚度退化、单边效应、拉压软化和残余变形等强非线性特性,基于混凝土材料的结构非线性分析通常采用增量理论进行。动力方程的增量形式表达式为:

$$M\Delta a^{n+1}+C\Delta\dot{u}^{n+1}+K\Delta u^{n+1}=F^{n+1} \tag{4-92}$$

其中,a^{n+1}代表 $n+1$ 步的加速度。

假定速度与位移增量为:

$$\Delta\dot{u}^{n+1}=[(1-\gamma)a^n+\gamma a^{n+1}]\Delta t \tag{4-93}$$

$$\Delta u^{n+1}=\dot{u}^n\Delta t+\left[\left(\frac{1}{2}-\beta\right)a^n+\beta a^{n+1}\right]\Delta t^2 \tag{4-94}$$

将式(4-93)、式(4-94)代入式(4-92),可得如下方程:

$$M\Delta a^{n+1}+C[(1-\gamma)a^n+\gamma a^{n+1}]\Delta t+$$

$$K\left\{\dot{u}^n\Delta t+\left[\left(\frac{1}{2}-\beta\right)a^n+\beta a^{n+1}\right]\Delta t^2\right\}=\Delta F^{n+1} \tag{4-95}$$

进一步整理后得:

$$(M+\gamma\Delta tC+\beta\Delta t^2K)\Delta a^{n+1}$$

$$=\Delta F^{n+1}-\Delta tK\dot{u}^{n}-\Delta tCa^{n}-\frac{1}{2}\Delta t^{2}Ka^{n} \tag{4-96}$$

依据实际工程问题的需要，可分别求解加速度和位移。

可按如下思路求解加速度：

$$\Delta a^{n+1}=\overline{M}^{-1}\Delta\overline{F}_{a}^{\ n+1} \tag{4-97}$$

其中，$\overline{M}$为等效质量矩阵，$\Delta\overline{F}_{a}^{\ n+1}$为等效激励增量，两者表达式如下所示：

$$\overline{M}=M+\gamma\Delta tC+\beta\Delta t^{2}K \tag{4-98}$$

$$\Delta\overline{F}_{a}^{\ n+1}=\Delta F^{n+1}-\Delta tK\dot{u}^{n}-\Delta tCa^{n}-\frac{1}{2}\Delta t^{2}Ka^{n} \tag{4-99}$$

可按如下思路求解位移：

由于$a^{n+1}=a^{n}+\Delta a^{n+1}$，式(4-93)、式(4-94)可以写成：

$$\dot{u}^{n+1}=a^{n}\Delta t+\gamma\Delta a^{n+1} \tag{4-100}$$

$$\Delta u^{n+1}=\dot{u}^{n}\Delta t+\frac{1}{2}a^{n}\Delta t^{2}+\beta\Delta a^{n+1}\Delta t^{2} \tag{4-101}$$

由式(4-101)可得：

$$\Delta a^{n+1}=\frac{1}{\beta\Delta t^{2}}\left(\Delta u^{n+1}-\dot{u}^{n}\Delta t-\frac{1}{2}a^{n}\Delta t^{2}\right) \tag{4-102}$$

将式(4-102)代入式(4-95)可得

$$\Delta u^{n+1}=\overline{K}^{-1}\Delta\overline{F}_{d}^{\ n+1} \tag{4-103}$$

其中，$\overline{K}$为等效刚度矩阵，$\Delta\overline{F}_{d}^{\ n+1}$为等效荷载增量，两者表达式如下所示：

$$\overline{K}=\frac{1}{\beta\Delta t^{2}}M+\frac{\gamma}{\beta\Delta t}C+K \tag{4-104}$$

$$\Delta\overline{F}_{d}^{\ n+1}=\Delta F^{n+1}+\left(\frac{1}{\beta\Delta t}M+\frac{\gamma}{\beta}C\right)\dot{u}^{n}+\left(\frac{1}{2\beta}M+\frac{\gamma-2\beta}{2\beta}\Delta tC\right)a^{n} \tag{4-105}$$

解的稳定条件为：

$$\begin{cases}\omega^{h}\Delta t\leqslant\Omega_{crit}=\dfrac{\xi(\gamma-1)+\sqrt{\gamma/2-\beta+\xi^{2}(\gamma-1/2)^{2}}}{\gamma/2-\beta}\overset{\xi=0}{=}\dfrac{1}{\sqrt{\gamma/2-\beta}}\\ \gamma-\dfrac{1}{2}\geqslant 0\end{cases} \tag{4-106}$$

其中，ξ为圆频率ω的临界阻尼系数；当$\beta\geqslant\frac{\gamma}{2}\geqslant\frac{1}{4}$时，无条件稳定；当

$\gamma=\frac{1}{2}$时，无阻尼；当$\gamma>\frac{1}{2}$时，附加了$\gamma-\frac{1}{2}$的人工阻尼。

需要注意的是，β、γ 和 Ω_{crit}取不同的值代表了不同的积分方法。

若$\beta=\frac{1}{4}$，$\gamma=\frac{1}{2}$，$\Omega_{crit}=\infty$，则称无阻尼梯形法，也称为平均常加速度法。

若$\beta=\frac{1}{6}$，$\gamma=\frac{1}{2}$，$\Omega_{crit}=2\sqrt{3}$，则称线性加速度法。

需要指出的是，以上积分方法是最常用的两种 Newmark-β 法形式。

补充说明一下，当$\beta=0$，$\gamma=\frac{1}{2}$，$\Omega_{crit}=2$ 时，为与隐式积分算法相对立的显式中心差分法。

与中心差分法相比，Newmark-β 法($\beta\neq0$)无条件稳定，且数值计算精度较高。同时，该方法也存在一定的不足，即需要求出非线性方程的解，这就需要选择适合的迭代和收敛准则方能保证数值求解的鲁棒性和精度。

在进行大型渡槽结构有限元分析之前，下面针对一个三自由度简单结构进行分析对比计算验证 Newmark-β 的精度。在动力荷载作用下，把 Newmark-β 方法的求解结果与精确求解结果进行比较，以进一步验证其精度。

隐式有限元中通常采用的迭代算法有 Newton-Raphson 迭代算法、割线刚度法(Quasi-Newton 法)、Risk 法等。下面仅对本书中用到的 Newton-Raphson 法和 Quasi-Newton 法作简要介绍。

4.7.3 Newton-Raphson 法

如式(4-103)所示，一般而言，基于隐式有限元方法的非线性方程组最终可转化为如下方程形式：

$$R=P(u)-f=0 \tag{4-107}$$

式中，u 为节点位移向量，f 为节点外荷载向量。

对式(4-107)进行泰勒级数展开，则为：

$$R_{k+1}^{n+1}\approx R_{k}^{n+1}+\left.\frac{\partial P}{\partial u}\right|_{n+1}\delta u_{k}^{n+1}=R_{k}^{n+1}+K^{\tan}\left.\right|_{n+1}\delta u_{k}^{n+1}=0 \tag{4-108}$$

式中，迭代初始值 u_0^{n+1} 取为上一增量步的节点位移 u^n。R_k^{n+1} 和 R_{k+1}^{n+1}分别代表第 k 次和 $k+1$ 次迭代后的变量值。$K^{\tan}|_{n+1}$为 t_{n+1}时刻的结构切线刚度矩

阵，可由单元切线刚度矩阵组装而成，可表达为如下形式：

$$K^{\tan}\big|_{n+1}=\frac{\partial R^{n+1}}{\partial u^{n+1}}=A_{e=1}^{n_{el}}K_e^{\tan}\big|_{n+1} \tag{4-109}$$

第 k+1 次迭代后的节点位移为：

$$u_{k+1}^{n+1}=u_k^{n+1}+\delta u_k^{n+1}=u^n+\Delta u_k^{n+1} \tag{4-110}$$

式(4-110)可进一步转化为：

$$\Delta u_k^{n+1}=u_k^{n+1}-u^n=\sum_{i=1}^{k}\delta u_i^{n+1} \tag{4-111}$$

根据迭代后的节点位移，代入式(4-108)计算不平衡节点力向量的范数，进而判断是否满足设定的精度范围。若不满足收敛准则，则以 k+1 次迭代后的状态量为起始点继续迭代直至迭代最终收敛为止。Newton-Raphson 迭代算法的步骤，如图 4-15 所示。

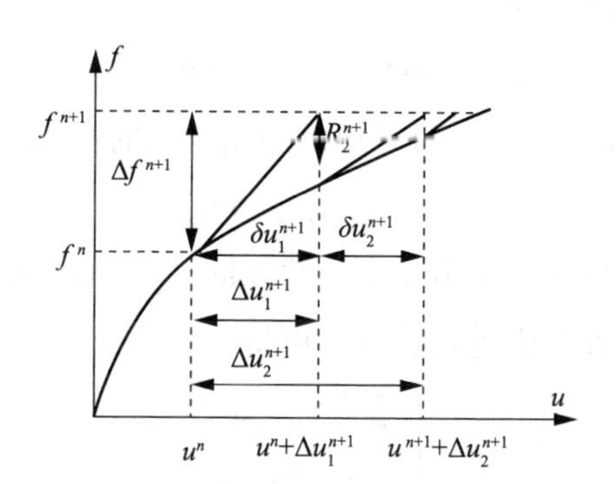

图 4-15 Newton-Raphson 迭代算法

Newton-Raphson 迭代算法是一种常用的非线性求解方法，具有较高的计算精度和较好的收敛性，一般只需迭代几次就可以收敛。然而该算法也存在如下缺点：每一个增量步完成之后，需更新切线刚度矩阵和矩阵分解修正位移量，这在一定程度上会耗费一定的计算时间；在地震作用下难免会造成混凝土材料出现材料软化和刚度退化问题，进而导致形成的切线刚度矩阵不对称，易引发病态矩阵，造成计算不易收敛，甚至导致分析中断。因此，Newton-Raphson 迭代算法不适合于求解强非线性问题。

4.7.4 Quasi-Newton 法

前文提及结构整体切线刚度矩阵只是影响结构计算迭代收敛速度，而不影响计算结果的精度。因此可使用许多替代的迭代矩阵，以较低的代价获得同样的计算结果。割线刚度法可达到上述目的，即采用简单对称的割线刚度矩阵可较为快速且稳定地求解大规模复杂非线性问题，该方法也称作拟牛顿(Quasi-Newton)法。

该方法首先定义当前步的平衡状态为：

$$P(\tilde{u}_{ref})=f_{ref} \tag{4-112}$$

则下一步增量平衡状态方程为：

$$P(\tilde{u})-P(\tilde{u}_{ref})=f-f_{ref} \tag{4-113}$$

定义割线刚度矩阵为：

$$P(\tilde{u})-P(\tilde{u}_{ref})=K_{sec}^{m}(\tilde{u}-\tilde{u}_{ref}) \tag{4-114}$$

由式(4-113)和式(4-114)可得割线刚度法的标准形式：

$$K_{sec}^{m}(\tilde{u}-\tilde{u}_{ref})=f-f_{ref} \tag{4-115}$$

采用一系列对称正定的 Broyden-Fletcher-Goldfarb-Shanno(BFGS)割线刚度矩阵对非线性方程组进行迭代，可得：

$$\begin{cases}K_{sec}^{m}\Delta\tilde{u}^{m}=\Delta f^{m}\\ \Delta\tilde{u}^{m}=\tilde{u}^{m}-\tilde{u}^{m-1}\\ \Delta f^{m}=f^{m}-f^{m-1}\end{cases} \tag{4-116}$$

其中

$$\begin{cases}K_{sec}^{m}=[\Lambda-\rho_m\Delta f^{m}(\Delta\tilde{u}^{m})^{T}](K_{sec}^{m-1})^{-1}[\Lambda-\rho_m\Delta f^{m}(\Delta\tilde{u}^{m})^{T}]+\rho_m\Delta\tilde{u}^{m}(\Delta\tilde{u}^{m})^{T}\\ \rho_m=(\Delta\tilde{u}^{m})^{T}\Delta f^{m}\end{cases} \tag{4-117}$$

其中，Λ 为单位矩阵。

BFGS 割线刚度矩阵是一种替代切线刚度矩阵的方法，由式(4-117)可知，BFGS 割线刚度矩阵是可显式的更新矩阵，且能始终保持矩阵对称正定。这非常有利于储存更新，因而极大地提高了非线性求解的速度和鲁棒性，适用于混凝土结构的强非线性分析。Quasi-Newton 迭代算法的具体步骤，如图 4-16 所示。

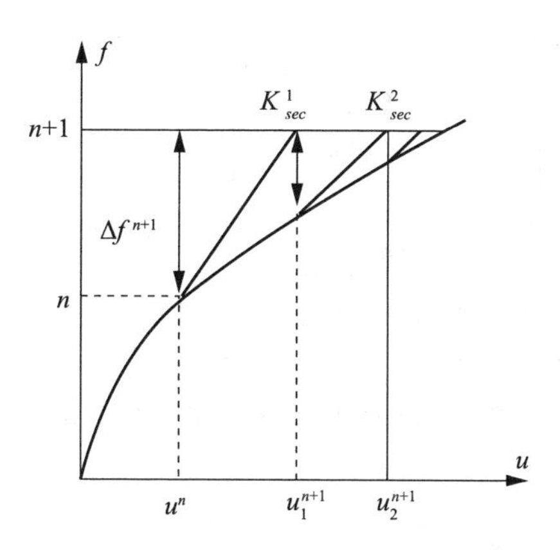

图 4-16　Quasi-Newton 迭代算法

4.8　大型渡槽结构非线性动力分析平台

在灾害性地震作用下，结构一般会经历弹性状态、弹塑性状态、局部损伤破坏乃至整体结构倒塌等一系列复杂的动力反应过程。近年来，李杰等构建了混凝土弹塑性随机损伤力学的理论，为搭建大型钢筋混凝土渡槽结构非线性动力反应分析平台提供了重要的理论基础，为开展渡槽结构基于混凝土随机损伤力学的非线性动力分析提供了可能。

基于混凝土随机损伤本构关系，结合精细化纤维梁单元模型和高效稳定的数值算法，构建了“由材料到结构”的非线性全过程分析方法。该分析方法整合了材料细观层次、截面和构件宏观层次的物理关系，极大地提高了结构层次非线性分析的精度和效率，从而可以实现对复杂结构非线性静动力反应全过程的准确模拟。作为工程领域应用最广泛的数值计算方法，有限单元法将连续介质的求解域离散为一系列由有限个单元组成的组合体，由细分单元模拟或逼近求解区域，且可适应几何形状复杂的求解域。借助 OpenSEES 开放性有限元软件，嵌入混凝土随机损伤本构模型，本书构建了大型钢筋混凝土渡槽结构的动力非线性分析平台。该平台不仅可以分析大型钢筋混凝土结构静动力作用下的线弹性力学行为，还可以刻画混凝土材料的非线性力学行为。上述平台的分析流程如图 4-17 所示。

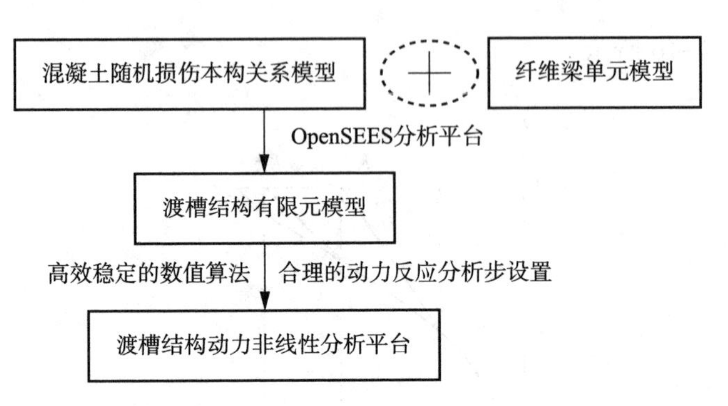

图 4-17　大型钢筋混凝土渡槽非线性动力反应分析平台

4.9　工程实例分析

OpenSEES 具备先进的建模功能，并包含大量的材料型号、单元和求解算法，是开展结构抗震分析的开放性有限元分析平台。因此，本章采用 TCL 语言编写了适用于 OpenSEES 开放性分析平台的渡槽结构有限元程序，建立基于混凝土均值随机损伤本构关系的渡槽结构有限元模型，并开展了渡槽结构在地震作用下的非线性动力分析。

4.9.1　工程概述

南水北调关帝庙渡槽结构为三跨等距渡槽，全长 84m，各跨间设置伸缩缝，槽身与支架间设有盆式橡胶支座，支架采用 H 型排架结构，断面为圆形，直径为 0.8m，结构简图如图 4-18 所示。

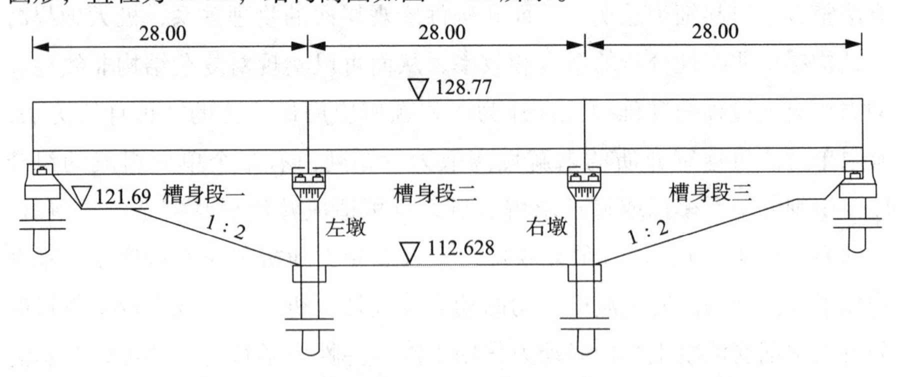

图 4-18　渡槽结构立面简图(单位：m)

渡槽横截面面积为 1.908m²，横截面对 x 轴及 y 轴惯性矩分别为 1.4782m⁴ 和 5.9566m⁴，横截面自由扭转惯性矩为 0.0259m⁴。混凝土密度为 2500kg/m³，渡槽墩部、系梁和横梁采用 C30 混凝土浇筑，其弹性模量为 3×10⁴MPa；上部槽身采用 C50 混凝土浇筑，其弹性模量为 3.45×10⁴MPa，泊松比取 0.2。渡槽结构盖梁、立柱与支架和槽身截面配筋图分别如图 4-19、图 4-20 和图 4-21 所示。

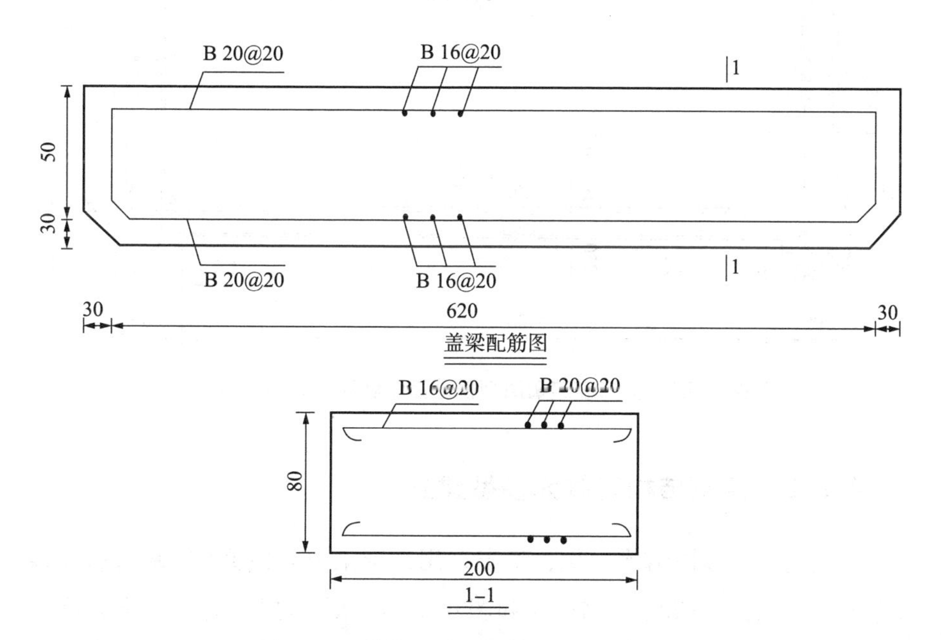

图 4-19　盖梁尺寸及配筋图(单位：cm)

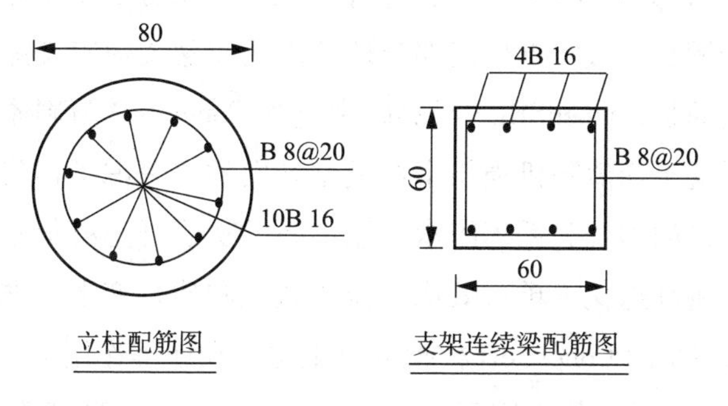

图 4-20　立柱与支架尺寸及配筋图(单位：cm)

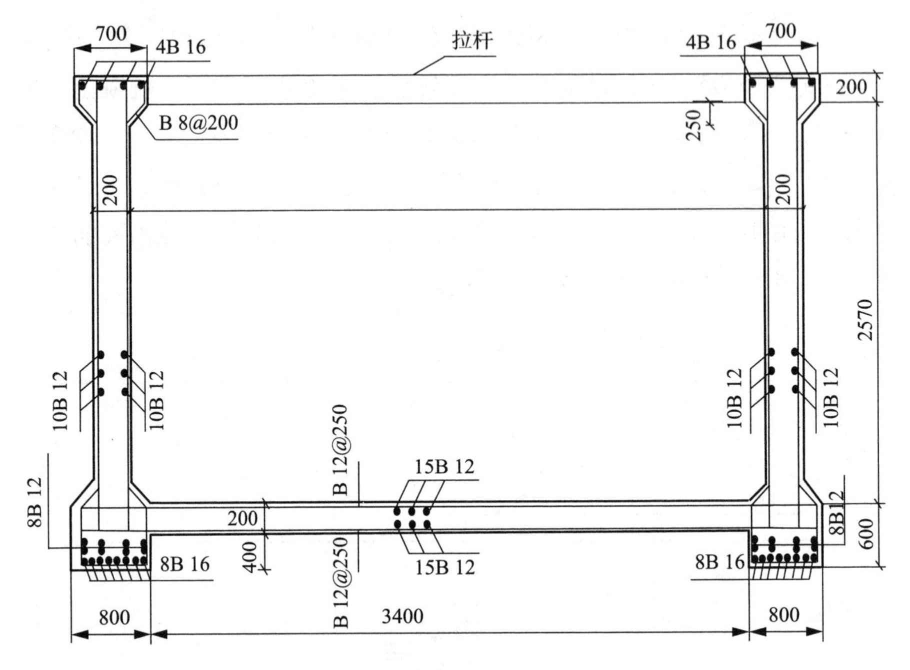

图 4-21　关帝庙渡槽原型横截面配筋图(单位：mm)

4.9.2　渡槽结构有限元模型建立

以上述大型渡槽结构为例，本书采用纤维梁单元模型(各截面的纤维梁单元模型如图 4-22、图 4-23 和图 4-24 所示)模拟钢筋混凝土渡槽结构，建立了基于混凝土随机损伤本构关系的渡槽有限元模型，其结构形式如图 4-25 所示，共计 74 个节点，75 个单元。本书分析中采用附加质量法将水体固结于槽身。假定支架底部与地基固结，盆式橡胶支座设置于两墩顶。需要说明的是，OpenSEES 材料库中包含 ConcreteD 材料本构模型。该模型是基于混凝土均值随机损伤本构模型开发的，考虑了损伤演化的物理意义与拉压损伤的耦合关系等因素，能全面反映混凝土材料在受力作用下的强度软化、刚度退化、单边效应、拉压软化和残余变形等非线性力学行为，因此本书将采用 ConcreteD 模拟混凝土材料在地震作用下的非线性力学行为。本书进行渡槽结构有限元分析时考虑核心混凝土受箍筋的约束作用，其核心区约束混凝土的强度和相应的应变通过有效约束围压求得；钢筋的受力行为考虑 Bauschinger 效应，材料本构类型为 steel02。为了保证 OpenSEES

建模的准确性，本书同时建立基于 ABAQUS 的渡槽结构梁单元模型，并考虑与前者相同的工况。

本书 ABAQUS 平台中的混凝土材料本构采用了李杰学术梯队开发的细观随机断裂模型，实质上该本构模型与 ConcreteD 本构模型是同一模型。

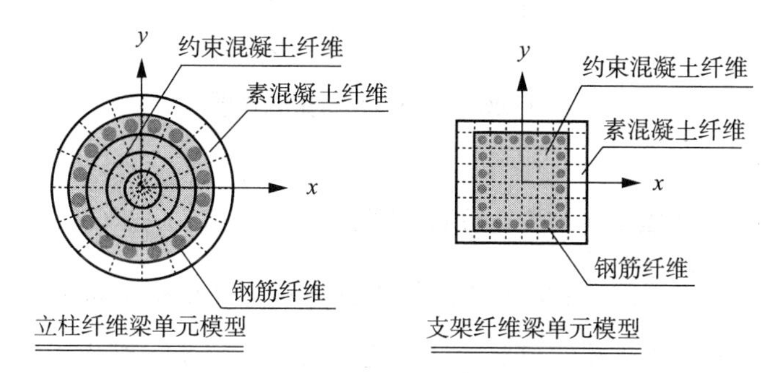

图 4-22 渡槽立柱与支架纤维梁单元模型

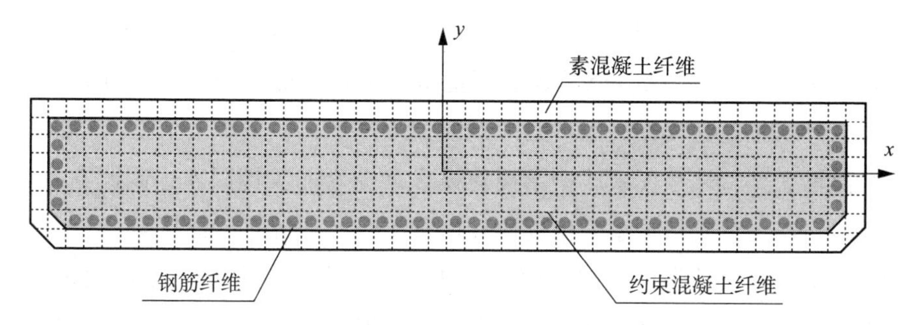

图 4-23 盖梁纤维梁单元模型

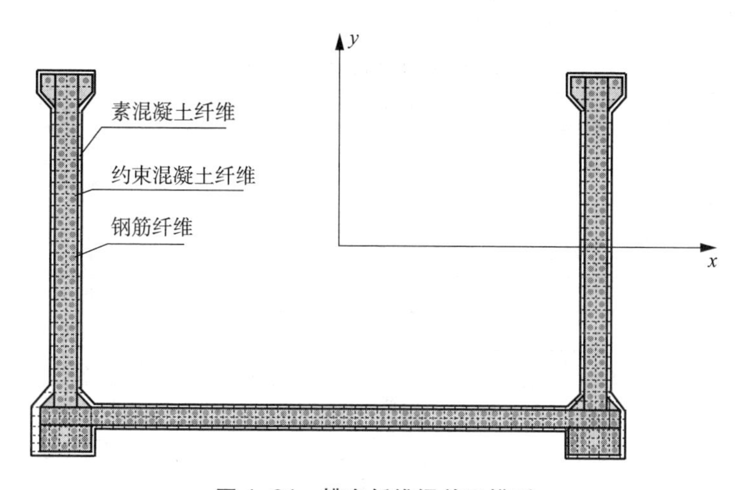

图 4-24 槽身纤维梁单元模型

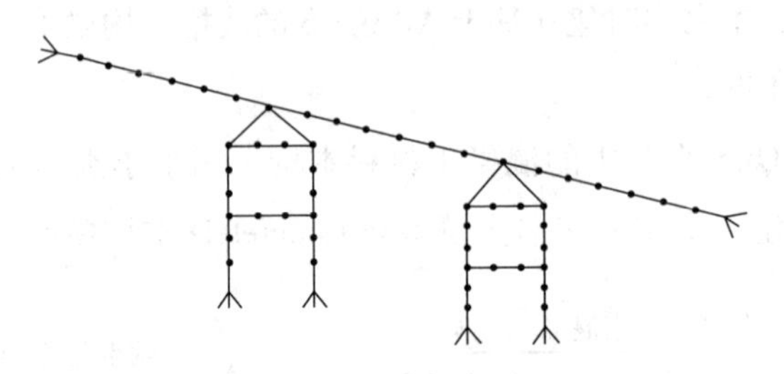

图 4-25　渡槽结构有限元模型

4.9.3　渡槽结构动力特性分析

为验证基于 OpenSEES 分析软件的渡槽有限元模型的准确性，本书又基于 ABAQUS 有限元软件建模，并与之进行验证分析，给出了渡槽结构前 10 阶振型图，并从模型圆频率的角度进行对比。

为了保证在完全相同工况和相同边界条件下进行对比，在 ABAQUS 建模过程中，本书参照 OpenSEES 建模把槽内水体按照附加质量法固结于槽身，并确保其他建模相关因素的一致性。

渡槽振型特性是反映渡槽结构建模准确与否的关键因素，因此在模型对比时，本书首先从振型的角度比较两种不同有限元平台之间建模的一致性。以下为在设计水深工况(水深 2.21m)下的分析结果。为了简要说明，本书仅在表 4-3 中体现两种平台之间前 10 阶振型的对比，图 4-26 仅展示其中一种平台所显示的振型图。

表 4-3　渡槽振型对比表

频率阶次	ABAQUS	OpenSEES
1	横向	横向
2	横向	横向
3	纵向	纵向
4	竖向	竖向
5	纵向	纵向
6	纵向	纵向
7	纵向	纵向
8	墩部扭转	墩部扭转
9	墩部扭转	墩部扭转
10	竖向	竖向

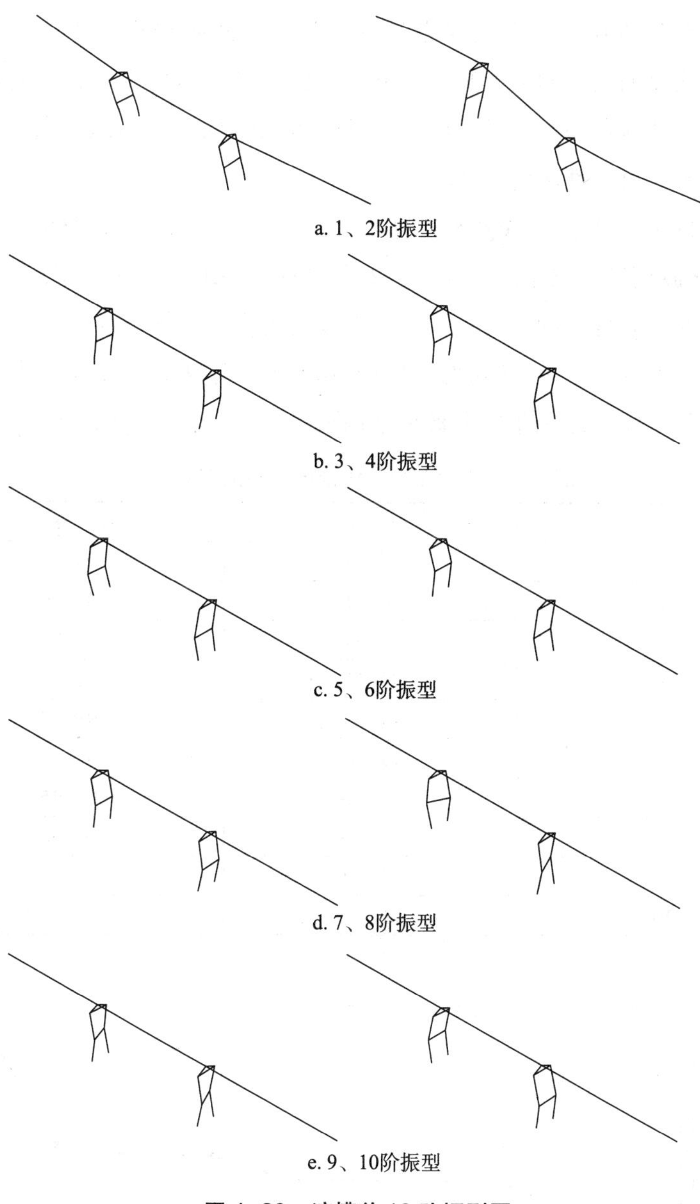

图 4-26　渡槽前 10 阶振型图

据表 4-3 可知，两种不同平台所建立的渡槽结构有限元模型前 10 阶振型特性是完全相同的。如表 4-3 和图 4-26 所示，前 2 阶振型为横向振动，第 3 阶振型为纵向振动，第 4 阶振型为竖向振动，第 5-7 阶振型为纵向振动，第 8、9 阶为墩部扭转，第 10 阶振型为竖向振动。据此可知，两种有限元平台所建立模型的模态是一致的；前两阶振型均为横向弯曲振动，说明该渡槽的横向刚度相对较弱，因此在地震激励下渡槽结构的横向动力反应是其薄弱环节，下文将重点开展渡槽结构在横向地震激励下的动力反应分析与可靠性求解。

下面将对比基于 ABAQUS 渡槽梁单元模型（下文简称 ABAQUS）和基于 OpenSEES 渡槽纤维梁单元模型（下文简称 OpenSEES）在无水工况、1/2 设计水深工况、设计水深工况 3 种工况下渡槽结构的圆频率特性。

根据表 4-4 和图 4-27 可知，应用 ABAQUS 模型和 OpenSEES 模型模拟渡槽结构在无水工况下前 10 阶渡槽结构圆频率误差很小，可以忽略不计。

表 4-4　无水工况下渡槽结构圆频率对比

阶次	ABAQUS	OpenSEES
1	14. 10	14. 27
2	33. 42	34. 32
3	97. 55	99. 31
4	98. 55	100. 35
5	101. 27	103. 17
6	101. 42	103. 32
7	117. 23	119. 15
8	117. 43	119. 36
9	125. 81	126. 15
10	211. 79	211. 87

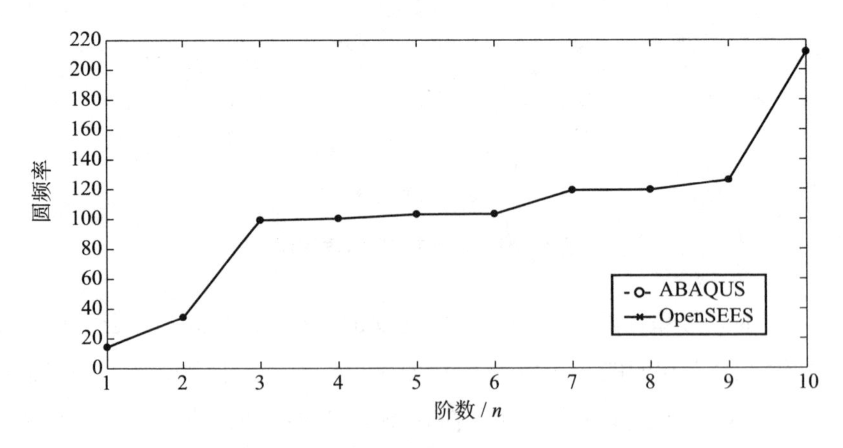

图 4-27　无水工况下渡槽结构圆频率对比

根据表 4-5 和图 4-28 可知，ABAQUS 模型和 OpenSEES 模型模拟渡槽结构在 1/2 设计水深工况下前 10 阶渡槽结构圆频率误差很小，可以忽略不计。

表 4-5 1/2 设计水深工况下渡槽结构圆频率对比

阶次	ABAQUS	OpenSEES
1	10. 60	10. 73
2	25. 16	25. 83
3	88. 53	88. 83
4	98. 44	100. 22
5	100. 63	102. 51
6	100. 68	102. 56
7	103. 89	105. 53
8	117. 23	119. 15
9	117. 41	119. 36
10	159. 30	159. 37

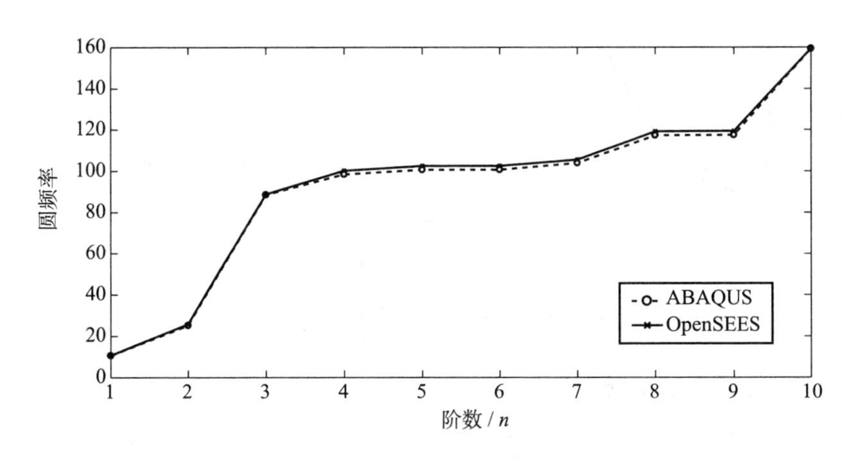

图 4-28 1/2 设计水深工况下渡槽结构圆频率对比

根据表 4-6 和图 4-29 可知，ABAQUS 模型和 OpenSEES 模型模拟渡槽结构在设计水深工况下前 10 阶渡槽结构圆频率误差很小，可以忽略不计。

表 4-6　设计水深工况下渡槽结构圆频率对比

阶次	ABAQUS	OpenSEES
1	9.119	9.235
2	21.652	22.236
3	77.648	77.703
4	98.288	100.047
5	100.418	102.298
6	100.443	102.328
7	101.750	103.628
8	117.232	119.149
9	117.414	119.355
10	137.143	137.230

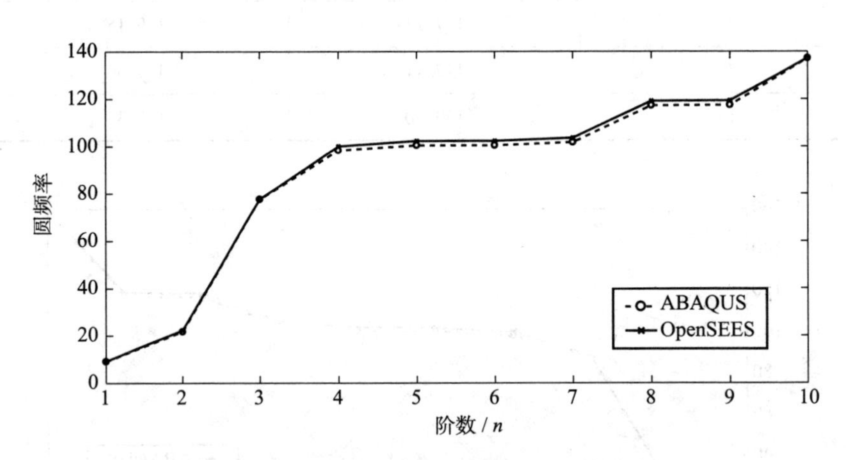

图 4-29　设计水深工况下渡槽结构圆频率对比

通过开展无水工况、1/2 设计水深工况、设计水深工况 3 种工况下的基于圆频率的计算可知，两种渡槽结构有限元计算模型计算结果具有一致性，从侧面验证了建模过程的准确性，为渡槽结构动力分析奠定了基础。同时也可看出，以上 3 种工况对比结果基本吻合。为了简化对比过程，下文将仅从设计水深工况的角度对渡槽结构在地震激励下的位移反应进行对比验证。

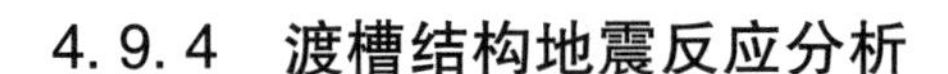

4.9.4　渡槽结构地震反应分析

渡槽结构位移反应对比是检验其数值建模是否准确的一个重要手段，基于此，下文将从线性动力分析和非线性动力分析两个方面开展渡槽结构基于 ABAQUS 分析平台和 OpenSEES 分析平台的对比研究，从位移反应的角度验证渡槽结构建模的准确性。分析时的场地类型均按照二类考虑，采用 El-Centro 波（W-E 方向）对渡槽结构进行地震动激励，开展时程分析，其时程曲线如图 4-30 所示。

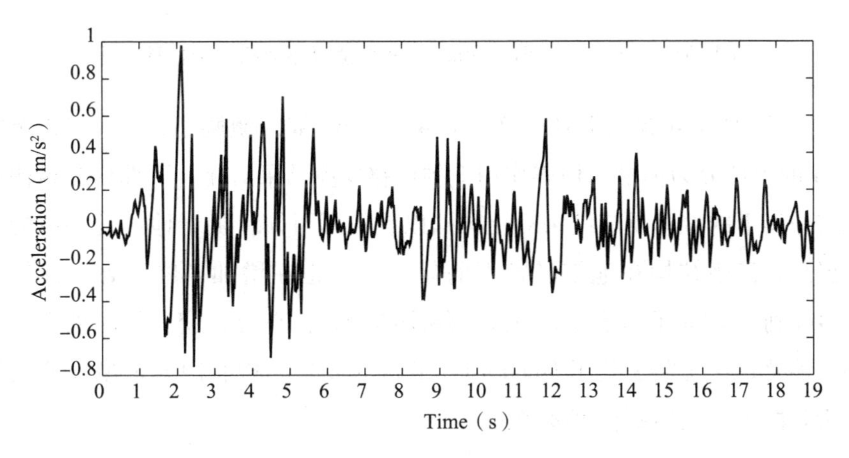

图 4-30　幅值 0.1g 的 El-Centro 波时程曲线

渡槽结构在较小地震动激励下一般发生弹性位移反应，其受力力学行为很容易通过有限元方法模拟。因此，仅在弹性分析阶段简要地开展对比分析，重点开展渡槽结构在非线性阶段的分析对比。

根据图 4-31 可知，渡槽结构在幅值为 0.1g 的 El-Centro 波作用下，渡槽跨中位移时程反应在两种不同的平台上均表现出很好的一致性，反应结果吻合，这说明了渡槽结构在弹性阶段的建模是可行的。

渡槽结构在非线性阶段的地震反应是否能满足精度要求显得至关重要，下文将重点针对渡槽结构在地震作用下的非线性动力反应分析进行比较研究。

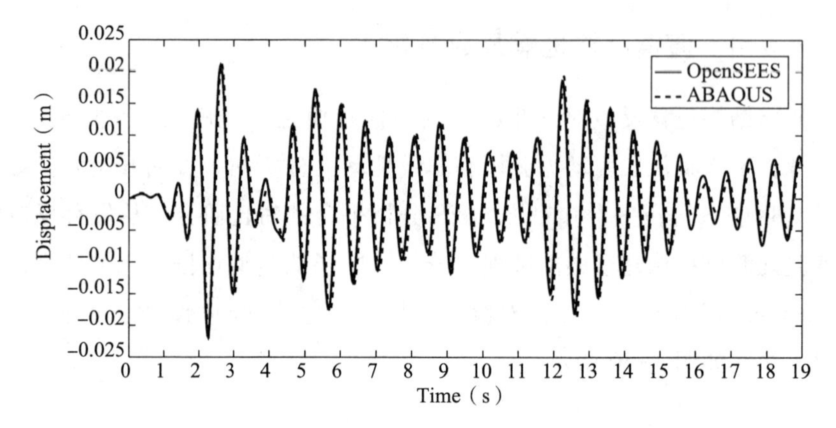

图 4-31　幅值 0. 1g El-Centro 波横向激励下渡槽跨中位移时程

在 El-Centro 波幅值从 0. 2g、0. 4g、0. 6g 依次激励下，图 4-32 至图 4-34 的上部分为横槽向地震作用下的位移反应结果对比，下部分为纵槽向地震作用下的位移反应结果对比。据以上 3 图可知，随着地震动幅值的不断提高，渡槽结构在地震激励下的位移反应也在增加，位移时程幅值从 0. 04m 到 0. 12m 不断增加，且反应结果吻合，仅在位移变化较大处出现微小的偏差，这说明了基于 OpenSEES 平台的渡槽结构有限元模型在非线性分析阶段也是能达到精度要求的。

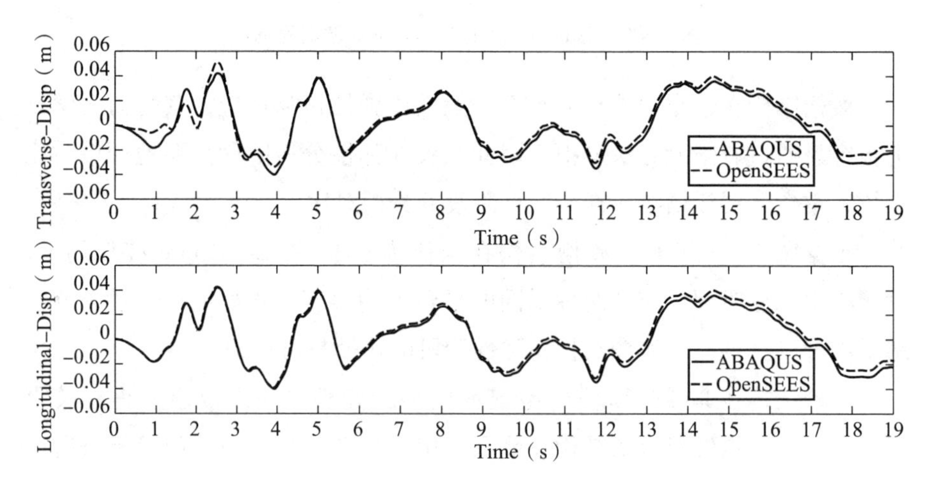

图 4-32　幅值 0. 2g El-Centro 波横纵向作用下渡槽跨中位移时程

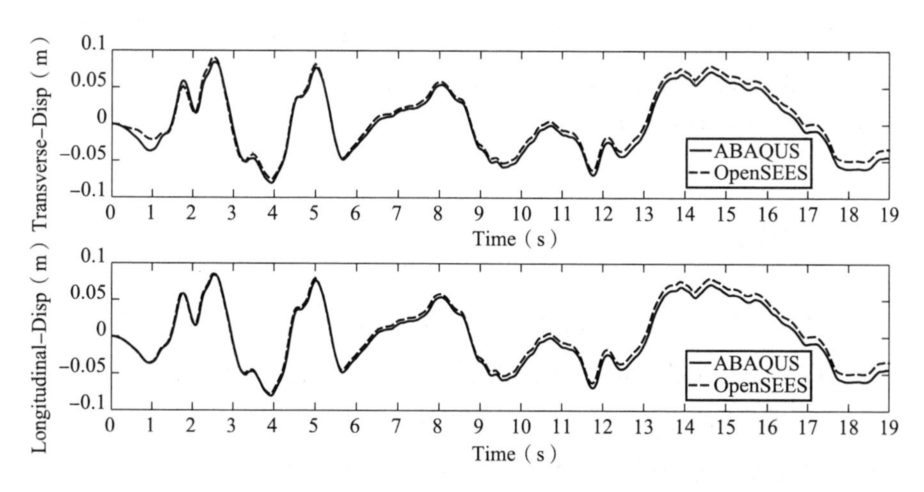

图 4-33 幅值 0. 4g El-Centro 波横纵向作用下渡槽跨中位移时程

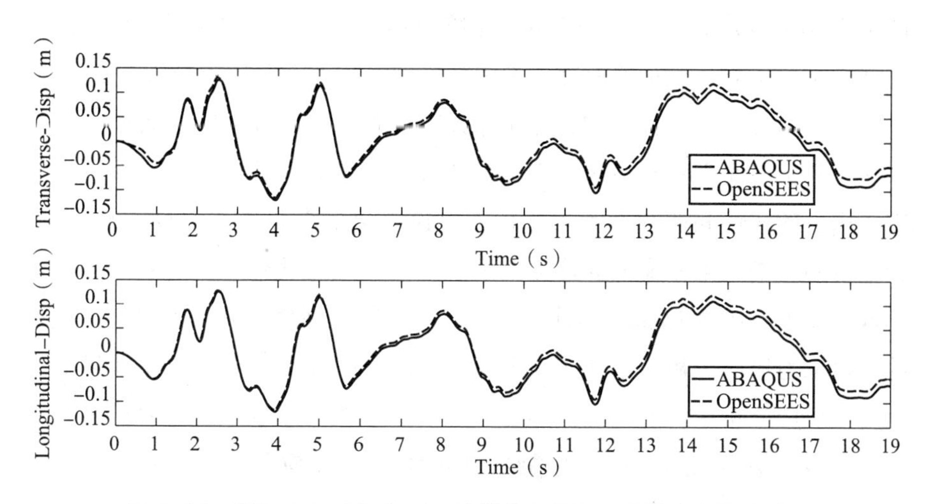

图 4-34 幅值 0. 6g El-Centro 波横纵向作用下渡槽跨中位移时程

总之，基于 ABAQUS 与基于 OpenSEES 的渡槽结构有限元模型地震反应计算结果总体上比较接近。因此，基于 OpenSEES 的渡槽结构有限元模型是准确可靠的，可以用于开展渡槽结构的动力非线性分析和可靠性研究。

为了比较渡槽结构模型在以上两种分析平台下效率的差异性，在两种平台下渡槽有限元分析模型均采用显式算法，并在地震动幅值为 0. 4g El-Centro波（W-E 方向）激励下开展动力非线性分析发现，基于 ABAQUS

的渡槽模型分析持续时间为 10 分钟，而基于 OpenSEES 的渡槽模型分析仅用了 2 秒钟，效率提高了 300 倍，这可节约大量的运算时间，在非线性动力分析方面显示出了巨大的优势。

4.10 小结

本章以混凝土弹塑性随机损伤本构关系模型为基础，结合精细化纤维梁单元模型、渡槽结构止水模型和高效稳定的数值算法，构建了大型钢筋混凝土渡槽结构的非线性动力反应分析平台，提出了基于混凝土随机损伤本构关系的大型钢筋混凝土渡槽非线性动力反应分析方法。本章以常见的大型钢筋混凝土渡槽结构为例，编写了适用于 OpenSEES 开放性分析平台的 TCL 语言程序，建立了基于混凝土随机损伤本构关系的渡槽结构有限元模型，实现了对大型钢筋混凝土渡槽结构的非线性动力反应分析。

本章结合实际工程案例，分别采用 OpenSEES 和 ABAQUS 有限元软件建立了基于混凝土随机损伤本构关系的渡槽结构有限元模型，开展了在地震作用下的线性和非线性动力分析与对比。结果表明，基于 OpenSEES 分析平台的渡槽有限元模型的计算结果可靠，且在非线性动力分析阶段，计算效率显著高于 ABAQUS 的计算效率，特别适合高效地开展大量样本结构的随机动力反应分析，证实了基于 OpenSEES 的大型钢筋混凝土渡槽非线性动力反应分析平台的正确性和可行性。鉴于该模型的精度与高效性，本书将以该模型为基础，开展渡槽结构的随机地震反应分析和可靠性研究。

5 考虑混凝土随机性的渡槽结构输水功能可靠性分析方法

5.1 概述

位于渡槽槽身之间的伸缩缝，一般采用橡胶类止水材料连接。由于渡槽结构不少处于地震高发区，因此在地震作用下，渡槽结构难免会发生较大位移反应，造成槽身之间止水发生错动，引起“撕裂效应”，导致渡槽结构大面积漏水，引发输水中断。更为严重的是，大量漏水从伸缩缝中渗出并渗入到槽墩底部，将导致周围土壤处于饱和状态，引起渡槽结构坍陷、破坏。在北方寒冷地域，该状况还会引起槽墩周围土壤冻胀继而导致槽墩的冻胀破坏。

在进行渡槽结构设计时，工程设计师虽然会依据设计标准设置渡槽槽身之间伸缩缝的宽度及其变化限值，但往往会忽略混凝土材料变异性对该因素造成的影响。而事实上，由于施工工序、施工工艺、施工环境温度变化等因素的影响，相同等级不同批次混凝土之间的性能仍存在一定的差异。根据已有研究得知，混凝土材料10%的初始变异性会导致悬臂梁结构的静力挠度变异性高达18%～55%。在考虑混凝土材料变异性的情况下，混凝土结构在地震作用下发生位移反应的变异性可能会更加显著。因此，在渡槽结构抗震分析中把混凝土材料的随机性纳入考察因素，对开展渡槽结构输水功能可靠性分析具有重要的意义。

基于以上分析，本章将考虑混凝土材料的随机性，并借助概率密度演化方法研究在地震激励下某大型渡槽结构相邻槽身之间止水相对位移反应规律，开展其对渡槽结构输水功能可靠性的影响研究。

5.2 概率密度演化理论

基于概率守恒原理和物理随机系统研究的基本思想，李杰和陈建兵创造性地发展了以广义概率密度演化方程为核心的概率密度演化理论。该理论将随机系统中内在的初始条件、结构参数的随机性和外部激励的随机性做统一处理，科学而全面地描述了随机系统关于随机性反应的内在物理机制，也为大型工程结构的可靠性求解开辟了新的路径。基于此，本章拟借助概率密度演化理论，探究渡槽结构在地震作用下的非线性动力反应分析，并开展渡槽结构输水功能可靠性研究。

5.2.1 概率密度演化方法

考虑到结构自身特性和外部动力激励的随机性，对于一般的多自由度非线性动力系统，可以将运动方程统一表达为：

$$M(\Phi)\ddot{U}(t)+C(\Phi)\dot{U}(t)+f(\Phi,\ U(t))=F(\Phi,\ t) \tag{5-1}$$

式中，M 为质量矩阵，C 为阻尼矩阵，$f(U(t))$为恢复力，$F(t)$为外部荷载矢量；$\ddot{U}(t)$、$\dot{U}(t)$和 $U(t)$分别为系统反应的加速度、速度和位移矢量；$\Phi=(\Phi_1,\ \Phi_2,\ \cdots,\ \Phi_n)$表示系统中涉及的所有随机参数矢量；$n$ 为基本随机变量的个数；t 为时间。

设 $X=(X_1,\ X_2,\ \cdots,\ X_m)^T$ 为系统中感兴趣的物理反应量，m 为反应量的个数。根据概率守恒原理的随机事件描述，增广状态矢量$(X,\ \Phi)$的联合概率密度函数满足如下广义概率密度演化方程：

$$\frac{\partial p_{X\varphi}(x,\ \varphi,\ t)}{\partial t}+\sum_{i=1}^{m}\dot{X}_i(\varphi,\ t)\frac{\partial p_{X\Phi}(x,\ \varphi,\ t)}{\partial x_i}=0 \tag{5-2}$$

其中，$\dot{X}_i(\varphi,\ t)$表示反应量的速度。

当初始位移和初始速度与结构的物理参数相互独立时，式(5-2)的初始条件为：

$$p_{X\Phi}(x,\ \varphi,\ t)\Big|_{t=0}=\delta(x-x_0)p_{\Phi}(\varphi) \tag{5-3}$$

其中，x_0 为 x 的确定性初始值。

联合方程式(5-1)和(5-3)，采用有限差分法求解式(5-2)，可得到系统反应量(X, Φ)的联合概率密度函数 $p_{X\Phi}(x, \varphi, t)$，进而可求得 $X(t)$ 的联合概率密度函数，如下：

$$p_X(x, t)=\int_{\Omega_\Phi} p_{X\Phi}(x, \varphi, t)\mathrm{d}\varphi \tag{5-4}$$

式中，Ω_Φ 为 Φ 的概率空间。

在上述求解的基础上，通过求解式(5-1)，即可获得全体样本系统的随机动力反应值。

当仅对某一个物理量感兴趣时，方程式(5-2)可退化为一维偏微分方程，如下：

$$\frac{\partial p_{X\Phi}(x, \varphi, t)}{\partial t}+\dot{X}(\varphi, t)\frac{\partial p_{X\Phi}(x, \varphi, t)}{\partial x}=0 \tag{5-5}$$

上述广义概率密度演化方程揭示了随机动力系统中概率结构的转化和转移关系，建立了确定性系统与随机系统之间的内在联系。

5.2.2　广义概率密度演化方程的数值求解

广义概率密度演化方程是需要联合物理方程式(5-1)与概率密度演化方程式(5-2)共同求解的。对于比较简单的问题，可获得广义概率密度演化方程的解析解。在解决实际工程问题时，需要借助数值方法求取感兴趣系统反应量的概率密度函数，并通过以下 4 个步骤来逐步实现。

首先，利用随机事件的概率可加性，将基本随机向量 Φ 的概率空间 Ω_Φ剖分，得到一系列概率空间子域 Ω_{θ_q}，$q=1, 2, \cdots, n_{sel}$，并在子域中选取相应的代表点 $\varphi_q=\varphi_{1,q}, \varphi_{2,q}, \varphi_{s,q}$，$q=1, 2, \cdots, n_{sel}$。其中 n_{sel}为所选取离散代表点的数目，也为子域的个数，同时确定每个代表点的赋得概率 $P_q=\int p_\Phi(\varphi)\mathrm{d}\varphi$，其中 V_q 为代表性体积。为确保所选代表点集在概率空间的均匀性，可采用基于 GF 偏差选点策略或采用数论方法。

其次，对于给定的 $\Phi=\varphi_q$，求解物理方程式(5-1)，获得感兴趣物理量的时间导数$\dot{X}(\varphi_q, t)$，$i=1, 2, \cdots, m$。

再次，求解广义概率密度演化方程。经过离散代表点选取和赋得概率的确定，广义概率密度演化方程式(5-2)变为：

$$\frac{\partial p_{X\Phi}(x,\ \varphi_q,\ t)}{\partial t}+\sum_{i=1}^{m}\dot{X}_i(\varphi_q,\ t)\frac{\partial p_{X\Phi}(x,\ \varphi_q,\ t)}{\partial x_i}=0,\ q=1,\ 2,\ \cdots,\ n_{sel} \tag{5-6}$$

相应的初始条件式(5-3)变为：

$$p_{X\Phi}(x,\ \varphi_q,\ t)\Big|_{t=t_0}=\delta(x-x_0)p_q \tag{5-7}$$

将 $\dot{X}_i(\varphi_q,\ t)$代入式(5-6)和式(5-7)中，采用有限差分法(研究表明，采用具有 TVD 性质的差分求解格式及组合求解格式可得到较好的计算效果)求解该偏微分方程，可得到$(X,\ \Phi)$的联合概率密度函数 $p_{X\Phi}(x,\ \varphi_q,\ t)$，$q=1,\ 2,\ \cdots,\ n_{sel}$。

最后，将 $p_{X\Phi}(x,\ \varphi_q,\ t)$，$q=1,\ 2,\ \cdots,\ n_{sel}$累计，即可得到 $X(t)$的联合概率密度函数 $p_X(x,\ t)$的数值解，即：

$$p_X(x,\ t)=\sum_{q=1}^{n_{sel}}p_{X\Phi}(x,\ \varphi_q,\ t) \tag{5-8}$$

需要强调的是，上述求解过程是结合一系列确定性动力系统和概率密度演化方程的求解，是求解广义概率密度演化方程的点演化方法。通过概率密度演化方程的求解可以更深刻地把握物理系统状态的演化机制，可以更深入地理解“物理机制是随机传播的驱动力，这是由结构系统的物理本身决定的”。

5.2.3 与经典随机结构分析方法的比较研究

本小节将利用经典随机结构分析方法探讨简单框架结构在地震作用下的动力反应，并将计算结果与概率密度演化方法的计算结果进行比较研究。

如图 5-1 所示，结构基本参数如下：$m=4.5\times10^4$kg，$k=2.9\times10^7$N/m；刚度参数为均值，假定其变异系数为 15%，服从均匀分布；第 1 阶、第 2 阶振型阻尼比为 5%，采用 Rayleigh 阻尼；选 El-Centro 波 N-S 方向确定性输入，其加速度时程曲线如图 5-2 所示。

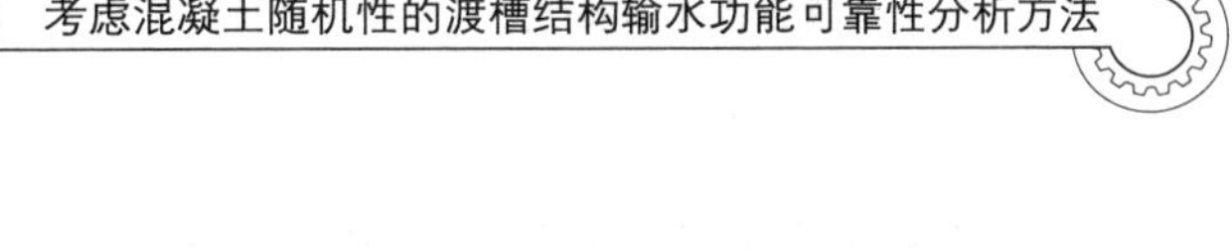

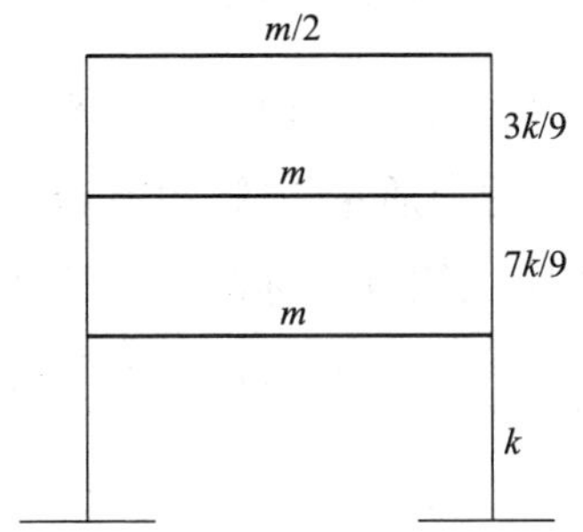

图 5-1 三层剪切型框架

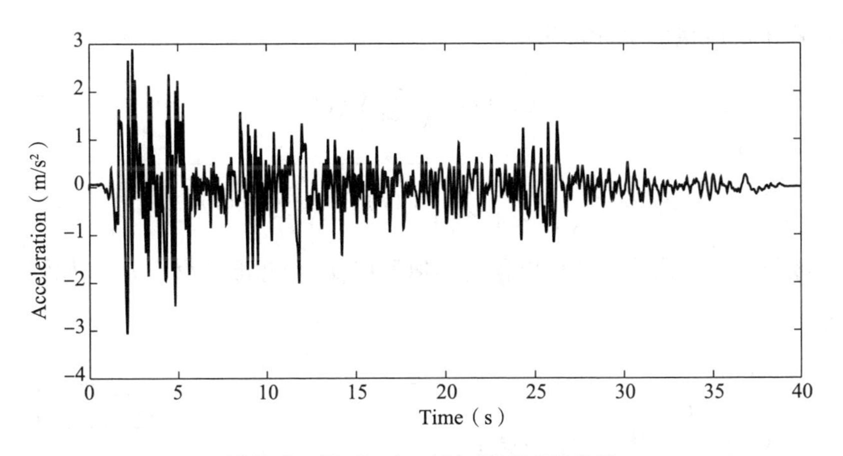

图 5-2 El-Centro 波加速度时程曲线

依据已知条件所给的质量参数和刚度参数，建立 Rayleigh 阻尼矩阵：

$$C=a_0M+a_1K \tag{5-9}$$

其中，参数 a_0、a_1 由式(5-10)给出：

$$\begin{Bmatrix} a_0 \\ a_1 \end{Bmatrix}=2\frac{\omega_i\omega_j}{\omega_j^2-\omega_i^2}\begin{bmatrix} \omega_j & -\omega_i \\ -1/\omega_j & 1/\omega_i \end{bmatrix}\begin{Bmatrix} \xi_i \\ \xi_j \end{Bmatrix} \tag{5-10}$$

由于已知第 1 阶、第 2 阶振型的阻尼比系数均为 5%，因此可得到：

$$\begin{Bmatrix} a_0 \\ a_1 \end{Bmatrix}=\frac{2\xi}{\omega_1+\omega_2}\begin{Bmatrix} \omega_1\omega_2 \\ 1 \end{Bmatrix} \tag{5-11}$$

其中，ω_1、ω_2 由频率特征方程求解获得：

$$|K-\omega^2M|=0 \tag{5-12}$$

考虑标准化形式的随机结构动力方程式：

$$M_0\ddot{X}+(C_0+\zeta C_1)\dot{X}+(K_0+\zeta K_1)X=-M_0 I\ddot{u}_g \tag{5-13}$$

其中，M_0、C_0、K_0 分别为均值质量矩阵、均值阻尼矩阵、均值刚度矩阵，而 C_1、K_1 分别为标准差阻尼矩阵、标准差刚度矩阵；ζ 为标准化随机变量，即：$E(\zeta)=0$，$E(\zeta^2)=1$，服从$[-\sqrt{3}, +\sqrt{3}]$上均匀分布。

(1)蒙特卡洛法

对随机变量 ζ 在$[-\sqrt{3}, +\sqrt{3}]$上随机取点，获取 N 个样本点，代入到式(5-13)中，利用 Newmark-β 法进行数值求解，获得 N 个样本反应量，计算样本反应量的统计量为：

$$\mu_X(t)=\frac{1}{N}\sum_{i=1}^{N}X_i(t) \tag{5-14}$$

$$\sigma_X(t)=\sqrt{\frac{1}{N-1}\sum_{i=1}^{N}\left[X_i(t)-\frac{1}{N}\sum_{i=1}^{N}X_i(t)\right]^2} \tag{5-15}$$

绘制蒙特卡洛法下顶点位移的均值反应 μ_X 和标准差反应 σ_X，如图 5-3 所示。

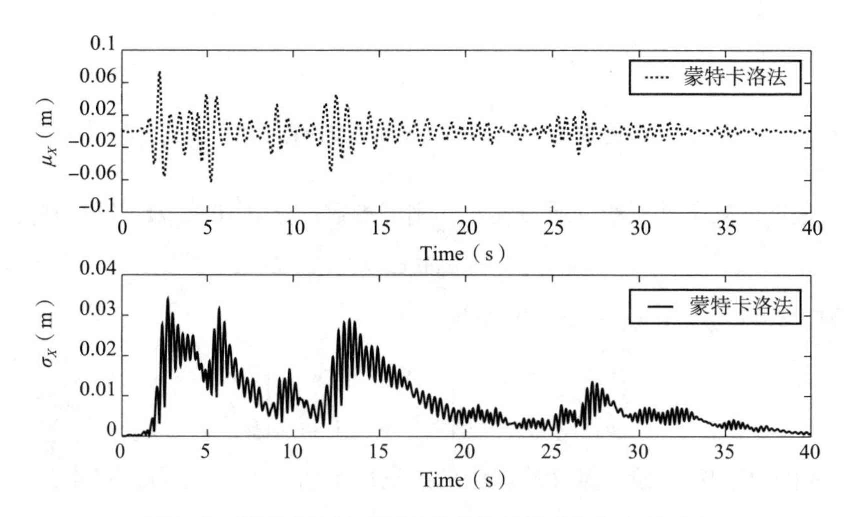

图 5-3　蒙特卡洛法下顶点位移均值反应和标准差反应

蒙特卡洛分析方法适用性极为广泛，理论上可以解决所有随机结构分析问题，因此该方法也成为随机结构分析中常用的方法之一。然而采用蒙特卡洛法进行结构分析时，需要处理大量的确定性分析样本，这造成了极大的计算工作量。该问题在一定程度上制约着蒙特卡洛方法的应用范围，使其多应用在对比验证分析上，确保其他方法在均值和标准差等方面的准确性。加之存在随机收敛性方面的缺陷，该方法很少用于解决实际工程结构问题。

（2）随机摄动法

考虑结构反应为随机变量和时间的函数，可分离变量为：

$$X(\zeta,\ t)=X_0(t)+X_1(t)\zeta+X_2(t)\zeta^2+\cdots \tag{5-16}$$

只取前三项进行计算，将 $X(\zeta,\ t)$ 代入式（4-13）可得：

$$M_0\ddot{X}_0+C_0\dot{X}_0+K_0X_0=F \tag{5-17}$$

$$M_0\ddot{X}_1+C_0\dot{X}_1+K_0X_1=-(M_1\ddot{X}_0+C_1\dot{X}_0+K_1X_0) \tag{5-18}$$

$$M_0\ddot{X}_2+C_0\dot{X}_2+K_0X_2=-(M_1\ddot{X}_1+C_1\dot{X}_1+K_1X_1) \tag{5-19}$$

根据式（5-17）计算出 0 阶摄动方程反应，将 0 阶摄动方程反应代入式（5-18）中计算 1 阶摄动方程反应，将 1 阶摄动方程反应代入式（5-19）中计算 2 阶摄动方程反应，并计算样本响应量的统计量。

$$\mu_X(t)=X_0(t)+X_2(t) \tag{5-20}$$

$$\sigma_X(t)=\sqrt{X_1^2(t)+X_2^2(t)\times 4/5} \tag{5-21}$$

绘制随机摄动法下顶点位移的均值反应 μ_X 和标准差反应 σ_X，如图 5-4 所示。

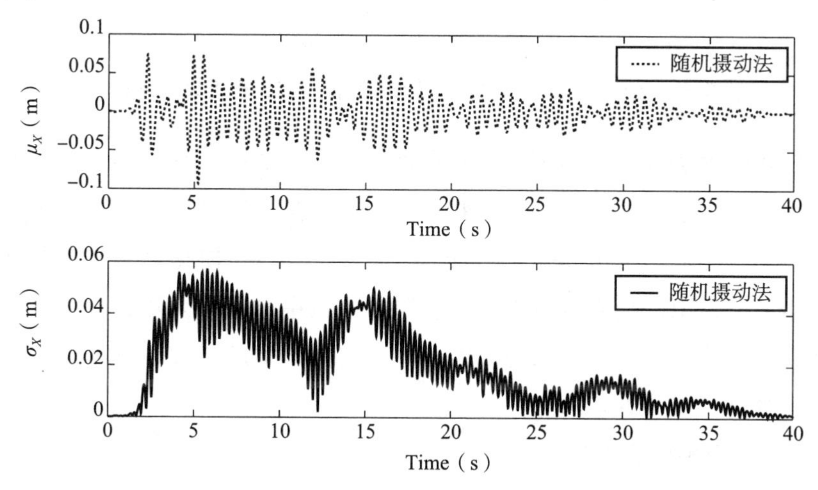

图 5-4　随机摄动法下顶点位移的均值反应和标准差反应

对比图 5–3 和图 5–4 可知，随着时间的延续，随机摄动法顶点均值反应特别是标准差反应误差愈来愈大。考虑到摄动法存在久期项问题(即在摄动法求解过程中，由于摄动格式的使用导致递推方程组的一阶和二阶变异方程中出现共振因素并造成摄动解的数值精度下降，每求解一次摄动方程，误差就会被叠加一次，在某些情况下甚至出现不收敛)，将蒙特卡洛模拟结果与随机摄动法计算结果的前 5 秒反应绘制在图 5–5 中进行比较，发现初期阶段两种方法的计算结果比较吻合，但随着激励时间的延长，两种方法的差异性越发明显。该对比再次说明了摄动法久期项问题的存在及其影响，使计算结果的误差较大。

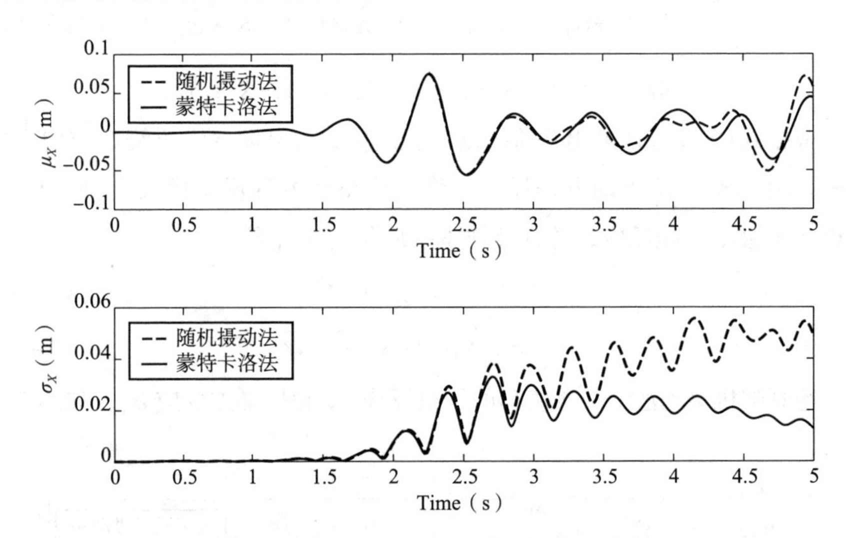

图 5–5　蒙特卡洛模拟与随机摄动法均值反应、标准差反应比较

随机摄动法久期项问题严重地影响了其计算的精度和适用范围，使其仅适用于结构系统基本随机变量变异性较小的静力问题的求解，不适合解决结构系统的动力分析问题。同时，当该方法存在一阶摄动方程参数变异性显著时，得出的结果相对粗略，非线性随机摄动有限元存在二阶矩的精度较低，计算效率较低的问题。由于上述若干缺陷的存在，该方法在实际应用中遇到了巨大的障碍。

(3) 正交多项式理论

结构反应是基本随机变量 ζ 的函数，因此，结构反应可以按基本随机

变量的正交函数展开，可得：

$$X(\zeta,\ t)=X_0(t)+X_1(t)H_1(\zeta)+\cdots=\sum_{l=0}^{N}X_l(t)H_l(\zeta) \tag{5-22}$$

将式(5-22)代入式(5-13)中，并对等式两边同时取期望，可得：

$$\sum_{l=0}^{N}M_0\delta_{lk}\ddot{X}_l+\sum_{l=0}^{N}(C_0\delta_{lk}+C_1c_{lk})\dot{X}_l+\sum_{l=0}^{N}(K_0\delta_{lk}+K_1c_{lk})X_l=F\delta_{0k} \tag{5-23}$$

其中，l，$k=0$，1，…，N，c_{lk}由3项递推公式得到，则有：

$$c_{lk}=\begin{cases}\begin{cases}\alpha_l & 若\ k=1\\ 0 & 其他\end{cases} & 当\ l=0\ 时\\ \alpha_l\delta_{l-1,k}+\beta_l\delta_{lk}+\gamma_l\delta_{l+1,k} & 当\ l\neq 0\ 时\end{cases} \tag{5-24}$$

对于服从均匀分布的随机变量 ζ，其正交多项式可由 Legendre 多项式表达。本次计算取正交多项式的前3项，则有：

$$H_0(\zeta)=1,\ H_1(\zeta)=x,\ H_2(\zeta)=(3x^2-1)/2 \tag{5-25}$$

式(5-24)中对应的系数为：

$$\alpha_l=\frac{l}{\sqrt{4l^2-1}},\ \beta_1=0,\ \gamma_1=\frac{l+1}{\sqrt{4l^2+8l+3}} \tag{5-26}$$

通过计算得出 c_{lk}值，并将其代入到式(5-23)中，形成新的多自由度方程组；进而对该方程组进行求解，可计算样本反应量的统计量：

$$\mu_X(t)=X_0(t) \tag{5-27}$$

$$\sigma_X(t)=\sqrt{X_1^2(t)+X_2^2(t)\times 3/20} \tag{5-28}$$

绘制正交多项式下顶点位移的均值反应 μ_X 和标准差反应 σ_X，如图 5-6所示。

将蒙特卡洛法与正交多项式理论进行对比(见图 5-7 所示)，发现两者的均值反应几乎完全相同，但两者的标准差反应有一定差距。从算法上看，正交多项式的计算量显然是小于蒙特卡洛模拟的，而从结果上看，两者又差异不大，因此正交多项式理论的优越性可见一斑。

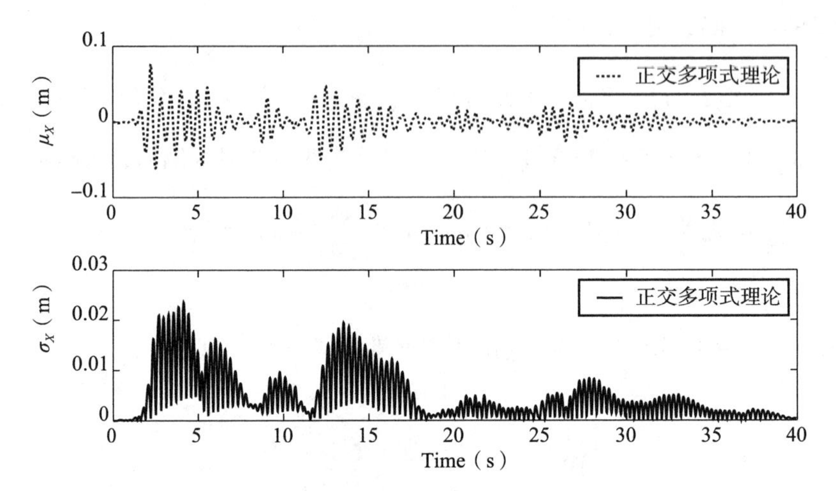

图 5-6　正交多项式理论下顶点位移的均值反应和标准差反应

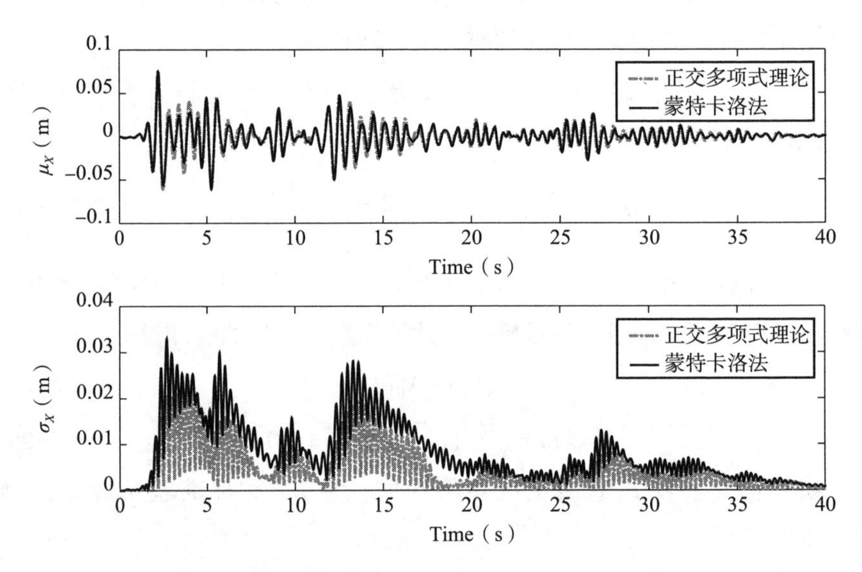

图 5-7　正交多项式理论与蒙特卡洛法顶点位移的均值反应与标准差反应对比

前文已经在图 5-5 中反映了随机摄动法的久期项问题，现将 3 种方法放在一起进行观察(如图 5-8 所示)，发现随机摄动法求出的标准差反应最大，蒙特卡洛法求出的标准差反应次之，正交多项式理论求出的标准差反应最小，而对于均值反应而言，3 种方法的计算结果都比较吻合。这是因为久期项问题导致计算结果在二阶矩统计结果上出现了一定的波动。

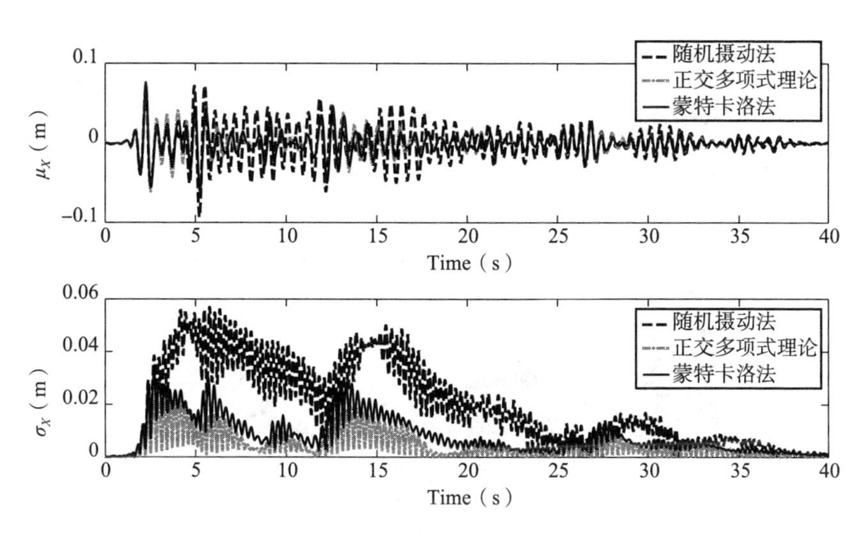

图 5-8　3 种经典方法顶点位移均值反应与标准差反应对比

基于以上分析可知，与蒙特卡洛法、随机摄动法相比，正交多项式理论在精度和效率方面均具备一定优势，因此该方法在线性随机结构系统分析中得到了较广泛的应用。需要指出的是，随着结构系统基本随机变量数目的增加，该方法计算工作量呈幂次增长。同时研究发现，该方法难以对一般复杂结构开展非线性随机结构分析研究。因此，正交多项式理论在后期发展中显露出了一定的局限性。

(4) 概率密度演化方法与经典随机结构分析方法的对比

根据前文分析可知，随机摄动方法在精度上明显低于正交多项式理论和蒙特卡洛方法，因此此处仅采用概率密度演化方法与正交多项式理论、蒙特卡洛方法对比分析。绘制概率密度演化、正交多项式理论和蒙特卡洛 3 种方法下顶点位移的均值反应 μ_x 和标准差反应 σ_x，如图 5-9 所示。

据图 5-9 可知，3 种方法计算得到的顶点位移反应均值非常吻合，正交多项式理论求解的结果仅在个别地方存在波动。概率密度演化方法与蒙特卡洛方法计算结果的标准差非常吻合，正交多项式理论与以上两种方法相比存在一定差异性。同时也可看出，正交多项式理论求解的精度稍高于概率密度演化方法和蒙特卡洛方法。然而，令人遗憾的是，该方法难以对一般复杂结构开展非线性随机结构分析研究。

在采用以上经典随机结构分析方法解决工程科学问题遇到瓶颈的客观

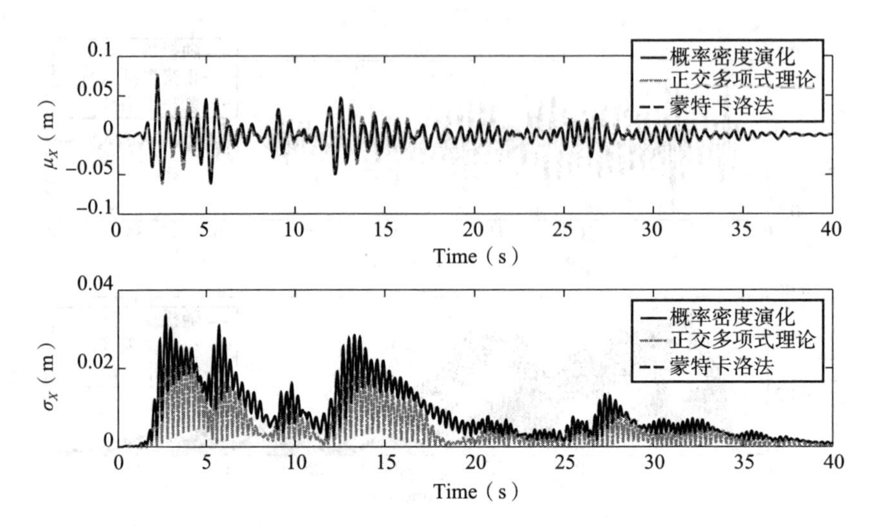

图 5-9　概率密度演化方法和两种经典方法的均值反应、标准差反应对比

背景下，概率密度演化方法的出现开启了随机结构领域研究的新篇章，至此，随机结构分析理论又向前推进了一大步。

5.3　渡槽结构输水功能可靠性分析

5.3.1　渡槽随机结构分析模型

为了考察渡槽随机结构地震反应特性及基本随机变量对结构反应性态的影响，本书在第 4 章基于混凝土均值随机损伤本构关系的渡槽结构有限元模型的基础上做了如下处理，形成渡槽结构随机有限元模型：仍按照槽内水体设计水深 2.21m 考虑。由于渡槽墩系、槽身等构件是在不同工序施工下完成的，因此应考虑构件之间的随机性。结构参数的基本随机变量包括：混凝土受压峰值应变 $f_{c,r1}$（C50）、$f_{c,r2}$（C30）、$f_{c,r3}$（$C30$）与结构阻尼比 ζ 共计 4 个随机变量，如表 5-1 所示。随机结构参数选点结果详见附录 A。

表 5-1 渡槽结构特性的基本随机变量

随机变量	均值	变异系数	分布类型
$f_{c,r1}$(槽身)	50MPa	0.15	正态分布
$f_{c,r2}$(左墩系)	30MPa	0.17	正态分布
$f_{c,r3}$(右墩系)	30MPa	0.17	正态分布
ζ	0.05	0.20	对数正态分布

5.3.2 渡槽结构输水功能可靠性分析方法

结构动力可靠度的概念和首次超越破坏准则是开展渡槽结构输水功能可靠性分析的基础。结构动力可靠度是指在动力随机荷载作用下，结构在规定时间内和规定的条件下完成预定功能的概率。首次超越破坏准则是结构动力可靠度求解的重要而行之有效的失效准则。以首次超越破坏为准则的工程结构动力可靠度定义为在所关心的时间内，引起结构失效的物理量(包括控制点的应力和应变、控制截面的内力和控制点位移等)不超过其安全阈值的概率，即：

$$R(t)=Pr\{X(\tau)\in\Omega_{safety},\ 0<\tau\leqslant t\} \tag{5-29}$$

其中，X 为引起结构失效的重要物理参数，Ω_{safety} 为结构的安全域。

因此本章将从超越破坏的角度，采用概率密度演化理论开展基于首次超越破坏准则的可靠度求解。根据首次超越破坏准则，一旦结构反应跨越失效边界，结构就不可能返回安全域。在概率意义上，结构失效这一随机事件所携带的概率从安全域流入失效域后，就不能返回安全域，而保留在安全域内的概率即为结构的可靠度。吸收边界条件法通过求解施加了吸收边界条件的概率密度演化方程(GDEE)，求得结构在安全域内的概率密度函数，最后对其进行积分从而求得结构动力可靠度。

遭遇地震灾害的震级不同，渡槽结构发生损伤或破坏的程度也不尽相同。在地震作用下，渡槽结构本身可能不会发生损伤或破坏，然而槽身伸缩缝处的止水是相对薄弱环节，此处发生损坏虽不会对渡槽结构自身造成重大破坏，但大量漏水依然会影响正常的输水进程，长时间漏水也会冲刷渡槽结构基础，对渡槽结构造成不利影响。基于此，本书提出了“渡槽结构输水功能可靠性”的概念，即基于功能性需求考虑，保证渡槽结构在输水过程中不漏水的可靠性。为了厘清采用概率密度演化方法求解渡槽结构输水功能可靠性的思路，下面将简要介绍该方法求解渡槽结构输水功能可靠性的流程。

在数值实现中，首先采用 GF 偏差选点方法(详见附录 B)选取离散代表性点集，生成 200 个随机结构样本及相应赋得概率，进而采用某天然地震波对渡槽结构进行地震动激励，得出一组确定性地震反应分析数据样本。其中，采用隐式 Newmark-β 法求解运动方程，采用有限差分法求解概率密度演化方程。结合求得的结构随机地震反应信息和概率密度演化方法，可以获得感兴趣的结构反应量的概率密度演化信息。通过与吸收边界条件相结合，可开展渡槽结构输水功能可靠度分析，如图 5-10 所示。

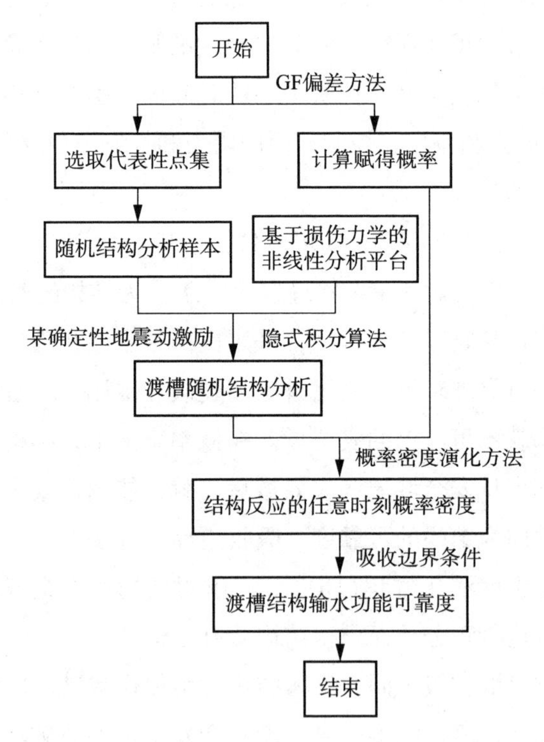

图 5-10　渡槽随机结构输水功能可靠性求解流程

5.4 工程实例分析

为了研究渡槽结构止水在抗震设防烈度 8 度多遇地震作用下的反应情况，本章将采用与该渡槽所在二类场地类型相同的 Chi Chi 地震波，并将地震动的加速度幅值调至 0.2g，沿横槽向一致输入。地震动加速度调幅后的加速度时程和相应的反应谱分别如图 5-11 和图 5-12 所示。

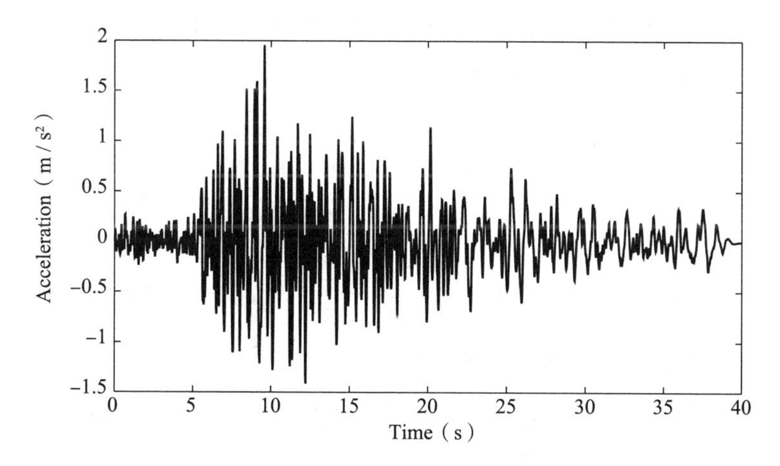

图 5-11 地震加速度时程曲线(0.2g)

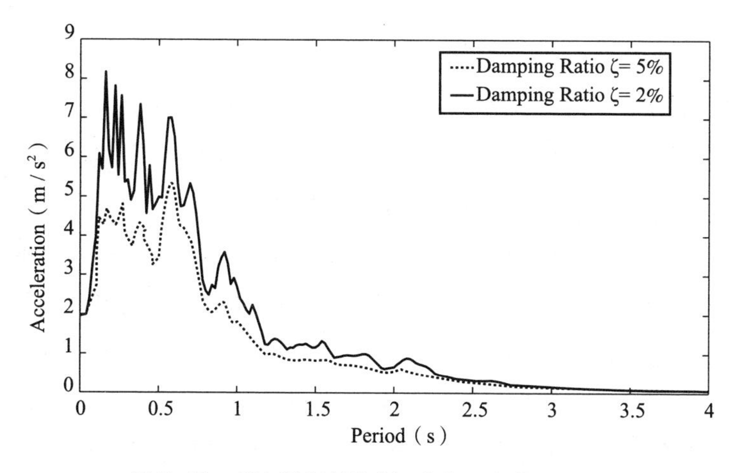

图 5-12 Chi Chi 地震动加速度反应谱(0.2g)

实际工程案例的计算精度是判断分析方法是否可行的最基本途径。因此，本书在利用概率密度演化方法开展渡槽结构输水功能可靠性求解之前，首先将采用蒙特卡洛法和概率密度演化方法计算渡槽结构反应的统计矩信息，其次对两者的计算结果进行对比研究以验证概率密度演化方法的计算精度。

采用 GF 偏差选点策略，选取 200 个代表性点进行基于概率密度演化方法的随机结构分析，并与 10000 次蒙特卡洛分析进行对比。以蒙特卡洛分析结果为参考基准，对概率密度演化方法计算结果进行验证分析。首先，考虑结构反应的统计矩信息。对于蒙特卡洛前 k 阶反应统计矩可按下式进行计算：

$$\mathbb{E}[X(t)] = \frac{1}{N_{MCS}}\sum_{i=1}^{N_{MCS}} X_i(t) \tag{5-30}$$

$$\mathbb{E}[(X(t) - \mathbb{E}[X(t)])^k] = \frac{1}{N_{MCS}}\sum_{i=1}^{N_{MCS}} (X(t) - \mathbb{E}[X(t)])^k \tag{5-31}$$

其中，N_{MCS}为蒙特卡洛方法分析次数，$k=2，3，4，\cdots$。

对于概率密度演化方法，前 k 阶反应的统计矩计算方式为：

$$\mathbb{E}[X(t)] = \sum_{i=1}^{N_{PDEM}} P_i X_i(t) \tag{5-32}$$

$$\mathbb{E}[(X(t) - \mathbb{E}[X(t)])^k] = \sum_{i=1}^{N_{PDEM}} P_i(X(t) - \mathbb{E}[X(t)])^k \tag{5-33}$$

其中，N_{PDEM}为基于概率密度方法选点的代表点个数，$k=2，3，4，\cdots$。

本例中取 $N_{MCS}=10000$；$N_{PDEM}=200$，P_i 为第 i 个代表点对应的赋得概率，由 Voronoi 定义计算给出。在概率密度演化方法中，代表点通过数学理论上的论证与优化，使得仅采用少量“优质”的代表性点便能获得足够精确的随机反应。这与传统的蒙特卡洛方法采用大量“劣质”的随机样本点思路是不同的。

据止水相对位移的前 4 阶统计矩对比图 5-13、图 5-14（图中 MCS 代表蒙特卡洛方法，PDEM 代表概率密度演化方法，下同）可知，概率密度演化方法计算结果具有与蒙特卡洛方法相同的高精度特性。然而，概率密度演化方法仅需要 200 次确定性分析，而传统的蒙特卡洛方法却需要上万次以上的分析成本（如本书采用了 10000 次）。可见，概率密度演化方法在

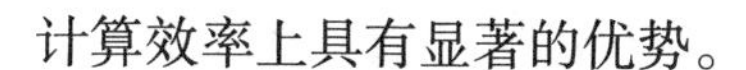
计算效率上具有显著的优势。

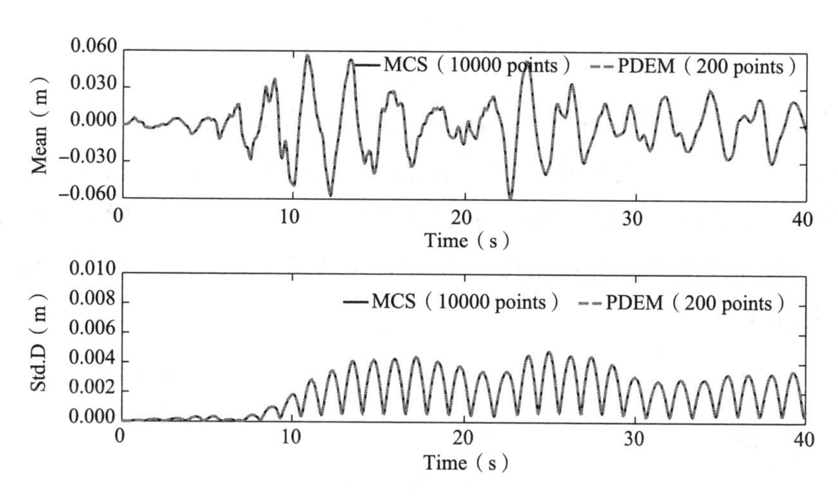

图 5-13　第 1 阶、第 2 阶矩对比图

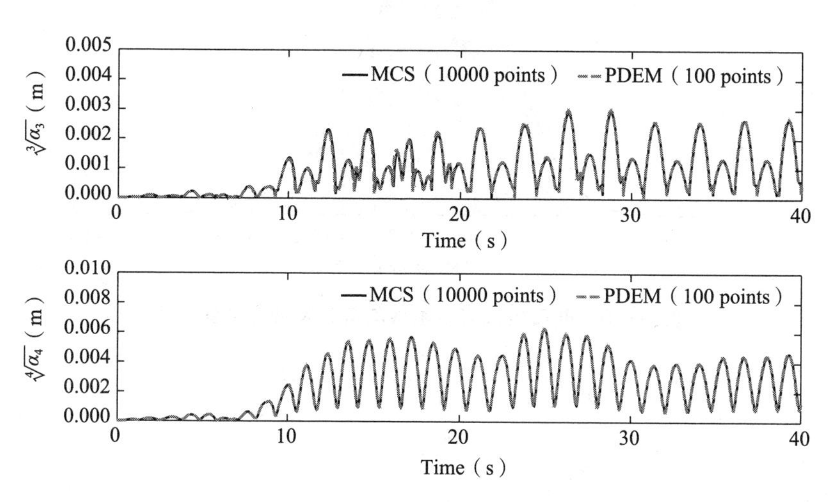

图 5-14　第 3 阶、第 4 阶矩对比图

为进一步分析结构反应的更多概率信息，图 5-15 给出了基于概率密度演化方法的截口概率密度函数与基于蒙特卡洛方法的截口反应直方图对比，图 5-16 给出了不同时刻下的概率分布函数(图中 3 条实线为基于概率密度演化方法的计算结果)和经验分布函数(图中三角、矩形和圆形标识为基于蒙特卡洛方法的计算结果)。

图 5-15 和图 5-16 所示的概率密度函数与概率分布函数均来自求解广义概

率密度演化方程，而基于蒙特卡洛方法的经验分布函数则由下式计算所得：

$$F_i^e(x) = \frac{1}{n}\sum_{i=1}^{n} I\{x_q \leqslant x\} \tag{5-34}$$

其中，$I\{\cdot\}$为示性函数。由于基于蒙特卡洛方法的计算结果受带宽影响，因此图 5-15 中直方图不能用于反映结构反应的密度演化信息；而基于概率密度演化方法，通过对概率密度演化方程的求解，可以获得结构反应的截口概率密度函数，这也就自然解决了传统的基于矩方法而导致概率信息不封闭的问题。

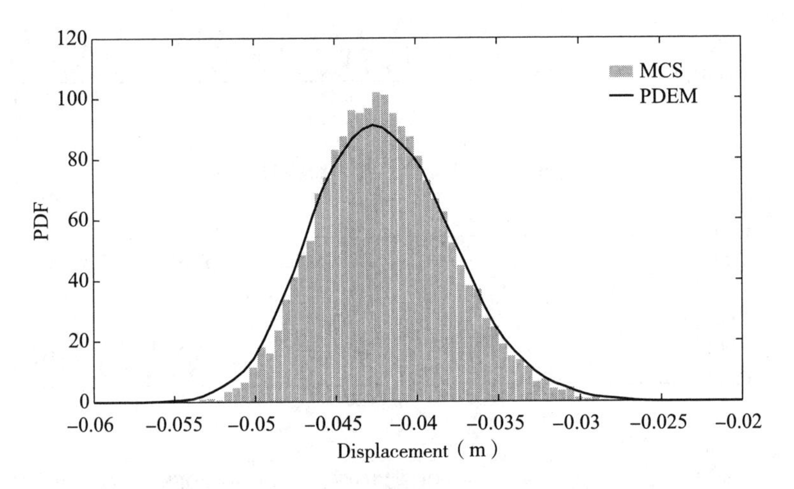

图 5-15　截口概率密度函数与截口反应直方图对比

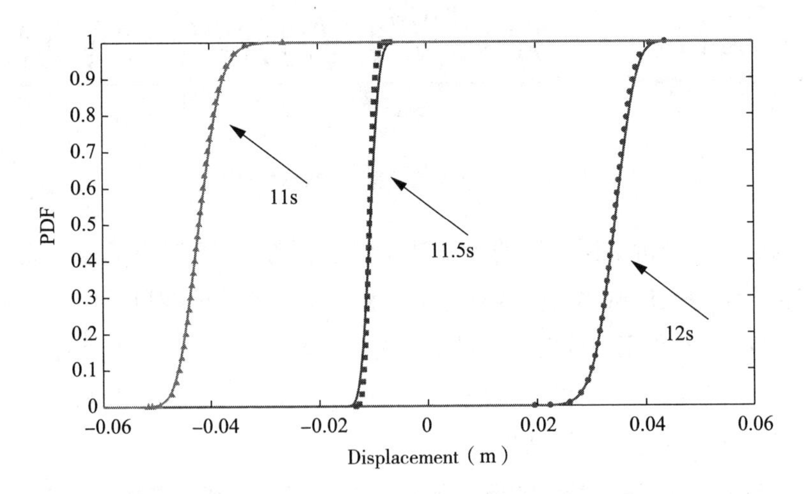

图 5-16　不同时刻下的概率分布函数和经验分布函数对比

同时，需注意到传统的蒙特卡洛方法是“随机收敛”的，仅当样本分析数量增加到一定值时计算结果才是较为稳定的；而概率密度演化方法在进行代表点集优化时，已经考虑到了该随机收敛性。换言之，由于优化后的低偏差点集为确定性点集，因此不存在随机收敛性的问题，这也为下文开展随机结构分析、随机地震分析打下了良好的理论基础。

在渡槽输水过程中，相邻槽身之间止水错动是造成止水失效、引发漏水的主要因素。因此，本章先从渡槽竖向、渡槽纵向、渡槽横向 3 个不同方向加载地震动，考察渡槽结构在工况下的反应情况。据图 5-17 可知，在 0.2g 地震作用下，渡槽止水竖向相对位移反应最大值不超过 5mm。据图 5-18 可知，在 0.2g 地震作用下，渡槽止水纵向相对位移反应最大值不超过 25mm。

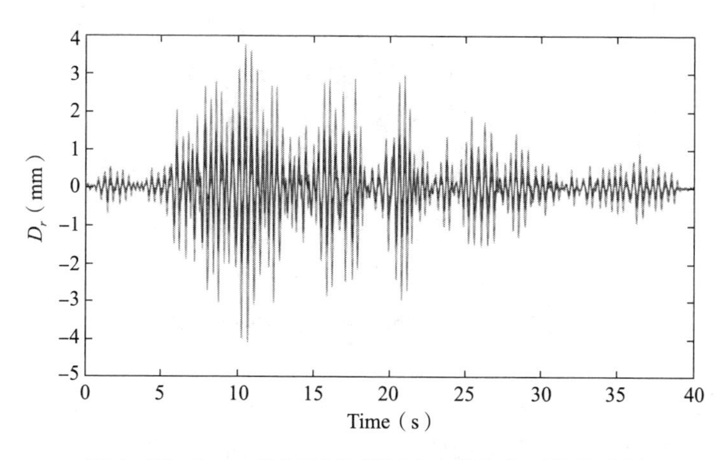

图 5-17　0.2g Chi Chi 作用下止水竖向相对位移时程

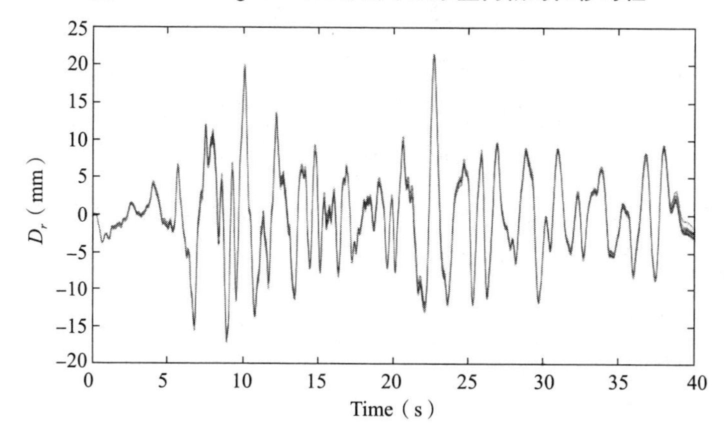

图 5-18　0.2g Chi Chi 作用下止水纵槽向相对位移时程

以上两种工况止水相对位移反应均小于相对错动限值的最小值 40mm。据图 5-19 可知，存在少部分样本位移响应超出了止水横向错动限值为 40~60mm 的规定。因此，在地震作用下渡槽止水横向相对位移反应容易引发渡槽止水损伤或破坏并导致漏水。因此，本书将重点分析在地震作用下渡槽结构"槽身段一与槽身段二之间止水横向相对位移(以下用 D_r表示)"响应规律，并进一步探讨 D_r在不同阈值下对渡槽结构输水功能可靠性的影响。

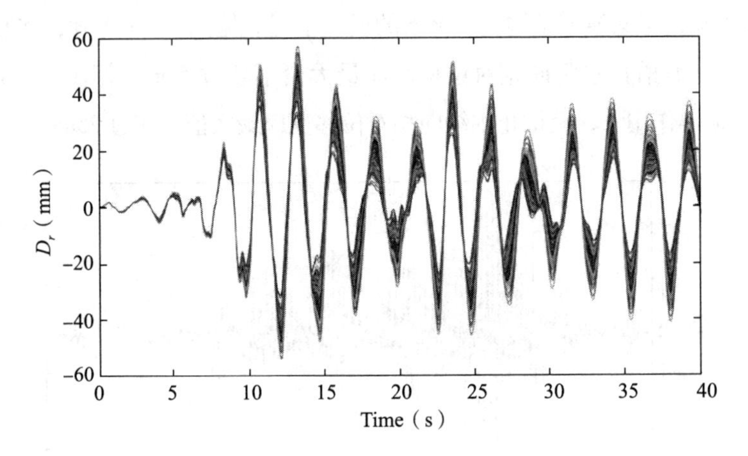

图 5-19　Chi Chi 作用下 D_r 的时程曲线

据 D_r 的时程曲线图 5-19 可知，结构反应随着非线性程度发展产生了随机涨落。该涨落效应在结构处于前 9s 的弹性阶段或弱非线性阶段表现不显著；然而随着动力激励引起的结构损伤累积，渡槽结构的非线性程度加剧，这种随机效应显得更为突出。图 5-20 给出了 D_r 统计的均值和标准差曲线，从统计标准差曲线图中可知，此时渡槽结构出现了一定的不可恢复变形。显然，结构材料参数随机性因素导致结构样本在同一地震作用下出现了位移反应的随机性，表现为 D_r 在 40~60mm 限值范围内有较大的波动性。换言之，受材料随机性的影响，在地震激励下渡槽止水的位移反应及止水的破坏程度也是多变的，具有随机性。而这一随机性在渡槽结构进入非线性阶段后显得更为明显，这是因为非线性与随机性的耦合在一定程度上放大了渡槽结构在地震激励下的反应。因此，混凝土材料参数随机性这一物理现象应引起足够的重视，尤其在开展渡槽结构在地震作用下的反应分析时应充分考虑这一随机性因素，使模拟渡槽结构发生失效的概率的计算结果与工程实际更接近。

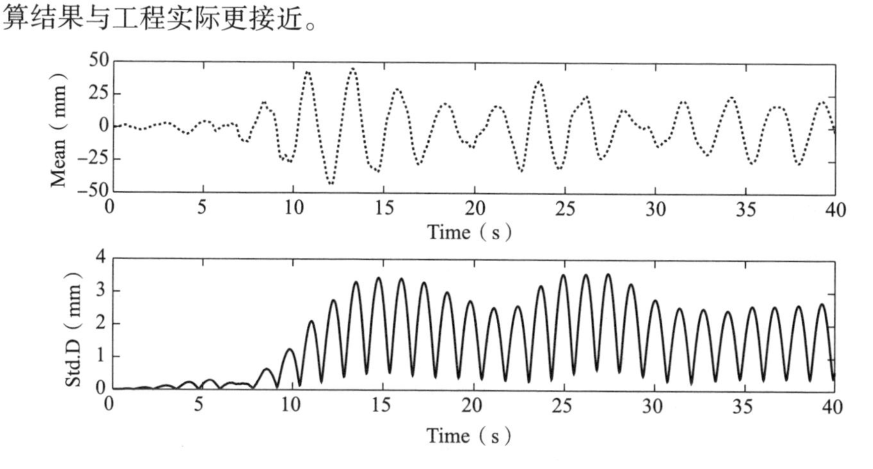

图 5-20　D_r 的统计均值和统计标准差

图 5-21 和图 5-22 为 D_r 的概率密度随时间演化的曲面图和等值线图。图 5-21曲面高低起伏的变化能够体现出渡槽结构位移反应是随时间不断演化的，也说明其概率是随时间变化的。图 5-22 作为图 5-21 的剖面图也从另一个角度印证了结构反应的丰富的概率信息，并从概率的角度直观地给出了位移反应随时间变化的随机涨落规律。据图 5-23 可知，在同一地震作用下，D_r 的概率密度曲线随时间有较为明显的变化，说明了渡槽结构位移反应具有随机涨落的变化特性。由此可见，渡槽结构的动力反应是一个复杂的随机损伤演化过程，混凝土材料的随机性会引发结构系统反应的随机涨落效应。特别是当结构进入非线性发展阶段时，这种随机涨落特性表现得更为明显。

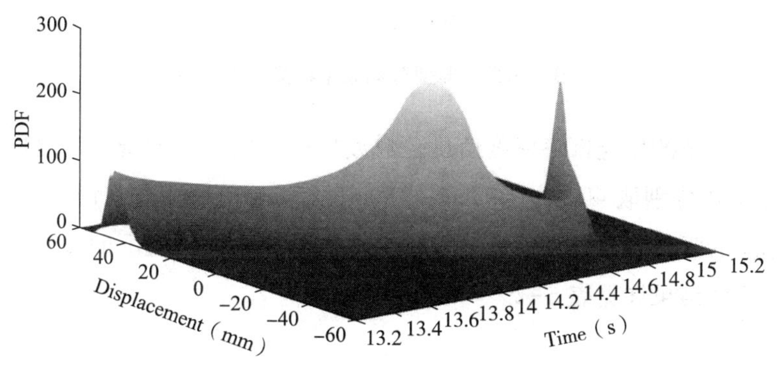

图 5-21　典型时段内的概率密度曲面

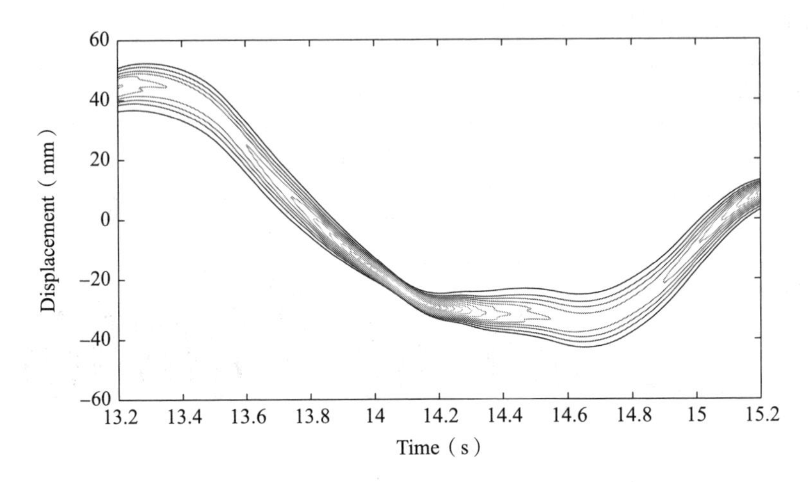

图 5-22　概率密度等值线图

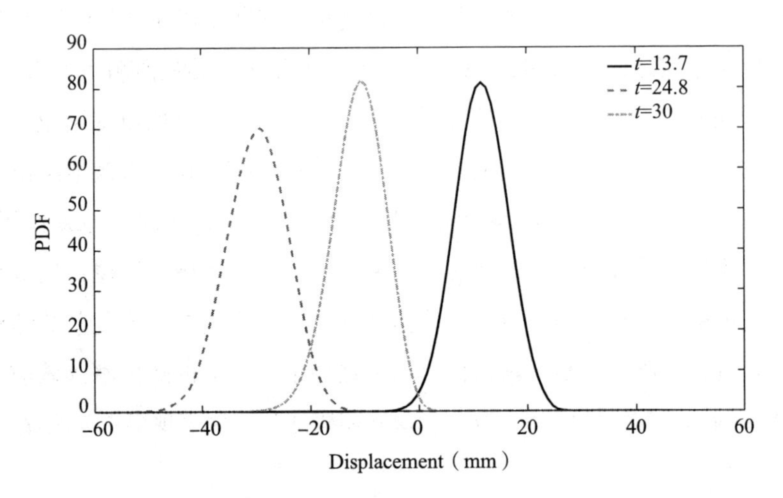

图 5-23　典型时刻概率密度函数

根据已知的反应概率密度信息，对渡槽槽身段一与槽身段二之间相对位移阈值 D_r 分别取 40mm、45mm、50mm、55mm 和 60mm，将施加与失效阈值相应的吸收边界条件，计算渡槽结构在不同失效阈值下的输水功能可靠度，计算结果详见表 5-2。

表 5-2 不同失效阈值的渡槽结构输水功能可靠度

D_r/mm	可靠度	D_r/mm	可靠度
60	100.00%	45	44.34%
55	99.31%	40	7.63%
50	86.93%	—	—

部分失效阈值下的渡槽结构输水功能的动力可靠度曲线如图 5-24 所示。据图 5-24 可知，渡槽输水可靠性曲线随时间呈阶梯式变化，并趋于稳定。在 5 个不同失效阈值下，渡槽结构输水功能可靠度在 7.63%～100.00%的区间内有较大的变化幅度，也从侧面说明了失效阈值对输水功能可靠性的影响比较大。

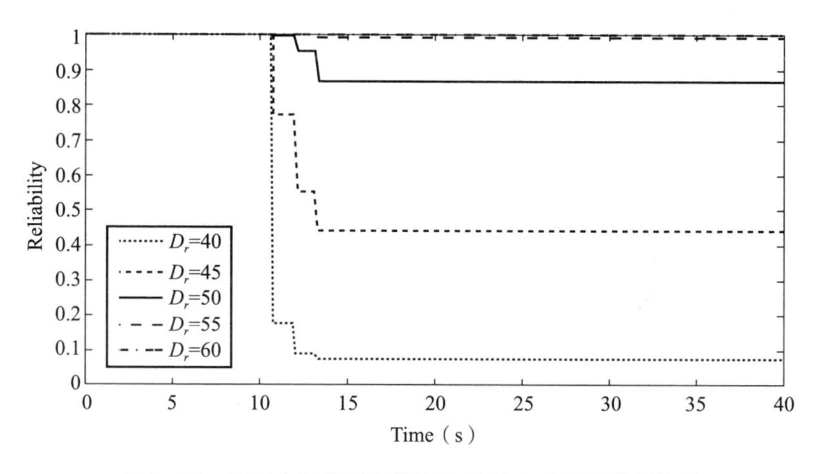

图 5-24 不同失效阈值的渡槽结构输水功能可靠度曲线

根据可靠度求解原理，不同失效阈值下所求得的结构可靠度也是不同的。根据工程经验，在进行渡槽结构止水抗震设计时，一般取失效阈值为 50mm 作为设计指标。当设定渡槽结构止水失效阈值为 50mm 时，在幅值为 0.2g 的 Chi Chi 地震波横槽向激励下，渡槽结构输水功能可靠度为 86.93%。

5.5 小结

本章基于概率密度演化理论和混凝土随机损伤本构关系模型，提出了渡槽结构输水功能可靠性分析方法，可应用到渡槽结构止水的抗震分析与优化设计中。本章主要研究结论如下：

（1）与经典随机结构分析方法相比，基于概率密度演化理论的可靠度分析更加高效且精准，该方法能够获得渡槽结构在地震动激励下的完备概率密度信息。

（2）渡槽结构止水相对位移限值是影响渡槽结构输水功能可靠性的重要因素，寻求提高止水相对位移失效阈值是提高输水功能可靠性的有效途径。

（3）考虑混凝土材料参数的随机性会使渡槽结构止水在同等地震激励下的位移响应出现显著变异特性。因此，在渡槽结构抗震设计中应合理考虑混凝土力学性质随机性的影响。

6 随机地震动激励下渡槽结构抗震可靠性分析

6.1 概述

在罕遇地震作用下，渡槽结构难免会发生局部损伤乃至整体结构的破坏。需要强调的是，地震动随机性的客观存在导致渡槽结构的非线性演化过程和渡槽结构具体的破坏位置有很大的不确定性。单纯依靠某一确定性的天然地震波或人工合成地震波开展渡槽结构的确定性分析，显然存在很大局限性。由地震灾害统计数据可知，结构在地震灾害中的损伤与破坏归因于人们对结构抗震性能和动力破坏机制的认识存在不足。因此，精准评估渡槽结构在随机地震激励下的可靠度对于完善水工结构抗震设计规范，制定流域性抗震应急预案，进而提高水利基础设施防御地震灾害的能力具有重要意义。

本章以所发展的结构精细化有限单元模型为基础，结合工程随机地震动的物理模型和概率密度演化方法，提出了随机地震动激励下渡槽结构抗震的可靠性分析方法，并以某真实渡槽结构为例，开展其在随机地震动激励下的可靠性分析研究，可有效地实现对渡槽结构的可靠性预测。

6.2 工程随机地震动物理模型

地震灾害发生的时间、空间和强度三者均具有很强的随机性，通过一定途径全面反映地震动的随机性是非常困难的。导致地震动具有随机性的主要原因是地震震源特性、传播途径和场地条件等因素的不确定性，因此，通过对以上 3 种因素的把握来探究地震动的随机性是可行的方案。本章以地震动发生的物理机制为基础，采用基于物理随机系统观点的地震动随机建模方法，通过基本物理要素随机性来刻画地震动的随机性，有望成为工程地震动随机建模的有效途径。

经典的功率谱模型能够反映地震动的二阶统计特性，但由于该模型基于平稳性和各态历经性假定，导致这种经典建模方法存在局限性。为此，李杰和艾晓秋(2006)提出了随机地震动的物理建模思想，但尚未深入考虑震源物理机制与地震动传播途径的影响。在此背景下，李杰和王鼎(2011)引入“震源—传播途径—局部场地”模型，建立了地震动建模的物理随机函数模型，并提出了由随机函数模型生成地震动样本时程的窄带波群叠加方法。在此基础上，Ding 等(2018)进一步提出了地震动记录的聚类方法，实现了模型随机参数的识别和分类统计建模，从而发展了完整的考虑不同场地类别、震级和传播距离的工程随机地震动物理模型。

基于以上科研人员的研究工作，地震动加速度时程可表达为：

$$\tilde{a}_R(t)=-\frac{1}{2\pi}\int_{-\infty}^{+\infty}A_R(\xi,\ \omega)\cdot\cos[\omega t+\Phi_R(\xi,\ \omega)]\cdot \mathrm{d}\omega \tag{6-1}$$

式中，$A_R(\xi,\ \omega)$为 Fourier 振幅值，$\Phi_R(\xi,\ \omega)$为 Fourier 相位谱。由于地震动具有非平稳性，可基于窄带波群叠加方法对式(6-1)进行修正，得到：

$$a_R(t)=-\sum_{j=1}^{N}A_jF_j(t)\cdot\cos(\omega_j t+\Phi_j)\cdot\Delta\omega \tag{6-2}$$

式中，ω_j 为第 j 个频率分量，A_j 为第 j 个波群的幅值，Φ_j 为第 j 个波群的相位，F_j 为第 j 个波群的时间能量包络函数，其表达形式分别为如下三部分：

(1)修正后的地震动 Fourier 幅值谱模型：

$$A_j=\frac{2A_0\omega_j\cdot e^{-K\omega_j R}}{\pi\sqrt{\omega_j^{\ 2}+\left(\frac{1}{\tau}\right)^2}}\cdot\sqrt{\frac{1+4\xi_g^2\ (\omega_j/\omega_g)^2}{[1-(\omega_j/\omega_g)^2]^2+4\xi_g^2\ (\omega_j/\omega_g)^2}} \tag{6-3}$$

地震动 Fourier 相位谱模型如下：

$$\Phi_R(\Theta_\alpha,\ \omega)=\arctan\left(\frac{1}{\tau\omega}\right)-R\cdot\ln[a\omega+1000b+0.1323\sin(3.78\omega)+c\cos(d\omega)] \tag{6-4}$$

式中，幅值系数 A_0、Brune 震源系数 τ、场地等效阻尼比 ξ_g 和卓越周期圆频率 ω_g 均为基本物理随机变量。研究表明，可通过对该 4 项物理随机性的统计分析，以量化地震动时程的随机性，详见文献。① 传播系数 K 和震中距 R 应根据实际工程情况进行选取，其为一般确定性变量，在本例中取值分别为 10^{-5}s 和 20km。

（2）地震动 Fourier 相位谱模型：

$$\Phi_j = \arctan\left(\frac{1}{\tau\omega_j}\right) - R \cdot d \cdot \ln\left[(a+0.5)\omega_j + b + \frac{1}{4c}\sin(2c\omega_j)\right] \tag{6-5}$$

式中，参数 a、b、c、d 的取值对相位谱建模尤为重要。研究表明，相位谱值对地震动过程的频谱特性影响最为显著。不失一般性，可取工程经验参数 $a=1.02$、$b=403$rad/s、$c=1.89$s/rad 和 $d=130$rad/km。

（3）时间能量包络函数：

$$F_j(t) = \frac{\sin\left[\left(t-\frac{R}{c_j}\right)\Delta\omega\right]}{t-\frac{R}{c_j}} \tag{6-6}$$

$$c_j = \frac{(a+0.5)w_j + b + \frac{1}{4c}\sin(2c\omega_j)}{d\left[a+\cos^2(c\omega_j)\right]} \tag{6-7}$$

式中，c_j 为第 j 个波群的等效群速度。

综上所述，该“震源—传播途径—局部场地”物理随机地震动模型，可通过 4 个物理随机参数进行表征建模。根据已有的特定场地条件下地震动记录的统计数据，王鼎和李杰（2011）对工程随机地震动物理模型中的随机参数进行识别，给出了相应的工程建议参数（基本随机变量的分布类型和统计参数），如表 6-1 所示。

① 李杰，王鼎．工程随机地震动物理模型的参数统计与检验[J]．地震工程与工程振动，2013，33(4)：81-88.

表 6-1 “震源—传播途径—局部场地”物理随机地震动模型取值参数

物理随机参数	分布类型	随机参数概率密度函数参数值			
A_0	对数正态	场地类型	μ	σ	α
		Ⅰ	-1.4306	0.9763	0.05
		Ⅱ	-1.2712	0.8267	0.05
		Ⅲ	-1.1047	0.7388	0.15
		Ⅳ	-0.9280	0.6380	0.25
τ	对数正态	场地类型	μ	σ	α
		Ⅰ	-1.3447	1.4724	0.10
		Ⅱ	-1.2403	1.3436	0.05
		Ⅲ	-1.1574	1.1341	0.10
		Ⅳ	-0.9712	1.0553	0.20
ξ_g	伽马分布	场地类型	k	$1/\theta$	α
		Ⅰ	3.9368	0.1061	0.05
		Ⅱ	5.1326	0.0800	0.05
		Ⅲ	6.1838	0.0689	0.05
		Ⅳ	6.4089	0.0658	0.25
ω_g	伽马分布	场地类型	k	$1/\theta$	α
		Ⅰ	2.0994	9.9279	0.10
		Ⅱ	2.2415	7.4136	0.05
		Ⅲ	2.0866	5.6598	0.25
		Ⅳ	1.9401	5.5265	0.20

表 6-1 中参数 μ 和 σ 分别为对数正态分布的对数均值参数和对数标准差参数；k 和 $1/\theta$ 分别为伽马分布的形状参数和尺寸参数。α 为 K-S 假设检验的检验水准，表征零假设被错误拒绝的概率。

图 6-1 为基于随机函数模型生成的幅值为 0.8g 的 3 条典型地震动加速度时程曲线。图 6-2 为与典型地震动加速度时程相对应的反应谱曲线(3 条典型反应谱曲线的阻尼系数均取 5%)。

上述地震动模型，不仅明确指出了地震动过程随机性的物理本质，而且其中的基本物理量是可观测、可统计的。因此，该模型通过引入随机源参数能够对产生的地震动样本予以概率性描述。针对特定的工程场地条件，该模型还可以根据现场测试的方式确定 ξ_g 与 ω_g 的概率分布，从而使

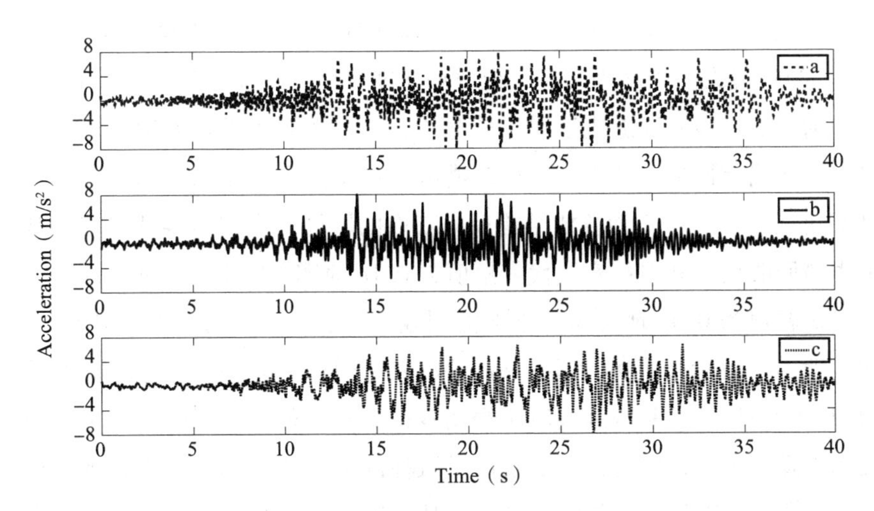

图 6-1 典型地震动加速度时程曲线

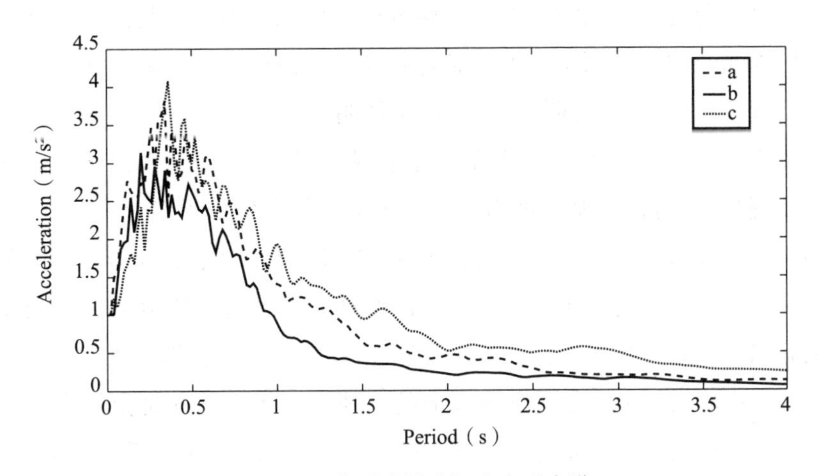

图 6-2 典型地震动加速度反应谱

随机地震动的变异范围大大缩小。由此可见，该模型在渡槽结构的随机地震动反应与可靠度评估中有重要的应用价值。囿于缺乏实测试验数据，因此下文在研究时仍采用表 6-1 中建议的第Ⅱ类场地参数值。

据此，采用 GF 偏差方法选取 100 组随机变量的离散代表性点集（地震动随机参数选点详见附录 A），进而生成 100 条含赋得概率的地震动加速度时程样本，并对渡槽结构有限元模型进行地震动激励（模型详见本书 4.9 部分），现分析如下两种工况：

(1)抗震设防烈度为 7 度：地震加速度时程峰值统一调整为 0.1g；

(2)抗震设防烈度为 9 度：地震加速度时程峰值统一调整为 0.4g。

为了更好地开展随机地震反应分析，先对 100 个随机参数样本取均值进行一次确定性地震分析，探讨渡槽墩柱在不同震级作用下的滞回效应及其变化规律。图 6-3 为渡槽结构反应获取的墩柱与支架连接处位移与基底剪力滞回曲线，其中：实线代表幅值为 0.1g 地震激励下的滞回效应；点划线代表幅值为 0.4g 地震激励下的滞回效应。通过以上两个工况对比可知，随着地震动激励强度的逐步提高，墩柱的滞回效应也随之变得更加饱满(详见图 6-3)，这是因为混凝土损伤本构关系能很好地刻画混凝土损伤阶段的下降段过程，较为精确地模拟了墩柱的损伤或破坏，可以客观地反映槽墩的滞回耗能情况。与图 6-3 相对比，图 6-4 所反映的墩柱整体的滞回曲线在基底剪力相同的情况下，位移量接近增加一倍，这是因为上部大质量水体的惯性力在地震激励下明显得到加强，使得墩顶位移量明显大于墩中部位置，相应地其滞回效应也变得更加明显。

值得注意的是，滞回曲线在多处出现负刚度的情况(图 6-3、图 6-4 均有体现)。这是因为基底剪力本质上是墩顶相对位移等多个变量的函数，而图中的曲线可认为是空间曲线在平面(二维子空间)上的投影，因而即使在弹性情况下，也与一维恢复力曲线的线性表现不同，从图 6-3 中的实线可以看出。图 6-4 中的“基底剪力-墩顶相对位移”曲线(即多维空间恢复力曲线的子空间投影)也表现出形式上的非线性关系。同样是由于子空间投影的原因，使得非线性情况下的图 6-3 和图 6-4 中的“基底剪力-墩顶相对位移”曲线表现出形式上的“纠缠”乃至“负刚度”现象。在之前的研究中，已有文献发现了该现象，并阐明了其中的机理。

下文将分别考察上述两个工况下渡槽结构的随机动力反应特征。据前文的研究可知，渡槽结构在纵向地震作用下的地震反应与横向地震作用下的地震反应相比明显较小，因此以下分析时均考虑沿渡槽结构的横槽向加载地震动。

(1)峰值加速度为 0.1g 时。此时，由于所加载的地震波较小，一般可认为结构尚未进入非线性阶段，即结构仍处于线弹性阶段。由于地震动激励具有很强的随机性，即使将输入随机地震动幅值统一调到 0.1g 进行加

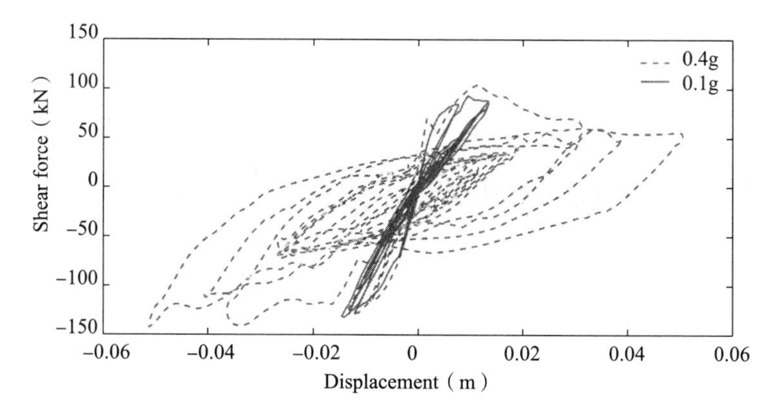

图 6-3　墩柱下半部滞回曲线

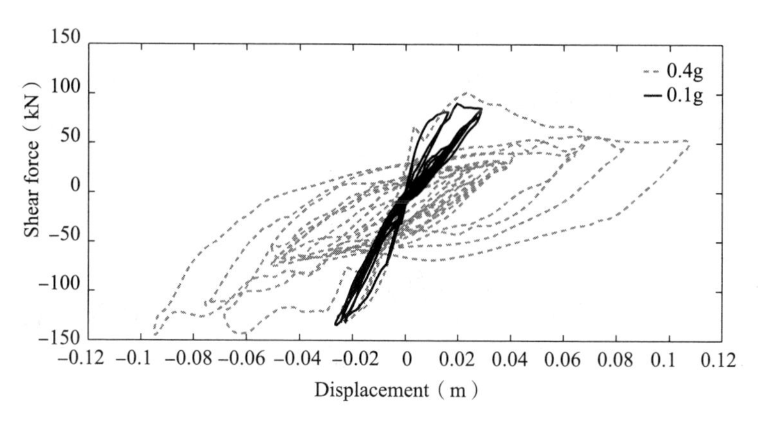

图 6-4　墩柱整体滞回曲线

载，仍会导致不同地震动激励下渡槽结构位移反应出现较大差异(这一点在图 6-5 所示的 100 条代表性墩顶位移角时程曲线反映得非常明显)。图 6-6中上图为墩顶位移角反应的统计均值，而下图为墩顶位移角反应的统计标准差值。通过上下两图的对比分析可知，地震动激励的随机性可以导致结构反应的变异性达到 5 倍以上！图 6-7 把统计均值和统计标准差放在一起，可更直观看出渡槽结构地震反应存在较大的变异性。

(2)峰值加速度为 0.4g 时。将随机地震动的峰值加速度值提高 4 倍，即从 0.1g 提高到 0.4g，计算得到的墩顶位移角反应见图 6-8、图 6-9 和图 6-10。如图 6-8 所示，虽然随机外部激励只提高了 4 倍，但渡槽结构反应却普遍增大了 6 倍以上。不仅如此，从图 6-9 和图 6-10 亦可看出，墩

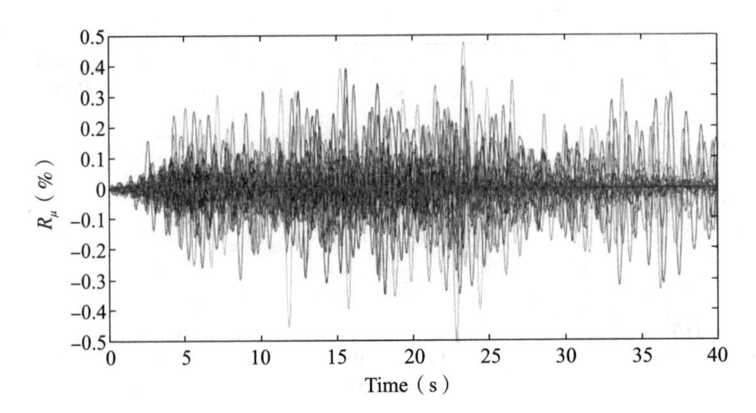

图 6-5　0. 1g 地震动下 100 条代表性墩顶位移角时程

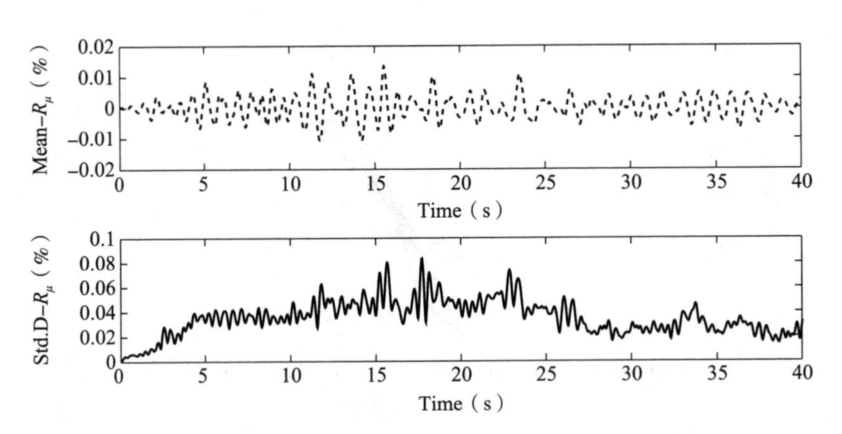

图 6-6　0. 1g 地震动下墩顶位移角统计均值与标准差

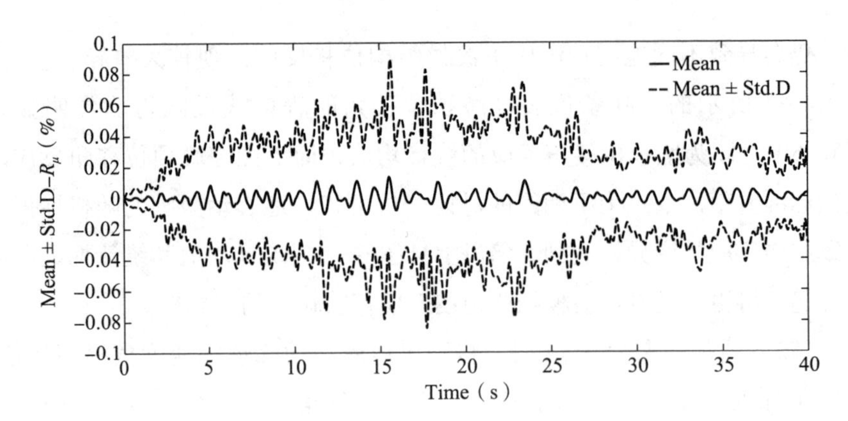

图 6-7　0. 1g 地震动下墩顶位移角反应的统计均值和标准差对比图

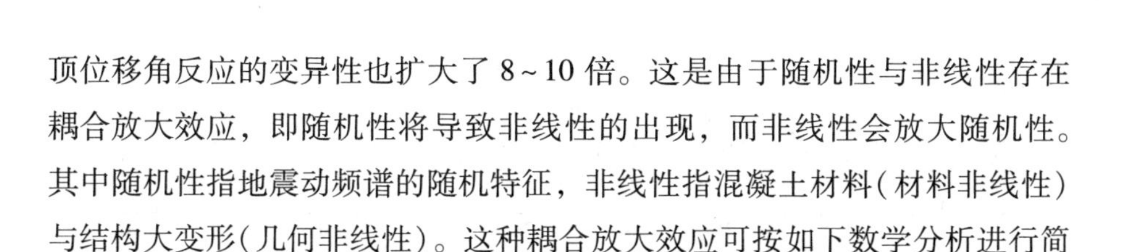

顶位移角反应的变异性也扩大了 8~10 倍。这是由于随机性与非线性存在耦合放大效应，即随机性将导致非线性的出现，而非线性会放大随机性。其中随机性指地震动频谱的随机特征，非线性指混凝土材料(材料非线性)与结构大变形(几何非线性)。这种耦合放大效应可按如下数学分析进行简要阐述：

设有系统 $Y=f(X)$，其中 X 具有随机性，其均值记为 X_0。对该系统按均值进行 Taylor 展开有：

$$Y=f(X)=f(X_0)+(X-X_0)\frac{\partial f}{\partial X}+\frac{1}{2}(X-X_0)^2\frac{\partial^2 f}{\partial X^2}+\cdots \tag{6-8}$$

对上式两端同时求期望，并记期望算子为$\mathbb{E}(\cdot)$。由于$\mathbb{E}(X)=X_0$，则有：

$$\mathbb{E}(Y)=\mathbb{E}(f(X))=f(X_0)+\frac{1}{2}\mathbb{E}\left((X-X_0)^2\frac{\partial^2 f}{\partial X^2}\right)+\cdots \tag{6-9}$$

显然，对于线性结构系统，有$\mathbb{E}(f(X))=f(\mathbb{E}(X))$，而在非线性情况下，由于非线性高阶项作用，通常是$\mathbb{E}(f(X))\neq f(\mathbb{E}(X))$。这就说明了随机性与非线性的耦合，乃是物理系统本身所造成的。在实际工程分析与计算时，这种非线性与随机性耦合的特性是需要引起足够的重视，并加以考量的，这也正是本书工况 2 与工况 1 研究的目的。

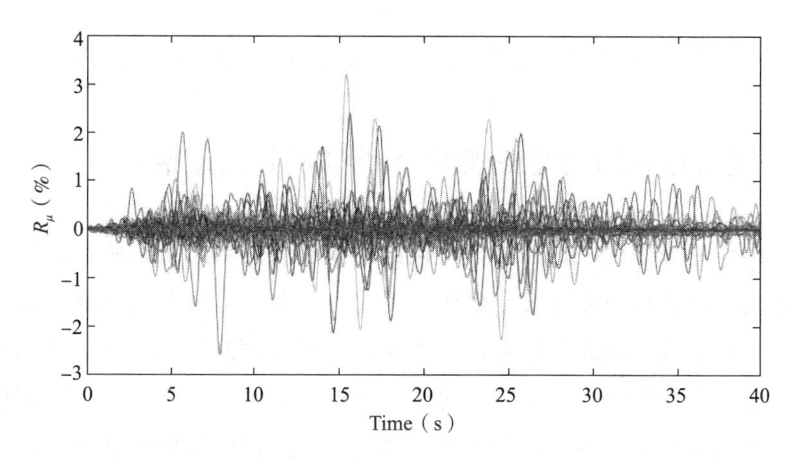

图 6-8　0.4g 地震作用下 100 条代表性墩顶位移角时程

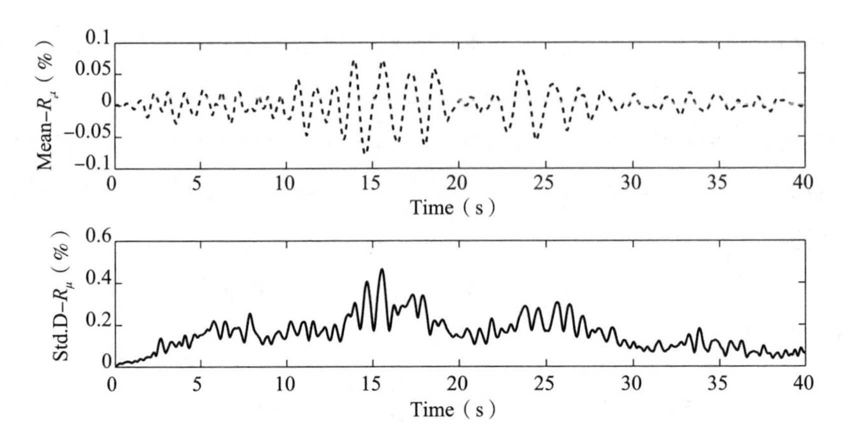

图 6-9　0. 4g 地震作用下墩顶位移角统计均值与标准差

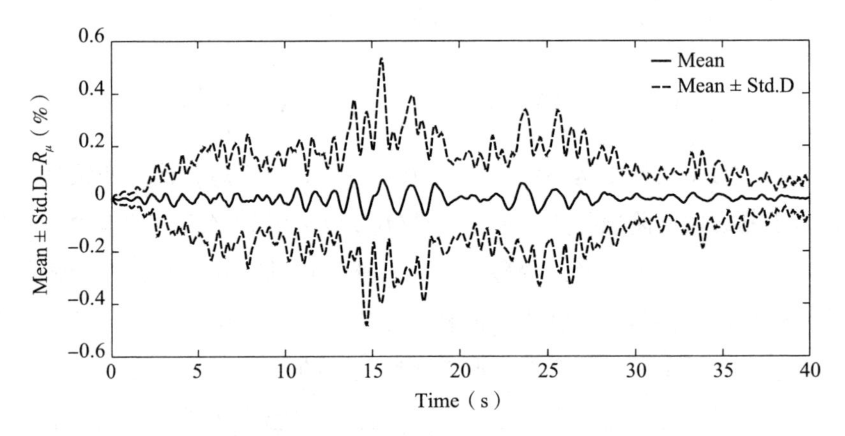

图 6-10　0. 4g 地震作用下墩顶位移角反应的统计均值与标准差对比图

6. 3　渡槽结构随机地震反应分析与可靠性评估

在强烈地震作用下，渡槽结构自身安全必然受到严重威胁，此时考察渡槽结构在此遭遇下能否安全存在显得尤为重要。地震激励具有极大的随机性和不确定性，因此在地震发生之前无法有效预测其幅值、频谱和持续时间，这给渡槽结构的可靠性求解带来了很大的难题。基于此，从渡槽结构自身安全的角度考虑，本章提出了“随机地震激励下渡槽结构可靠性”的概念，并基于该概念提出了如下求解思路。

在数值实现中，先采用 GF 偏差选点方法并按表 6-1 中Ⅱ类场地建议值选取离散代表性点集，并根据 Voronoi 定义生成地震动样本，计算各自的赋得概率，再进行一系列的确定性地震反应分析。需要指出的是，由于随机变量的样本空间因其各自的数值量级不一致，可能导致在计算其代表性体积时出现错误。这种错误为数值分析中可能出现的“大数吃小数”情况。因此，可先对其概率空间进行“归一化”操作，即：

令 Θ 为考察的随机变量，其均值与标准差分别记为 μ_Θ 和 σ_Θ，则令：

$$\overline{\Theta}=\frac{\Theta-\mu_e}{\sigma_e} \tag{6-10}$$

此时，$\overline{\Theta}$为归一化随机变量，对其进行随机采样后再通过上式进行还原即可。

算例分析中，运动方程的求解采用隐式 Newmark-β 法（采用平均加速度格式）。结合求解的结构随机地震反应信息和概率密度演化方法，可以获得感兴趣的结构反应量的概率密度演化信息。通过与吸收边界条件相结合，可开展渡槽结构的动力可靠度计算。其中，概率密度演化方程的求解采用总变差控制的有限差分法，即 TVD 格式。渡槽随机地震反应分析与可靠度求解流程如图 6-11 所示。

水工结构抗震设计相关规范中缺乏与渡槽结构相对应的控制参数作为参考，而桥梁抗震设计规范把桥墩位移角反应作为一个重要的控制指标。鉴于两者在结构上有很大的相似处，本书借鉴桥梁结构的抗震研究思路，选取槽墩位移角（指墩顶与墩底之间相对位移与墩高的比值）作为感兴趣的物理反应量并进行概率密度演化分析和相应的可靠性求解。

本章前文在随机地震动峰值加速度为 0.1g 和随机地震动峰值加速度为 0.4g 两种工况下仅给出了结构前 2 阶矩的统计特性，对于刻画完整的反应概率信息是不完备的。下文将基于极端抗震设防工况，即随机地震动峰值加速度为 0.8g 时，继续探寻强非线性情况下渡槽结构的随机动力特性。实际工程更关心结构的完整概率分布信息，如反应的概率密度函数，因此下文将开展渡槽结构的概率密度演化分析，并求其概率密度函数。

图 6-12 和图 6-13 分别给出了渡槽左墩位移角反应的概率密度随时间演化的曲面图和等值线图，二者分别像山峰和河流一样延伸并随机涨落。

显然，通过概率密度演化分析，可以获得结构反应的丰富的概率信息，用于描述结构整体性能随时间的波动情况，进而更为便捷地应用于评估结构的可靠性。图 6-14 给出了 3 个典型时刻的概率密度曲线。与常规的概率密度函数不同的是，此处的概率密度函数不再呈规则形状，且分布的宽度和形状随着时间发展而改变。能够体现渡槽结构的动力反应是一个复杂的随机损伤演化过程，地震动的随机性引起了渡槽反应的随机涨落效应。因此，有必要在渡槽结构的抗震设计中引入地震动随机性的概念，并从结构非线性发展全过程的角度考察所设计渡槽结构的抗震性能。

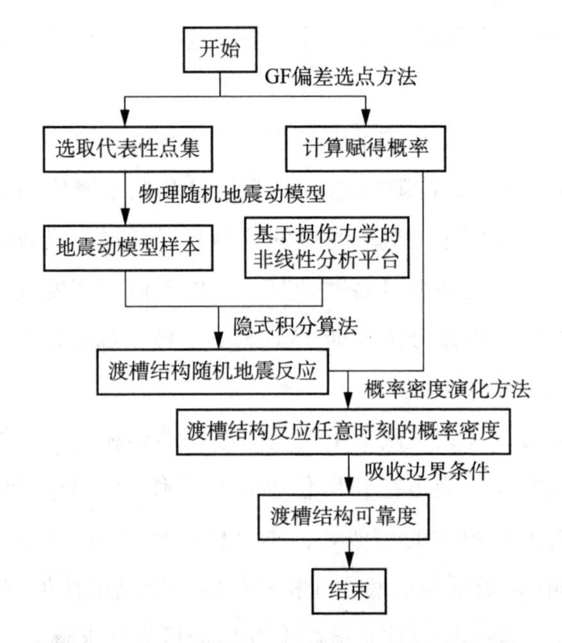

图 6-11　随机地震反应分析与可靠度求解流程

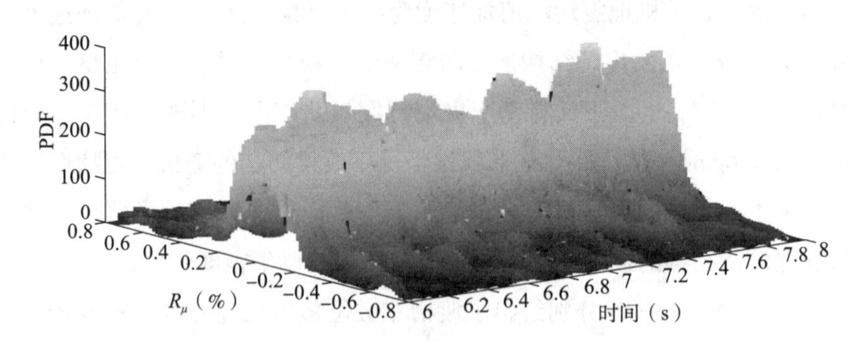

图 6-12　典型时段内的概率密度曲面

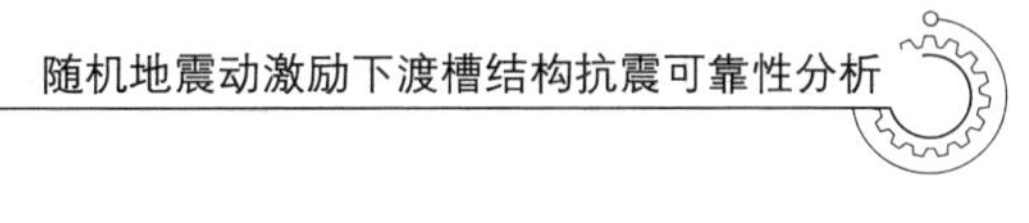

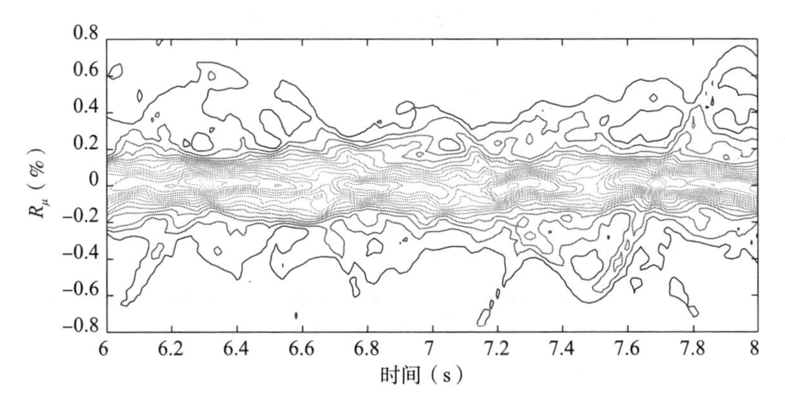

图 6-13 概率密度等值线图

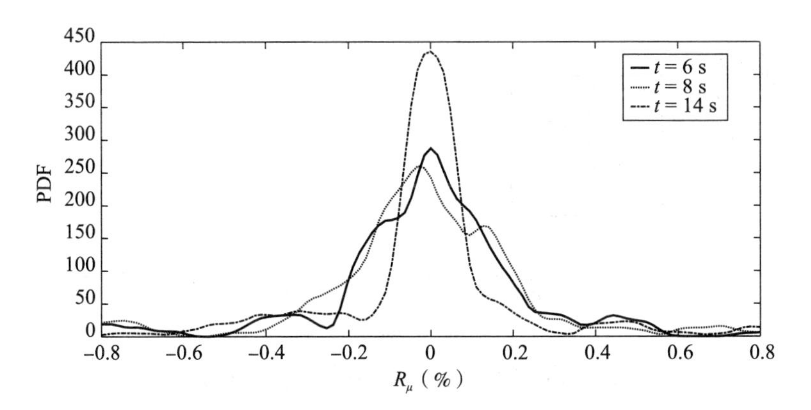

图 6-14 典型时刻概率密度曲线

在获得渡槽结构动力反应概率密度信息的基础上，通过施加与失效阈值相对应的吸收边界条件，可计算渡槽结构的动力可靠度。在 0.8g 地震动加速度作用下，对渡槽左墩位移角阈值 R_{μ} 分别取 7.0%、5.0%、3.3%、2.0%和 1.0%，计算相应阈值下的动力可靠度。

表 6-2 给出了渡槽结构在给定不同失效指标下的可靠度，部分阈值下的渡槽结构抗震可靠度曲线如图 6-15 所示。结合表 6-2 和图 6-15 可知，在不同失效阈值下，渡槽结构的抗震可靠度有较大的差异性，且随着阈值的减小，渡槽结构的抗震可靠性呈阶梯式降低趋势。

表 6-2　不同失效阈值条件下的渡槽结构抗震可靠度

R_μ/%	可靠度	R_μ/%	可靠度
7.0	100%	2.0	79.59%
5.0	97.36%	1.0	52.61%
3.3	92.50%	—	—

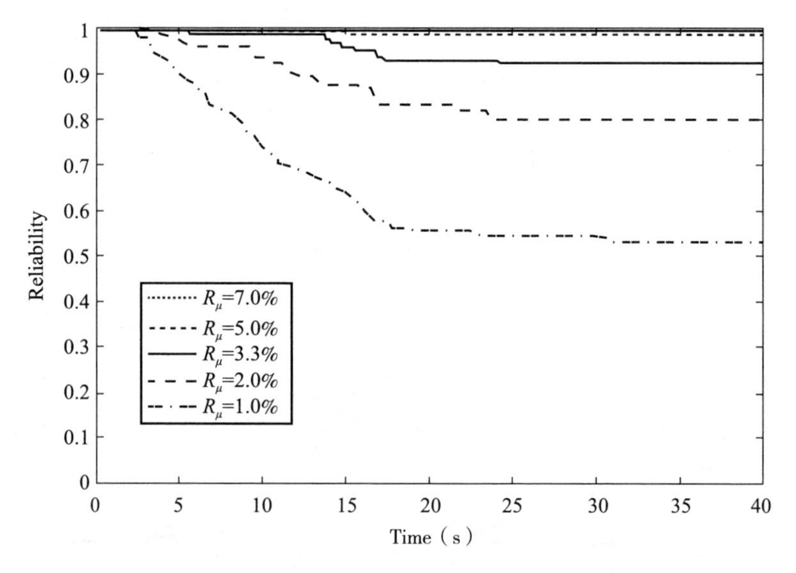

图 6-15　不同失效指标下的渡槽结构抗震可靠度曲线

鉴于渡槽结构的抗震可靠性是渡槽结构能否安全运行，甚至是否倒塌破坏的重要衡量指标，因此，实际工程需求对渡槽结构可靠性提出了更高要求。然而，最新版水工抗震设计规范以及与渡槽结构形式最为接近的桥梁抗震设计规范均未对渡槽结构的破坏限值进行明确的规定。基于此，本章进行可靠度求解的失效阈值拟参考《建筑抗震设计规范》(GB 50011—2010)对位移角限值的规定。由于建筑结构与渡槽结构存在形式上的差异性，直接采用该规范肯定存在一定误差。但是毕竟为渡槽结构可靠度的研究提供了新思路和新方向，仍然是值得分析与探讨的。在众多建筑结构类型中，单层钢筋混凝土排架柱与渡槽结构的形式最为接近。因此，本章将该结构类型弹塑性层间位移角限值 1/30 作为渡槽结构墩柱破坏的位移角限值。此时，依据可靠度曲线可以得出，该渡槽结构在峰值加速度为 0.8g 随

机地震动横向激励下的动力可靠度为92.50%。

6.4　小结

本章基于概率密度演化理论和物理随机地震动模型，开展渡槽结构的非线性随机动力反应分析与可靠性研究，提出了渡槽结构可靠性分析方法，可应用到渡槽结构抗震分析与优化设计中。本章主要研究结论如下：

(1)通过两种工况下的对比研究，探究了渡槽结构的非线性特性与地震动的随机特性耦合效应。随着地震动激励的增大，渡槽结构地震反应的变异性不断增大，渡槽结构非线性与随机性耦合效应也随之增强。

(2)基于概率密度演化理论的渡槽结构随机动力反应分析方法，可从随机性在物理系统中的传播角度对渡槽结构的随机动力反应特征予以描述，并由此可计算结构在不同失效阈值条件下的结构动力可靠度。以槽墩位移角反应为例，渡槽的可靠性随着失效阈值的减小而下降。

(3)地震激励的随机性会对渡槽结构的非线性动力反应规律产生显著影响。由于混凝土材料的非线性与地震激励随机性的耦合，使渡槽结构非线性动力性能变得难以预测和把握，因此在渡槽结构的设计中，有必要开展基于结构非线性发展全过程的随机动力反应分析，同时评估渡槽结构的抗震可靠性。

7 考虑“参数—激励”复合随机的渡槽结构非线性地震反应分析

7.1 概述

前文分别开展了渡槽结构在考虑结构力学性能参数随机性与考虑地震动激励随机性作用下的随机非线性动力反应分析和可靠性研究。研究发现，在考虑上述任一随机性因素下，渡槽结构进入非线性动力反应阶段时，会自然地与非线性因素发生耦合，并在一定程度上放大地震激励下的非线性动力反应效应。因此，同时考虑混凝土材料参数和地震激励随机性，开展渡槽结构的非线性动力分析研究也是一个值得探讨的问题。基于此，本章将考虑“参数—激励”复合随机因素，开展渡槽结构在地震激励下的非线性动力反应分析，研究其在该工况下的动力反应特性和相应可靠度。

7.2 基于性能的渡槽结构复合随机地震反应分析与评估

本章参照前文设置了两个性能目标，即渡槽结构输水功能可靠性和渡槽结构可靠性。依据这两个目标，本章将基于概率密度演化方法与混凝土随机损伤本构关系模型，并与物理随机地震动模型相结合，进一步研究渡槽结构随机参数与随机激励耦合问题，并将其应用于渡槽结构的随机非线性地震反应分析和可靠性研究中。

不妨记结构参数随机性为 Θ_1（内因），激励随机性为 Θ_2（外因），一般地，结构随机动力方程可表达为：

$$M\ddot{X}(\Theta_1, t)+C\dot{X}(\Theta_1, t)+KX(\Theta_1, t)=I\Gamma(\Theta_2, t) \tag{7-1}$$

或更一般地，写成如下状态方程形式：

$$\dot{Y}(\Theta,\ t)=A(Y(\Theta),\ t) \tag{7-2}$$

需要说明的是，激励随机性可以通过一些分解算法进行表征，如正交展开方法。考虑一个实零均值过程$\{X(t),\ 0\leqslant t\leqslant T\}$，通过引入标准正交函数集：

$$\varphi_j(t),\ j=1,\ 2,\ \cdots s.t.\ <\varphi_i,\ \varphi_j>=\int_0^T\varphi_i(t)\cdot\varphi_j(t)\cdot \mathrm{d}t=\delta_{ij} \tag{7-3}$$

其中，δ_{ij}为 delta 函数。由此，在时间区间$[0,\ T]$上，随机过程$X(t)$可按正交展开为：

$$X(\xi,\ t)=\sum_{h=1}^{\infty}\xi_h\varphi_h(t) \tag{7-4}$$

其中，ξ_h 为随机正交系数，由式(7-3)定义可计算给出：

$$\xi_h=\int_0^T X(\xi,\ t)\varphi_k(t)\mathrm{d}t,\ k=1,\ 2,\ \cdots \tag{7-5}$$

在数值分析中，式(7-4)通常为有限截断阶数，如取：

$$X(\xi,\ t)\doteq\sum_{h=1}^{N}\xi_h\varphi_h(t) \tag{7-6}$$

如此，随机正交系数定义为：$\xi:=\{\xi_h,\ h=1,\ \cdots,\ N\}$。给定其协方差矩阵为：

$$C=\begin{bmatrix} c_{11} & c_{12} & \cdots & c_{1N}\\ c_{21} & c_{22} & \cdots & c_{2N}\\ \vdots & \vdots & \ddots & \vdots\\ c_{N1} & c_{N2} & \cdots & c_{NN}\end{bmatrix} \tag{7-7}$$

其中，每个矩阵元素满足：

$$c_{ij}=\mathbb{E}\left[\xi_i\xi_j\right] \tag{7-8}$$

其中，$\mathbb{E}[\cdot]$为期望算子。由随机向量的分解法则可得：

$$\xi=\sum_{j=1}^{N}\zeta_j\sqrt{\lambda_j}\psi_j \tag{7-9}$$

其中，λ_j 和 ψ_j 分别为协方差矩阵 C 的特征值与对应的特征向量。ζ_j 为标准随机变量。将式(7-9)代入式(7-6)中可得：

$$X(\xi,\ t) \doteq \sum_{h=1}^{N}\sum_{j=1}^{N}\zeta_j\sqrt{\lambda_j}\psi_{jh}\varphi_h(t) = \sum_{j=1}^{N}\zeta_j\sqrt{\lambda_j}f_j(t)$$

$$f_j(t) = \sum_{h=1}^{N}\psi_{jh}\varphi_h(t) \tag{7-10}$$

当 $N\to\infty$ 时，式(7-10)等价于 Karhunen-Loeve 分解。

一般而言，对于非零均值随机过程，上式亦可以修正为：

$$X(\zeta,\ t) = X_0(t) + \sum_{j=1}^{\infty}\zeta_j\sqrt{\lambda_j}f_j(t) \tag{7-11}$$

由此，可通过有限随机变量 Θ 表征随机过程，记 $\Theta=\Theta_1\oplus\Theta_2$(记号$\oplus$代表求并)。在 PDEM 理论下，上述问题仍然可以有很好的处理方式，此时仅需对扩充的概率空间 Ω_Θ 进行剖分求解即可。这时会出现概率空间维度上升现象，并将可能导致 NP-hard 问题，可采用合理有效的选点策略解决，如 GF 偏差选点策略。概率虽然仅是在概率空间上进行了扩张，但是仍要注意随机源的来源是不同的：结构随机参数是由于材料性质及其内蕴的材料力学特性而产生的；激励随机特性是由于其复杂地球物理大环境而产生的。

在此基础上，下文将分别从渡槽结构输水功能可靠性和渡槽结构可靠性两个角度考察渡槽结构在随机参数与随机激励耦合作用下的随机动力反应，并以此深入探究渡槽结构的两水准可靠性评估方法。

7.2.1 渡槽结构输水功能可靠性分析

首先考察在随机结构力学参数与随机地震动激励双重因素作用下，渡槽结构止水的随机动力反应。现考虑的随机因素由内因和外因两部分组成：内因是混凝土材料的力学性能具有随机性；外因是地震动激励具有不确定性。这里在第 4 章所建立的基于混凝土随机损伤本构关系的渡槽有限元模型的基础上开展分析，并与第 4 章分析工况保持一致，以便与其进行对比分析。需要强调的是，此处选取 100 个随机分析样本，概率空间为 8 维。即考虑左墩系、右墩系混凝土抗压强度，槽身混凝土抗压强度与结构阻尼比共计4 项结构随机参数；基于王鼎随机地震动模型，引入 4 项随机地震动物理随机参数。这里同样沿渡槽横槽向进行地震动加载，并将地震动样本幅值调整为 0.2g。

根据 GF 偏差选点策略选取 100 个代表性点进行概率密度演化分析(该

选点结果包含8类随机变量，详见附录A)。由于每个维度随机变量的单位与量级不一致，需要将其变换到标准空间后再进行选点，并分别对100个代表性样本点进行确定性动力反应分析，并求解渡槽结构止水相对位移反应(D_r)的均值、标准差及相关概率密度信息。

据图7-1所示的100条位移时程曲线可知，在同一时刻不同反应样本的位移反应存在较大差距，彼此之间有很大的离散性。据图7-2可知，D_r的统计均值和统计标准差在10~20s区间幅值较大，这是由于在该时间区间内地震动幅值较大的缘故。

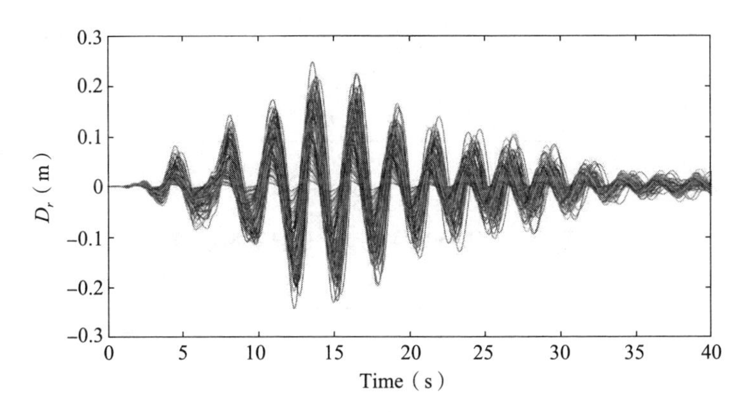

图7-1　100条D_r时程曲线

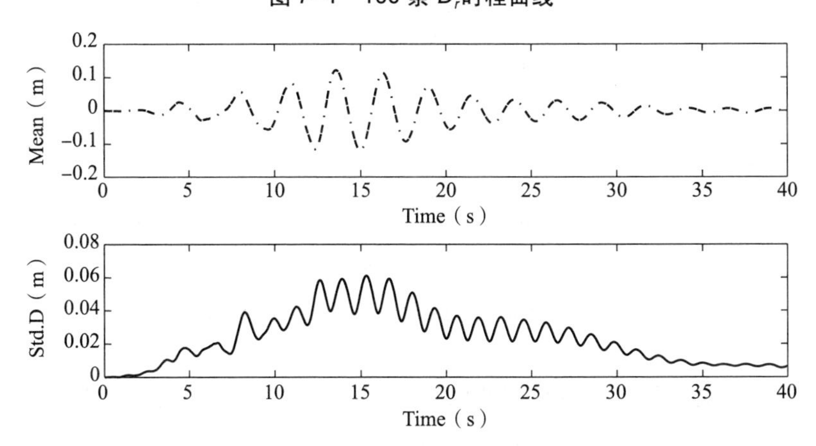

图7-2　D_r的统计均值与统计标准差

图7-3为关于D_r的概率密度演化信息等值线。据图7-3可知，随着时间的变化，概率密度演化信息体现出较大的波动性和随机性。图7-4为典

型时刻的截口概率密度函数曲线。据图 7-4 可知，在 3 个不同的时间点上，截口概率密度曲线之间有较大的差异性，也说明了在 3 个时间点对应的区间段内概率密度是在不断发生变化的。

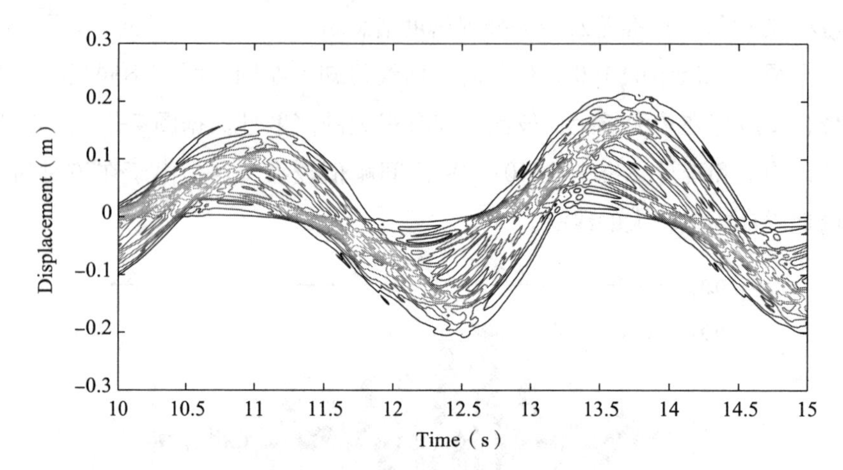

图 7-3　D_r 概率密度演化信息等值线图

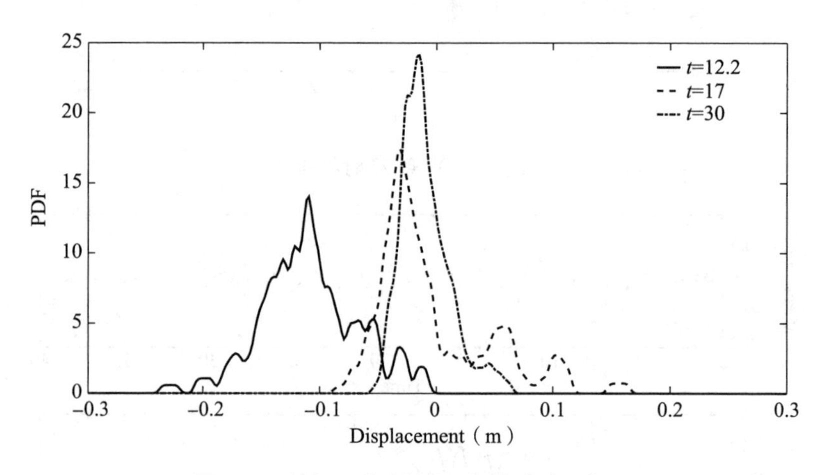

图 7-4　3 个不同时刻截口概率密度函数图

下文将采用与第 5 章相同的思路求解渡槽结构输水功能的可靠度对渡槽槽身段一与槽身段二之间相对位移阈值 D_r 分别取 0.06m、0.15m、0.18m、0.20m、0.22m 和 0.25m 时，计算其相应的动力可靠度。表 7-1 给出了在不同失效指标下渡槽结构输水功能的动力可靠度。图 7-5 生成了其相应阈值下的渡槽结构输水功能可靠度曲线。据图 7-5 可知，在 6 个不同的失效阈值下，输水可靠度在 8. 86%～99. 41%之间变化，且变化幅度相对较大。

表 7-1 不同失效阈值下渡槽结构输水功能可靠度

D_r/m	可靠度	D_r/m	可靠度
0. 25	99. 41%	0. 18	76. 93%
0. 22	96. 42%	0. 15	51. 15%
0. 20	88. 00%	0. 06	8. 86%

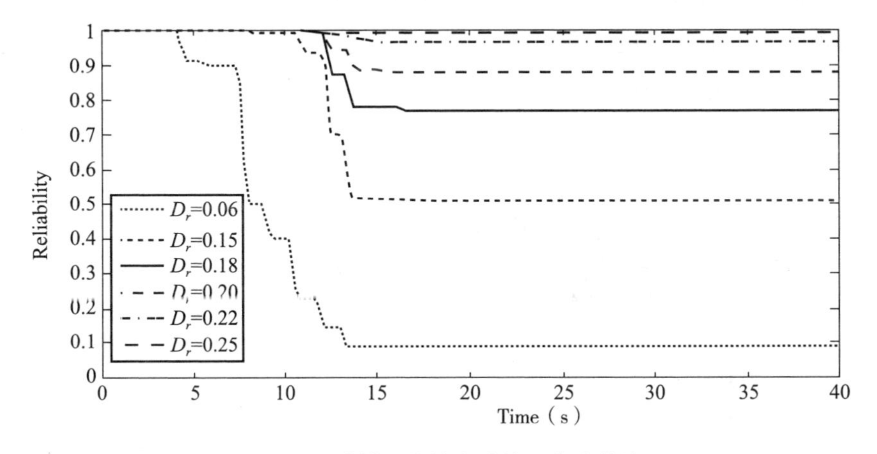

图 7-5 渡槽结构输水功能可靠度曲线

7. 2. 2 渡槽结构抗震可靠性分析

以下将从渡槽结构抗震可靠性的角度，考察渡槽结构在随机结构力学参数与随机地震动激励双重因素作用下的随机动力反应。此处在第 6 章所建立的基于混凝土随机损伤本构关系渡槽有限元模型的基础上开展分析，并与第 7 章分析工况保持一致，以便下文与其进行对比分析。需要强调的是，此处选取 100 个随机样本分析，概率空间为 8 维。即考虑左墩系、右墩系混凝土抗压强度，槽身混凝土抗压强度与结构阻尼比共计 4 项结构随机参数；基于王鼎随机地震动模型，引入 4 项随机地震动物理随机参数。将地震动幅值调整为 0. 8g，分析墩顶横向(地震动加载方向)随机位移角反应结果。

据图 7-6 所示的位移反应结果可知，槽墩在 20s 后出现了较大的不可恢复变形，由于渡槽结构在地震作用下进入了强非线性阶段，故产生了不可恢复残余变形的结果。这一点也可以在图 7-7 中得到印证，即该工况下墩顶位移角的反应变异性竟然超过了 100%，这充分说明了其发生了较大的非线性变形，同时伴随着较大的随机性。图 7-8 反映了槽墩位移角的概率密度演化等值线，可看出概率密度随时间的变化非常剧烈，而且呈现较大的不规则性。图 7-9 为 3 个典型时刻的概率密度函数，3 个代表点选取的时间间隔相对较近，特别是 6. 6s 和 7. 15s 两个时间点间隔不到 1s，而此时两者之间的概率密度函数仍表现出巨大的差异性，再次说明了渡槽结构在复合随机作用下地震反应的巨大变异性。

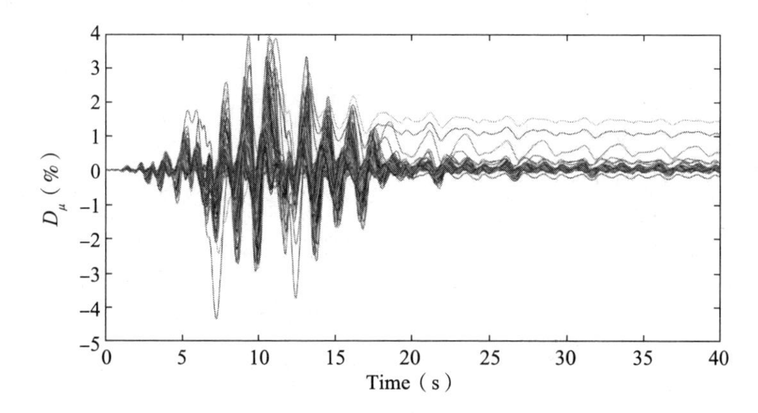

图 7-6　100 条墩顶横向位移角的时程

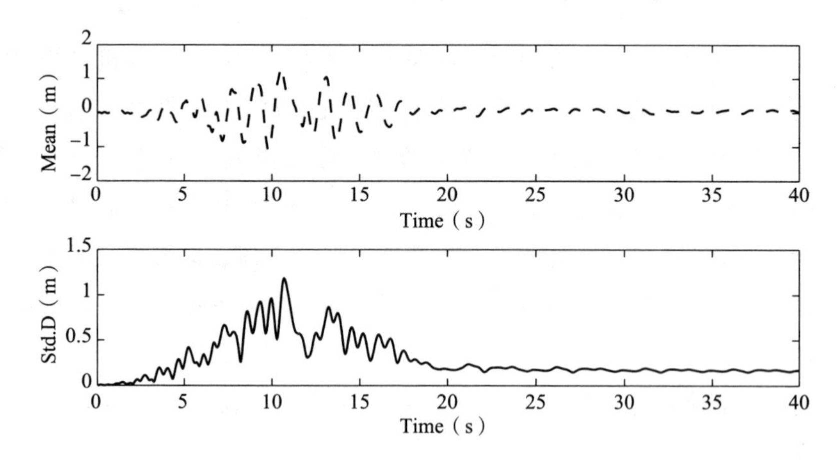

图 7-7　墩顶横向位移角反应的均值与方差

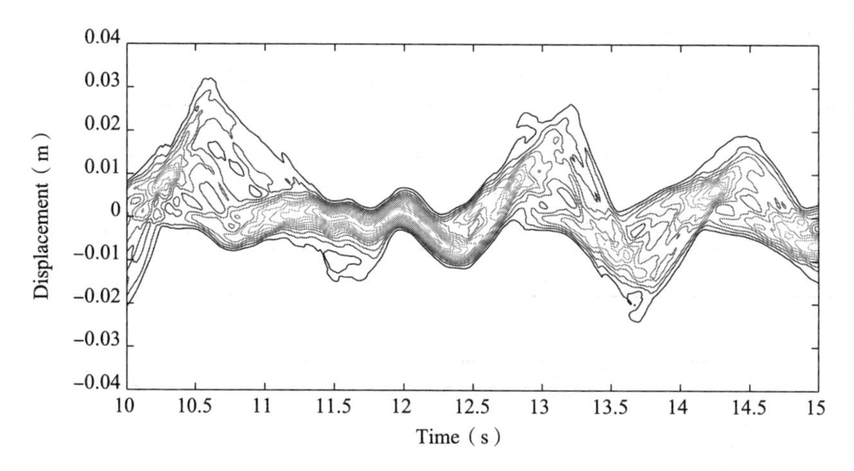

图 7-8 概率密度演化等值线图

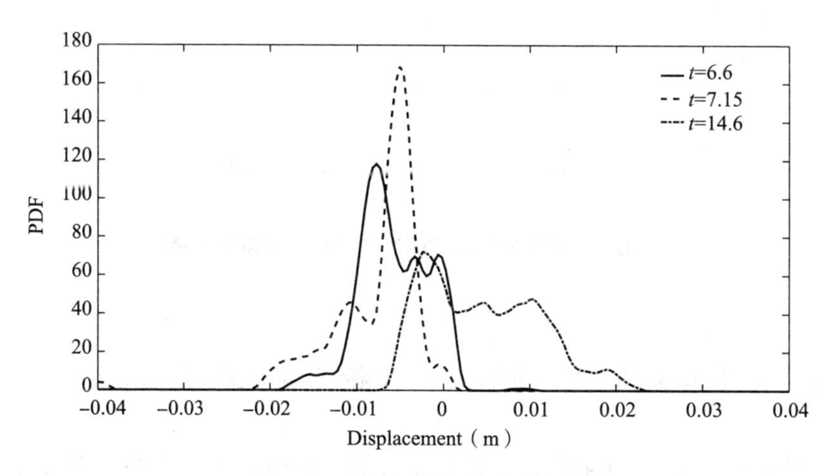

图 7-9 典型时刻概率密度函数

此处将用与第 6 章相同的思路求解渡槽结构的抗震可靠度，即对渡槽左墩系位移角阈值 R_μ 分别取 7.0%、5.0%、3.3%、2.0%和 1.0%，计算其抗震可靠度。

表 7-2 给出了渡槽结构在不同失效指标下的可靠度，其相应的渡槽结构抗震可靠度曲线如图 7-10 所示。据图 7-10 可知，在 6 个不同的失效阈值下，当失效阈值达到 1.0 时可靠度降低到 20.45%，渡槽结构抗震可靠度从 20.45%至 100%之间有较大幅度的变化。失效阈值在 7.0~3.3 之间变化时，抗震可靠度变化不明显。当失效阈值达到 2.0 时，抗震可靠度出现大

幅度下降，达到 61.56%。

表 7-2　不同失效阈值下的渡槽结构抗震可靠度

R_μ/%	可靠度	R_μ/%	可靠度
7.0	100%	2.0	61.56%
5.0	97.33%	1.0	20.45%
3.3	91.50%	—	—

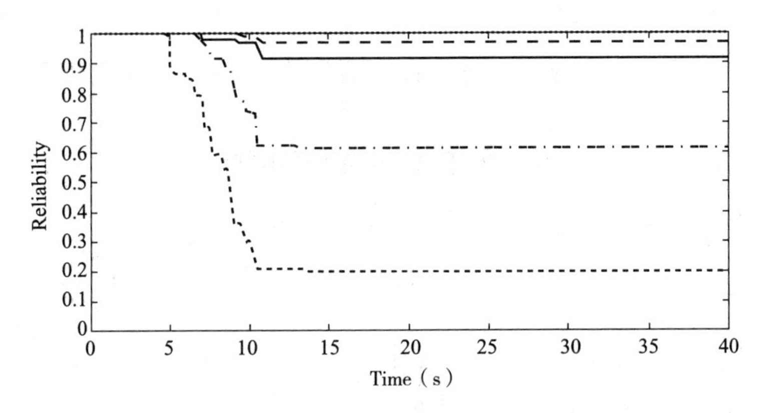

图 7-10　不同失效指标下的渡槽结构抗震可靠度曲线

7.3　与渡槽随机结构地震反应分析的对比研究

据图 7-1 可知，100 条渡槽结构止水横向相对位移反应(D_r)样本最大值约为 0.25m(复合随机)。与图 5-19(结构参数随机)相比，显然此时渡槽结构止水的位移反应显著放大。从图 7-2 可知，在考虑随机激励与随机参数两者因素下，结构反应的变异性也是很大的，最大处接近 60%，此处变异性显著大于图 5-20 所示的渡槽结构仅考虑混凝土材料随机性时结构反应的变异性。与仅考虑随机参数情况相比(图 5-22)，在两种随机性因素共同作用下(据图 7-3)，其概率密度等值线中出现了大小不一的漩涡，或结合或脱落，随机性特性表现得更为明显。这也是随机性传播的一大特点。与图 5-23 相比，图 7-4 为 D_r 在 3 个不同时刻截口概率密度函数图，从这个角度也可以看出不同时刻结构概率密度演化存在较大的变异性。

基于以上分析，复合随机因素对结构的反应的影响明显大于仅考虑结构参数随机性的情况。考虑复合随机因素时，结构位移动力时程反应明显得到放大和增强，因此复合随机因素的影响不可小觑，应重点分析与研究。

在可靠度求解方面：与第5章的分析结果比较可知，在复合随机作用下，之前所定义的渡槽输水可靠性受到了颠覆。在原来的基础上，加入地震动的随机性对渡槽结构的影响非常大，极大地影响了渡槽结构可靠性的阈值。在材料参数随机的情况下，渡槽结构的输水可靠性尚满足抗震要求。当在此基础上考虑地震激励的随机性后，渡槽结构的输水可靠性受到了严重的冲击，导致仅考虑结构参数随机性的0.06m阈值尚满足抗震要求，而同时考虑地震激励的随机性后，渡槽结构输水可靠性降低至8.86%。

复合随机因素不仅对结构的动力位移反应有较大的影响，也在一定程度上极大地降低了渡槽结构输水功能的可靠性。

7.4 与渡槽结构随机地震反应分析的对比研究

以下比较渡槽结构复合随机反应和渡槽结构仅考虑地震激励随机性的随机反应情况。通过对比图7-8与图6-13发现，在复合随机作用下，图7-8表现出强非线性下的等值线更加不规则，而且还表现出结构体系分岔现象，这是由于多模式与多模态下的结合，必然导致非规则情况的出现。而图6-13由于仅考虑单一随机因素，表现出来的非线性相对较弱，其等值线还略规则。这是因为，在相同时间段内，结构中有相当一部分进入非线性阶段，随机性内外因的共同作用与结构材料非线性交织在一起，使复合随机工况下渡槽结构地震动随机演化效应明显得到了加强，比仅考虑地震动随机性这一随机因素和非线性耦合作用更强。

对比图7-9与图6-14可知，在3个相同的时间节点下，复合随机工况下的概率密度函数更加离散，这是因为在复合随机作用下，非线性与随机性耦合作用更为明显，结构反应的随机性也会变得更强，相应地也会使其概率密度信息更为丰富，这也进一步说明了考虑复合随机因素后渡槽结构地震动力反应变得更加复杂与多变。

复合随机可靠度计算结果(工况 1)与第 6 章考虑地震激励的随机性工况可靠性计算结果(工况 2)比较，发现在阈值为 7.0%时，两工况对应的可靠度相同皆为 100%；在阈值为 5.0%时，工况 1 的可靠度比工况 2 低 0.03%；在阈值为 3.3%时，工况 1 的可靠度比工况 2 低 1.0%；当阈值为 2.0%时，工况 1 的可靠度比工况 2 低 18.03%；当阈值为 1.0%时，工况 1 的可靠度比工况 2 低 32.61%。因此，可以说，当阈值比较大时，两工况的分析结果非常接近。随着阈值的不断减小，复合随机工况所求得的可靠性明显偏低，这同时也说明了是否考虑渡槽结构参数随机性对渡槽结构抗震可靠性的影响相对较小。

7.5 小结

本章从渡槽结构输水功能可靠性和渡槽结构可靠性两个性能目标出发，提出了渡槽结构在复合随机作用下的渡槽非线性动力反应和可靠性分析方法。本章针对真实渡槽结构开展了相应的可靠性研究，并分别与渡槽随机结构地震反应分析、渡槽结构随机地震反应分析进行对比研究后发现，在复合随机作用下渡槽结构的位移反应大于考虑其中任一种随机因素作用下的位移反应。这是因为多种随机因素耦合在一起使本有的随机性得到进一步的放大，进而当结构进入材料非线性阶段时，使渡槽结构动力反应得到强化。考虑到随机地震对渡槽结构位移反应的影响非常大，随机地震对渡槽结构复合随机因素的影响也大。考虑到渡槽结构参数随机性对复合随机效应影响相对较小，但在某些情况下仍存在较大差异，应引起足够重视。

附录 A　基本随机变量离散代表性点集选取

表 A-1　随机结构参数选点(4 维 200 个样本)

编号	左墩(C30)	右墩(C30)	槽身(C50)	阻尼比
1	22. 6273	24. 7600	57. 5755	0. 0555
2	32. 8875	35. 7820	43. 2635	0. 0444
3	27. 3872	35. 8533	66. 2294	0. 0578
4	37. 5111	26. 6499	56. 0411	0. 0524
5	26. 2247	31. 8366	55. 7698	0. 0665
6	30. 4796	25. 6916	43. 5180	0. 0573
7	28. 3937	32. 4131	65. 7563	0. 0503
8	35. 3913	36. 3577	38. 7247	0. 0477
9	19. 3123	28. 5003	46. 0324	0. 0636
10	32. 6052	25. 0998	44. 4093	0. 0777
11	28. 0471	21. 7381	48. 4371	0. 0660
12	42. 7101	32. 1805	64. 1505	0. 0520
13	24. 2373	28. 1402	52. 2628	0. 0504
14	30. 9676	14. 9088	41. 6236	0. 0498
15	29. 5278	30. 2807	49. 2886	0. 0442
16	34. 4927	37. 9437	49. 6728	0. 0408
17	23. 1931	30. 1217	48. 2260	0. 0602
18	33. 4370	31. 2837	54. 4023	0. 0483
19	26. 3085	28. 8251	59. 3885	0. 0452
20	37. 2523	25. 5380	62. 0905	0. 0423
21	25. 3216	33. 1478	43. 9680	0. 0552
22	30. 7893	31. 0101	50. 5049	0. 0542

续表

编号	左墩(C30)	右墩(C30)	槽身(C50)	阻尼比
23	28.9283	26.6081	39.9461	0.0589
24	36.2711	39.1533	54.2873	0.0522
25	18.2076	33.3110	26.8063	0.0463
26	32.0130	32.2244	58.4029	0.0575
27	27.7491	28.7162	41.7413	0.0597
28	39.0204	29.6255	62.7145	0.0473
29	24.9823	24.2311	51.6087	0.0515
30	31.5440	26.2339	39.4124	0.0501
31	29.9688	25.8540	31.3953	0.0577
32	34.0559	17.7269	53.7260	0.0453
33	21.3897	30.3920	50.4484	0.0543
34	33.2335	34.2241	48.8467	0.0550
35	27.0333	37.2819	56.1476	0.0569
36	38.2619	27.5831	51.8851	0.0432
37	25.7324	30.7992	36.8008	0.0514
38	30.0933	25.6029	69.5495	0.0559
39	28.7444	32.7541	52.7322	0.0461
40	35.0583	34.8661	42.0086	0.0485
41	20.8900	28.8932	37.2747	0.0356
42	32.1972	29.6794	61.4516	0.0627
43	28.2025	40.6680	36.1104	0.0435
44	42.0969	36.5668	58.1199	0.0674
45	23.7646	32.0759	48.3261	0.0400
46	31.2698	37.4792	50.5874	0.0592
47	29.2461	29.3658	44.7999	0.0518
48	34.7274	26.5580	50.6813	0.0450
49	23.0632	34.5448	45.0793	0.0535
50	33.6070	42.3762	66.6839	0.0663
51	26.6962	31.6690	44.6580	0.0302

续表

编号	左墩(C30)	右墩(C30)	槽身(C50)	阻尼比
52	36.4175	31.3714	47.5061	0.0447
53	25.4931	27.0133	46.8398	0.0363
54	30.7015	24.4223	47.3325	0.0466
55	29.0655	35.9478	53.0703	0.0669
56	35.8342	26.1192	55.3160	0.0414
57	14.5885	33.4446	56.4345	0.0382
58	32.1023	46.1853	58.5068	0.0289
59	27.6892	36.0694	63.0312	0.0359
60	39.7062	36.4616	45.7498	0.0437
61	24.5277	38.6789	59.7963	0.0337
62	31.8058	27.8754	45.6078	0.0459
63	29.7476	28.6518	60.7220	0.0433
64	34.0133	34.8100	37.5277	0.0458
65	22.0197	28.3349	53.8514	0.0475
66	32.8114	29.2256	48.9915	0.0599
67	27.4814	30.4418	59.6100	0.0595
68	37.7169	35.7072	48.1602	0.0453
69	26.1647	39.7313	42.6504	0.0493
70	30.2081	35.0796	43.3698	0.0456
71	28.3630	19.2869	52.8388	0.0276
72	35.5606	32.8449	32.5093	0.0470
73	20.2805	38.4290	53.2557	0.0529
74	32.5093	27.7385	64.6565	0.0406
75	27.8938	40.1585	43.1417	0.0713
76	45.0236	33.0125	40.6799	0.0656
77	24.3490	28.9566	49.3940	0.0648
78	31.1016	35.3914	44.9522	0.0377
79	29.4533	32.6516	47.6282	0.0440
80	34.2670	26.4874	53.6468	0.0623

续表

编号	左墩(C30)	右墩(C30)	槽身(C50)	阻尼比
81	23.4967	30.8776	54.0046	0.0545
82	33.5419	29.7559	48.7086	0.0352
83	26.4831	18.9662	58.8375	0.0548
84	37.0638	34.0156	54.5606	0.0397
85	25.1176	33.6717	52.0685	0.0380
86	30.9051	29.9837	46.3270	0.0605
87	28.9886	27.3478	57.2244	0.0561
88	36.0493	27.8001	50.3007	0.0470
89	17.5323	31.8845	41.8772	0.0454
90	31.9015	21.4879	38.9691	0.0341
91	27.8360	29.4637	67.1857	0.0528
92	39.3208	28.5692	40.8726	0.0315
93	24.7573	35.5637	55.5722	0.0496
94	31.4306	25.9518	52.4857	0.0449
95	30.0072	33.7641	68.0726	0.0492
96	34.1879	31.6063	59.9764	0.0457
97	21.6500	23.0635	42.3807	0.0505
98	33.0649	36.2618	42.8902	0.0412
99	26.9297	26.8751	48.5647	0.0499
100	38.5327	21.9661	50.3703	0.0508
101	25.9450	22.2162	47.1597	0.0532
102	30.1471	32.3187	52.9111	0.0494
103	28.5591	25.2381	50.9663	0.0491
104	34.9563	34.9663	60.2194	0.0439
105	21.1241	30.6072	50.8678	0.0558
106	32.4081	23.5797	55.1671	0.0615
107	28.1264	31.1957	37.8488	0.0643
108	40.9002	34.4639	51.1918	0.0464
109	23.6224	16.8123	55.4186	0.0463

续表

编号	左墩(C30)	右墩(C30)	槽身(C50)	阻尼比
110	31. 3416	33. 0757	47. 7331	0. 0332
111	29. 3807	36. 9321	38. 2680	0. 0525
112	34. 6256	24. 6158	51. 4023	0. 0698
113	22. 8016	26. 0509	38. 5397	0. 0557
114	33. 7041	29. 5076	34. 5104	0. 0534
115	26. 8004	23. 3525	54. 7397	0. 0424
116	36. 8391	30. 6685	51. 0945	0. 0404
117	25. 3832	32. 2695	55. 7095	0. 0705
118	30. 5362	30. 4893	51. 9665	0. 0521
119	29. 1754	20. 4426	57. 0559	0. 0487
120	35. 9578	37. 1086	52. 3533	0. 0540
121	16. 6581	32. 5292	39. 1525	0. 0465
122	32. 0675	22. 7515	45. 8345	0. 0630
123	27. 5799	35. 2246	46. 4904	0. 0566
124	40. 3433	30. 9515	45. 3706	0. 0523
125	24. 6156	31. 5521	60. 9897	0. 0752
126	31. 6813	27. 1112	59. 0792	0. 0580
127	29. 6719	30. 0622	50. 0679	0. 0539
128	33. 7758	28. 1987	57. 7528	0. 0537
129	22. 4152	32. 9537	57. 4004	0. 0639
130	32. 9727	31. 9711	35. 3891	0. 0429
131	27. 2769	23. 9294	41. 3502	0. 0388
132	37. 6115	25. 3292	71. 8810	0. 0564
133	26. 2537	36. 6229	75. 3733	0. 0692
134	30. 3769	27. 4712	56. 8512	0. 0394
135	28. 4604	29. 8459	46. 6635	0. 0418
136	35. 2620	26. 7419	46. 1667	0. 0472
137	19. 8007	26. 3512	61. 7933	0. 0402
138	32. 6758	18. 3183	59. 2084	0. 0411

续表

编号	左墩(C30)	右墩(C30)	槽身(C50)	阻尼比
139	27.9738	28.4344	51.2854	0.0325
140	43.3978	36.1607	56.3711	0.0489
141	24.0845	31.4709	49.9364	0.0426
142	31.0244	29.5706	39.7639	0.0510
143	29.6007	43.4471	45.9315	0.0430
144	34.3650	29.0300	49.8017	0.0486
145	23.3346	28.0726	43.8371	0.0530
146	33.3406	34.6428	33.6387	0.0587
147	26.4083	32.4746	55.0045	0.0391
148	37.3821	38.1992	53.1576	0.0415
149	25.2377	24.9885	44.2736	0.0633
150	30.8356	38.9071	54.8824	0.0553
151	28.8569	33.5359	56.5892	0.0373
152	36.1477	20.0588	49.1107	0.0476
153	18.7551	34.7432	43.6989	0.0482
154	31.9608	24.1249	29.8400	0.0579
155	27.7961	32.3749	52.9914	0.0678
156	38.7990	25.7887	51.7054	0.0516
157	24.8896	28.2518	63.3953	0.0484
158	31.6298	30.3458	51.7899	0.0547
159	29.9228	33.8298	58.2490	0.0582
160	34.1157	22.8800	42.7756	0.0652
161	21.2618	23.2031	36.4101	0.0611
162	33.1324	27.9990	40.1082	0.0571
163	27.1291	41.4750	47.0155	0.0480
164	38.0187	32.5748	44.0877	0.0563
165	25.8408	24.8890	62.4011	0.0436
166	30.0495	20.7106	61.1931	0.0536
167	28.6482	30.5466	54.1765	0.0478

续表

编号	左墩(C30)	右墩(C30)	槽身(C50)	阻尼比
168	35.1328	28.7636	58.0094	0.0527
169	20.6222	30.7323	53.3517	0.0817
170	32.2950	31.7608	49.5220	0.0445
171	28.2648	37.6856	51.5096	0.0737
172	41.4534	29.2976	52.1831	0.0519
173	23.9184	33.9088	63.7937	0.0507
174	31.1868	36.7361	58.6570	0.0512
175	29.3165	25.4653	44.5434	0.0725
176	34.8299	21.0136	50.7789	0.0410
177	22.9214	19.6242	52.6087	0.0345
178	33.6444	32.8966	65.3243	0.0490
179	26.5815	31.0899	40.4199	0.0421
180	36.6258	30.1934	55.9019	0.0620
181	25.6264	27.6578	56.2776	0.0544
182	30.5931	33.3754	42.1679	0.0384
183	29.1219	34.1170	43.0036	0.0443
184	35.6892	34.3618	47.8521	0.0584
185	16.0676	18.6690	43.6185	0.0576
186	32.1358	26.4231	41.0608	0.0607
187	27.6496	36.2002	60.5461	0.0252
188	39.9646	27.9499	54.0853	0.0495
189	24.4467	22.6318	45.4754	0.0879
190	31.7261	32.1452	60.4479	0.0509
191	29.8402	29.1244	50.2012	0.0685
192	33.9037	27.2169	48.0253	0.0368
193	22.2675	29.4275	42.5384	0.0590
194	32.7279	39.4176	53.4311	0.0609
195	27.4277	21.2712	44.1857	0.0612
196	37.8463	23.7264	58.9518	0.0488

续表

编号	左墩(C30)	右墩(C30)	槽身(C50)	阻尼比
197	26.0651	33.2380	45.2177	0.0468
198	30.2757	22.4621	53.5356	0.0416
199	28.3228	29.9183	49.1967	0.0348
200	35.4714	25.3873	57.8872	0.0455

注：左墩、右墩混凝土均值取30MPa，变异系数取0.17，设定服从正态分布；槽身混凝土均值取50MPa，变异系数取0.15，设定服从正态分布；结构阻尼比均值取0.05，变异系数取0.2，设定服从对数正态分布。本次选取200个样本点。

表 A-2　地震动随机参数选点(4维100个样本)

NO	A_0	τ	ξ_g	ω_g
1	0.3047	0.0574	91.0011	0.3944
2	0.7271	1.2039	37.8855	0.1715
3	0.4458	1.2329	124.0750	0.4468
4	1.0319	0.1196	86.3612	0.3357
5	0.4116	0.4803	84.7003	0.6714
6	0.5704	0.0771	39.3321	0.4257
7	0.4900	0.5556	121.4774	0.2895
8	0.8749	1.5795	26.5162	0.2501
9	0.2282	0.2029	46.8124	0.5617
10	0.7001	0.0640	41.5034	0.9098
11	0.4687	0.0321	54.2373	0.6033
12	1.5222	0.5277	114.2354	0.3265
13	0.3378	0.1890	68.4306	0.2921
14	0.5984	0.0069	32.7467	0.2731
15	0.5371	0.3469	59.4681	0.1678
16	0.8436	2.0177	60.8726	0.1270
17	0.3199	0.3335	52.9251	0.5020
18	0.7593	0.4173	79.3885	0.2534
19	0.4207	0.2360	96.7787	0.1923

续表

NO	A_0	τ	ξ_g	ω_g
20	1. 0067	0. 0704	108. 9471	0. 1385
21	0. 3770	0. 6748	40. 2047	0. 3887
22	0. 5864	0. 4019	63. 8890	0. 3566
23	0. 5005	0. 1151	30. 5759	0. 4519
24	0. 9371	2. 4578	78. 5574	0. 3301
25	0. 2170	0. 6922	10. 6948	0. 2264
26	0. 6625	0. 5415	92. 3995	0. 4358
27	0. 4567	0. 2263	33. 3439	0. 4750
28	1. 2297	0. 2887	110. 2880	0. 2414
29	0. 3628	0. 0489	66. 0053	0. 3164
30	0. 6306	0. 0990	29. 4952	0. 2848
31	0. 5513	0. 0812	14. 5188	0. 4421
32	0. 8042	0. 0114	75. 8729	0. 1969
33	0. 2638	0. 3603	63. 2096	0. 3628
34	0. 7460	0. 8320	57. 2930	0. 3792
35	0. 4426	1. 7284	87. 5692	0. 4168
36	1. 0998	0. 1582	66. 8252	0. 1418
37	0. 4000	0. 3786	23. 6334	0. 3113
38	0. 5582	0. 0727	167. 0249	0. 3992
39	0. 4951	0. 6106	70. 8445	0. 2228
40	0. 8675	0. 9361	34. 4286	0. 2565
41	0. 2520	0. 2465	25. 0050	0. 0791
42	0. 6757	0. 2956	106. 9084	0. 5497
43	0. 4771	3. 6557	21. 1001	0. 1536
44	1. 4388	1. 6677	91. 5846	0. 7628
45	0. 3322	0. 5140	53. 4745	0. 1177
46	0. 6096	1. 8476	64. 6574	0. 4592

续表

NO	A_0	τ	ξ_g	ω_g
47	0. 5216	0. 2756	43. 3856	0. 3221
48	0. 8576	0. 1115	65. 3004	0. 1871
49	0. 3121	0. 8874	44. 8063	0. 3494
50	0. 7892	5. 4444	129. 7917	0. 6335
51	0. 4307	0. 4603	42. 7333	0. 0436
52	0. 9584	0. 4333	50. 8771	0. 1746
53	0. 3889	0. 1378	48. 6391	0. 0924
54	0. 5786	0. 0536	50. 0463	0. 2299
55	0. 5146	1. 3114	73. 1636	0. 7242
56	0. 9010	0. 0935	81. 4964	0. 1354
57	0. 1648	0. 7009	88. 2238	0. 1104
58	0. 6688	10. 1452	93. 7252	0. 0360
59	0. 4528	1. 4107	112. 1135	0. 0832
60	1. 3890	1. 6318	46. 5270	0. 1579
61	0. 3470	2. 2930	100. 2222	0. 0567
62	0. 6419	0. 1811	45. 7847	0. 2158
63	0. 5456	0. 2179	103. 8370	0. 1471
64	0. 7988	0. 9180	25. 9121	0. 2111
65	0. 2945	0. 1960	76. 8097	0. 2457
66	0. 7185	0. 2635	58. 3996	0. 4880
67	0. 4490	0. 3688	99. 0416	0. 4674
68	1. 0637	1. 1697	52. 4602	0. 1993
69	0. 4048	2. 7195	36. 2194	0. 2623
70	0. 5632	0. 9708	38. 4048	0. 2054
71	0. 4852	0. 0196	71. 9691	0. 0227
72	0. 8854	0. 6377	17. 5388	0. 2388
73	0. 2394	2. 1777	74. 0342	0. 3447

续表

NO	A_0	τ	ξ_g	ω_g
74	0. 6843	0. 1653	117. 5769	0. 1223
75	0. 4636	3. 0029	37. 5604	0. 7820
76	1. 7722	0. 6547	31. 1621	0. 5841
77	0. 3426	0. 2533	60. 2576	0. 5724
78	0. 6034	1. 0238	44. 1003	0. 1018
79	0. 5286	0. 5770	51. 7569	0. 1616
80	0. 8259	0. 1058	74. 9356	0. 5309
81	0. 3258	0. 3886	77. 8562	0. 3673
82	0. 7729	0. 3091	56. 1779	0. 0723
83	0. 4269	0. 0148	94. 8302	0. 3715
84	0. 9860	0. 7818	80. 4036	0. 1134
85	0. 3701	0. 7241	67. 7368	0. 1070
86	0. 5935	0. 3235	47. 3215	0. 5134
87	0. 5063	0. 1504	89. 4794	0. 4078
88	0. 9197	0. 1720	61. 5737	0. 2350
89	0. 1995	0. 4995	33. 9621	0. 2020
90	0. 6538	0. 0260	27. 8015	0. 0630
91	0. 4604	0. 2836	138. 6550	0. 3413
92	1. 2968	0. 2085	31. 9679	0. 0512
93	0. 3541	1. 0981	82. 9159	0. 2680
94	0. 6191	0. 0867	69. 4506	0. 1812
95	0. 5545	0. 7537	147. 8895	0. 2589
96	0. 8116	0. 4481	101. 4304	0. 2090
97	0. 2779	0. 0439	35. 2473	0. 2973
98	0. 7331	1. 4965	36. 9654	0. 1312
99	0. 4368	0. 1262	55. 1652	0. 2778
100	1. 1657	0. 0380	62. 4437	0. 3051

表 A-3　复合随机选点(8 维 100 个样本)

编号	左墩	右墩	槽身	阻尼比	A_0	τ	GCG	GGG
1	22.7134	23.1333	56.7543	0.0568	1.3917	0.0054	34.2313	0.1909
2	33.0013	36.2291	43.0459	0.0432	0.3183	0.0392	34.9811	0.6965
3	27.5766	36.4787	64.2544	0.0593	0.5991	0.7329	82.4166	0.5626
4	36.7307	25.7074	55.9803	0.0528	0.1996	1.2421	31.9590	0.2735
5	26.6684	31.4423	55.7402	0.0714	0.4844	0.6093	67.1844	0.1242
6	30.5235	23.9501	43.8110	0.0580	0.8536	1.4430	41.4545	0.2571
7	28.5065	32.3395	63.4947	0.0504	0.7310	1.6750	76.4867	0.0742
8	35.1015	37.1478	37.5293	0.0480	0.6036	0.0441	79.8450	0.2879
9	20.4182	27.3831	45.9154	0.0661	0.9277	0.0596	78.9481	0.2057
10	32.6335	23.2748	44.4525	0.0844	0.7232	0.4098	52.3108	0.0671
11	28.1754	21.3595	48.3286	0.0696	2.1012	1.3071	33.5649	0.4498
12	41.7590	32.0378	62.0268	0.0525	0.7757	0.0218	53.6265	0.1926
13	24.2779	27.1054	52.6175	0.0507	0.6211	0.5274	77.9862	0.3595
14	31.3789	15.2586	40.3724	0.0496	1.1320	1.0737	40.5725	0.3847
15	29.7245	29.8230	49.2514	0.0429	0.7669	0.3595	97.5803	0.0285
16	34.5550	38.2337	49.7195	0.0400	0.3466	0.3301	26.7776	0.1954
17	23.2488	29.7110	47.8899	0.0624	0.3394	0.9083	152.8326	0.1573
18	33.4720	30.9556	54.7506	0.0483	0.8098	0.1862	58.5179	0.4298
19	26.8646	27.9981	58.0906	0.0442	0.4329	0.0663	88.3002	0.1865
20	36.4900	23.5141	60.2516	0.0407	0.3840	0.5060	27.9465	0.0956
21	25.8979	33.3802	44.1819	0.0565	0.7875	0.8612	38.1841	0.3105
22	30.8580	30.5964	50.8766	0.0540	0.3980	0.0814	60.8219	0.2149
23	28.7553	25.5564	39.4175	0.0597	0.6286	0.2751	73.5913	0.0879
24	35.8681	39.2205	54.4450	0.0526	0.2400	2.2527	22.9937	0.4528
25	19.9279	33.5432	28.8239	0.0466	0.4090	0.6808	35.7825	0.1310
26	32.1498	32.1694	57.0970	0.0586	0.9937	0.0716	46.5714	0.3730
27	27.8589	27.8165	40.7361	0.0609	0.5524	0.1379	99.9284	0.3911
28	39.0945	28.9895	61.0367	0.0474	0.6647	1.1486	68.4563	0.1518

续表

编号	左墩	右墩	槽身	阻尼比	A_0	τ	GCG	GGG
29	25. 2343	22. 6923	51. 6920	0. 0517	0. 2684	0. 1283	116. 8357	0. 1421
30	31. 7911	24. 8483	38. 6204	0. 0501	0. 4759	0. 1515	16. 5543	0. 1625
31	30. 0202	24. 2069	32. 0725	0. 0591	1. 0899	0. 2195	36. 2809	0. 2966
32	34. 1657	17. 9320	53. 8590	0. 0445	0. 8308	0. 1686	37. 1755	0. 1035
33	21. 6218	30. 0044	50. 3928	0. 0548	0. 3720	0. 1077	24. 9162	0. 3196
34	33. 2378	34. 4390	48. 8038	0. 0561	0. 4526	0. 7156	87. 0010	0. 5722
35	27. 5062	37. 7484	56. 1397	0. 0577	0. 6448	0. 3819	66. 4784	0. 2233
36	37. 5926	26. 4839	51. 9959	0. 0411	0. 4960	0. 2397	93. 1369	0. 2397
37	26. 2942	30. 2368	35. 5729	0. 0515	0. 4189	0. 1336	36. 6721	1. 2923
38	30. 2310	23. 7170	71. 3496	0. 0570	0. 8409	0. 0355	96. 2230	0. 3541
39	28. 6336	32. 9258	52. 9788	0. 0464	1. 0245	0. 1439	39. 5242	0. 0388
40	34. 9391	34. 9963	41. 6957	0. 0487	0. 6408	0. 1132	70. 0017	0. 0148
41	21. 0379	28. 1101	35. 9228	0. 0359	0. 5659	0. 6622	48. 8034	0. 2532
42	32. 3738	29. 1847	59. 7996	0. 0653	0. 5166	0. 4371	49. 2421	0. 5156
43	28. 2137	42. 0584	35. 1622	0. 0417	0. 6156	2. 4432	82. 8593	0. 8189
44	41. 0310	37. 5549	56. 8505	0. 0757	0. 4373	0. 1949	90. 5464	0. 2515
45	23. 8931	31. 8718	48. 1366	0. 0392	0. 5089	0. 0992	107. 6397	0. 2807
46	31. 5331	37. 9599	51. 2335	0. 0600	0. 4495	0. 9745	175. 7517	0. 0700
47	29. 1692	28. 6373	44. 9601	0. 0522	0. 3616	1. 0223	29. 3964	0. 2635
48	34. 7581	25. 3371	51. 3948	0. 0439	0. 5449	0. 8069	56. 6413	0. 5013
49	22. 9589	34. 6174	45. 4346	0. 0534	0. 6106	0. 5512	48. 3077	0. 2314
50	33. 8670	42. 9084	64. 6266	0. 0699	0. 3428	0. 6707	104. 0122	0. 2756
51	27. 2562	31. 2875	44. 6583	0. 0331	1. 0556	0. 1171	57. 4234	0. 7461
52	35. 9961	31. 1335	46. 8478	0. 0435	1. 6779	0. 3894	33. 8643	0. 6656
53	26. 1553	26. 0434	46. 5929	0. 0366	0. 6520	2. 0423	70. 7875	0. 3370
54	30. 6246	23. 0437	46. 7673	0. 0467	0. 4203	2. 3486	54. 1858	0. 8447
55	29. 0310	36. 6318	53. 4255	0. 0738	0. 7174	0. 0624	69. 5255	0. 0996
56	35. 5124	24. 5600	55. 3481	0. 0404	0. 7396	0. 4242	75. 6391	0. 1285

续表

编号	左墩	右墩	槽身	阻尼比	A_0	τ	GCG	GGG
57	15. 8308	33. 6268	56. 2923	0. 0383	0. 3793	0. 1773	81. 9121	0. 7879
58	32. 2742	44. 5049	57. 3620	0. 0321	0. 4472	1. 2833	53. 9561	0. 2996
59	27. 7412	36. 7815	61. 7375	0. 0361	0. 1653	0. 4164	32. 4083	0. 1896
60	40. 5565	37. 4066	45. 7906	0. 0419	0. 7061	0. 3506	77. 1960	0. 1793
61	24. 8510	38. 8358	58. 7324	0. 0346	0. 7111	0. 2483	44. 3027	0. 3660
62	31. 9765	26. 9502	45. 6537	0. 0462	0. 2246	1. 5572	132. 8975	0. 2025
63	29. 8830	27. 6201	59. 2980	0. 0415	0. 6851	0. 0918	74. 6636	0. 1185
64	33. 9807	34. 8342	36. 6518	0. 0460	0. 3531	0. 2655	43. 1478	0. 2695
65	22. 4932	27. 2638	54. 0676	0. 0477	0. 6760	0. 3992	63. 1917	0. 1989
66	32. 7853	28. 4437	49. 0131	0. 0617	0. 5605	0. 0279	124. 8051	0. 5321
67	27. 6614	30. 1699	58. 4466	0. 0603	0. 5018	0. 7701	89. 7036	0. 3805
68	37. 0763	35. 8467	47. 6706	0. 0448	0. 4253	0. 0165	54. 7757	0. 0604
69	26. 4416	39. 9921	42. 2720	0. 0492	0. 5843	0. 0493	45. 0891	0. 0813
70	30. 3491	35. 1987	43. 4445	0. 0456	0. 4422	0. 5785	47. 4743	0. 2475
71	28. 3383	20. 7962	53. 2084	0. 0302	0. 9071	3. 7579	55. 7491	0. 1090
72	35. 3193	33. 0624	34. 0919	0. 0470	0. 5219	0. 2131	95. 0059	0. 4837
73	20. 8013	38. 5259	53. 5355	0. 0532	1. 1139	0. 0239	40. 8480	0. 2435
74	32. 5154	26. 6714	62. 5983	0. 0397	0. 2924	1. 8270	33. 0342	0. 2267
75	28. 1242	41. 1786	42. 7466	0. 0782	0. 2835	0. 1737	59. 4670	0. 3508
76	43. 5829	33. 1973	39. 8552	0. 0689	0. 5267	1. 3459	45. 8721	0. 4649
77	24. 5990	28. 2415	49. 4977	0. 0673	0. 3051	0. 2282	64. 0679	0. 1352
78	31. 4552	35. 4372	45. 2184	0. 0372	0. 9673	0. 4778	43. 7815	0. 0458
79	29. 4602	32. 6379	47. 2119	0. 0423	0. 4627	0. 3092	51. 1191	0. 4080
80	34. 4017	25. 1288	53. 6619	0. 0645	1. 1642	0. 2066	40. 1321	0. 2926
81	23. 5011	30. 3162	54. 2775	0. 0553	0. 6355	0. 0561	83. 6712	0. 4443
82	33. 7481	29. 3217	48. 6215	0. 0354	0. 5321	0. 3413	80. 9956	0. 1761
83	27. 0691	19. 6584	57. 6536	0. 0557	0. 5935	0. 2867	52. 9755	0. 6391
84	36. 2032	34. 2724	55. 1315	0. 0386	0. 5383	0. 1999	21. 4266	0. 5510

续表

编号	左墩	右墩	槽身	阻尼比	A_0	τ	GCG	GGG
85	25. 5875	33. 8291	52. 3097	0. 0378	0. 8784	2. 8366	85. 3711	0. 1700
86	31. 2144	29. 5319	46. 2208	0. 0633	0. 5732	6. 4179	72. 2522	0. 5992
87	28. 9048	26. 2712	56. 5371	0. 0573	0. 3321	0. 6406	62. 4274	0. 3450
88	35. 7018	26. 8195	49. 8778	0. 0468	0. 7568	0. 0328	49. 8401	0. 0521
89	18. 7380	31. 6360	41. 3123	0. 0452	0. 6975	0. 4577	65. 2226	0. 9483
90	32. 0454	21. 2738	37. 9656	0. 0349	0. 3876	0. 7536	19. 9478	0. 2075
91	28. 0183	28. 7948	65. 4526	0. 0530	0. 7478	0. 3720	111. 8156	0. 1820
92	40. 0683	27. 4775	40. 1631	0. 0340	0. 2501	0. 0098	66. 0373	0. 4581
93	24. 9922	35. 5915	55. 5102	0. 0494	1. 4779	0. 6959	38. 9973	0. 0918
94	31. 6118	24. 3861	52. 8176	0. 0437	1. 3189	0. 1217	42. 1917	0. 1138
95	30. 1349	34. 0827	67. 5272	0. 0489	0. 9465	0. 2561	102. 5064	0. 3036
96	34. 2920	31. 1923	58. 9462	0. 0458	0. 3257	0. 7448	104. 7588	0. 4914
97	22. 1778	22. 2142	41. 9026	0. 0510	1. 2473	0. 4905	140. 8777	0. 2353
98	33. 1447	36. 9010	42. 5861	0. 0402	1. 2040	0. 0532	42. 6178	0. 1467
99	27. 3990	25. 8418	48. 4263	0. 0497	0. 4901	0. 9437	91. 4585	0. 4735
100	38. 1706	21. 7508	50. 0929	0. 0513	0. 4143	0. 1612	30. 9394	0. 3287

注：左墩、右墩混凝土均值取30MPa，变异系数取0. 17，设定服从正态分布；槽身混凝土均值取50MPa，变异系数取0. 15，设定服从正态分布；结构阻尼比均值取0. 05，变异系数取0. 2，设定服从对数正态分布；A_0的均值为-0. 97017，标准差为0. 41335，设定服从对数正态分布；τ的均值为-1. 2403，标准差为1. 3436，设定服从对数正态分布；ξ_g均值为5. 1326，标准差为12. 5，设定服从伽马分布；ω_g均值为2. 2415，标准差为0. 134887234，设定服从伽马分布。本次选取100个样本点。

附录B　基于GF偏差最小的优化选点策略

B.1　初始设置

(1)点集数量选取100个，即100个随机样本数；点集维数，即随机变量个数为4，程序如下：

```
n  =100;
s  =4;
```

(2)由于渡槽结构施工工艺、工序等差异性，考虑不同构件之间的随机性，同时考虑渡槽结构阻尼的随机性，设置参数如下：设C30混凝土的均值为30MPa，变异系数为0.17；C50混凝土的均值为50MPa，变异系数为0.15；阻尼的均值取0.05，变异系数为0.20。

```
Mu  =zeros(1,s);
Sig=zeros(1,s);
Mu(1  ,1)  =30;
Sig(1,1)  =30* 0.17;
Mu(1  ,2)  =30;
Sig(1,2)  =30* 0.17;
Mu(1  ,3)  =50;
Sig(1,3)  =50* 0.15;
cv=0.20;
Mu(1  ,4)  =0.05;
Sig(1,4)  =0.05* cv;
```

(3)生成计算用参数，由初始均值转换为计算用均值。

```
mu(1,1:3)    =Mu(1,1:3);
sigma(1,1:3)=Sig(1,1:3);
mu(1,4)    =log(Mu(1,4)/sqrt(1+cv^2));
sigma(1,4)=sqrt(log(1+cv^2));
```

(4)确保均值不为零，令所有均值为Mu。

```
mean_all=Mu;
```

B.2 选点

(1)利用 Sobol 序列，跳跃式从 1000 个点中选 100 个样本点。根据所定义的分布模式，做反变换。

```
 u_0=sobolset(s,'Skip',1000,'Leap',100);
u  =net(u_0,n);
x_i=zeros(n,s);
fori=1:3
x_i(:,i)=norminv(u(:,i),mu(i),sigma(i));
end
for i=4:4
x_i(:,i)=logninv(u(:,i),mu(i),sigma(i));
end
```

(2)对点集 x1 进行重整，并根据经验分布函数进行再定义。

```
x1=x_i;
for i=1:1
Fx=ecd_function(x_i(:,i));
Fx=Fx+1/2/n;
x1(:,i)=logninv(Fx,mu(i),sigma(i));
end
```

(3)计算上一步重整后的点集 x1 对应的赋得概率 Pq。

```
n_mc=10^7;
n_see=n_mc/100;
P_mc=zeros(n_mc,s);
for i=1:3
    P_mc(:,i)=normrnd(mu(i),sigma(i),n_mc,1);
end
for i = 4:4
    P_mc(:,i) = lognrnd(mu(i),sigma(i),n_mc,1);
end
xs  =x_i./(ones(n,1)* mean_all );
P_mc=P_mc./(ones(n_mc,1)* mean_all);
pocket=zeros(n,1);
for i=1:n_mc
    if mod(i,n_see) = = 0
        disp(['>>',num2str(i/n_see),'% …']);
    end
```

```
    distance=GetRadius_mex(P_mc(i,:),xs);
    [~,min_label]= min(distance);
    pocket(min_label)=pocket(min_label)+1;
end
Pq=pocket/n_mc;
```

(4)计算上一步重整后的点集 x1 对应的赋得概率 Pq。

```
x2=x1;
for i=1:3
    Fx=ecd_function_Pq(x1(:,i),Pq);
    Fx=Fx+1/2* Pq;
    x2(:,i)=norminv(Fx,mu(i),sigma(i));
end
for i=4:4
    Fx=ecd_function_Pq(x1(:,i),Pq);
    Fx=Fx+1/2* Pq;
    x2(:,i) = logninv(Fx,mu(i),sigma(i));
end
```

B.3 存储点集

```
save Poi_Set_200  x2
save Ass_Pro_200    Pq
```

附录 C　计算程序分析步设置

收敛性问题是模型调试过程中所面临的最棘手问题。尤其在开展随机性分析时，需同时调试众多样本模型的收敛性，进行蒙特卡洛分析甚至需要调试 100 次左右的不收敛样本(蒙特卡洛方法须进行 10000 次分析)。模型的最终成功运行无不是数十次甚至上百次反复调试的结果。除本构参数的设置之外，分析步的巧妙设置也是模型调试成功的关键因素。以下简要叙述该模型分析步设置的关键要点。

在 OpenSEES 有限元程序中，设置最大时间步长为 0. 02 秒，与地震动时程加速度时间间隔保持一致；设置最小时间步长为 10^{-6} 秒。步长放大与缩小系数均设置为 10。在开始运算时，设置初始时间步长为最大时间步长，如果在分析迭代过程中不收敛，自动不断缩小 1/10 步长直至收敛为止。当程序在运算过程中收敛性较好时，程序会自动不断增加 10 倍步长直至达到最大步长 0. 02 秒。这种自适应调整步长的设置理念在随机性分析中既能满足计算

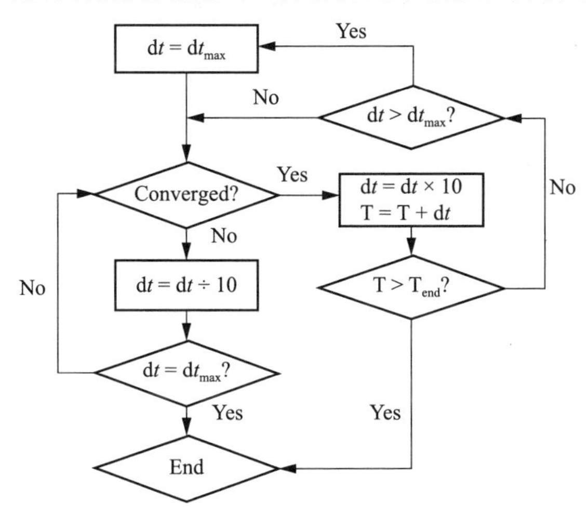

图 C-1　程序分析步流程图

精度又极大地节约了分析时间。以下即为蛙跳式的分析迭代步流程图。

以下为 Matlab 代码：

```
# ---------分析步设置模块--------------
set dt_max 0.02;#最大时间步长
set dt_min 1e-6;#最小时间步长
set T 40;          #总计算时长
set alpha 10;     #步长缩小系数
set beta 10;     #步长放大系数
set dt $dt_max
set count 0
set logfile[open "logfile.txt" a];
for {} {[getTime]< $T } {} {
  set ok[analyze 1 $dt];
  if { $ok! =0} {
      set dt[expr $dt / $alpha]
      set count 1
  }
  if { $ok==0} {
      if { $dt ! = $dt_max} {
      set dt[expr $dt* $beta]
      set count 1
    }
  }
  if { $dt < $dt_min} {
      puts $logfile "\n $mark failed to converge."
      puts "\n $mark failed to converge."
      break
  }
  if { $count == 1} {
      puts "    dt   =   $dt"
      set count 0
  }
  puts "    t =[getTime]     "
};
```

附录 D　常见的随机地震动模型

D.1　地震动功率谱模型

(1)Kanai-Tajimi 谱

图 D-1 为 El-Centro 波加速度时程曲线。

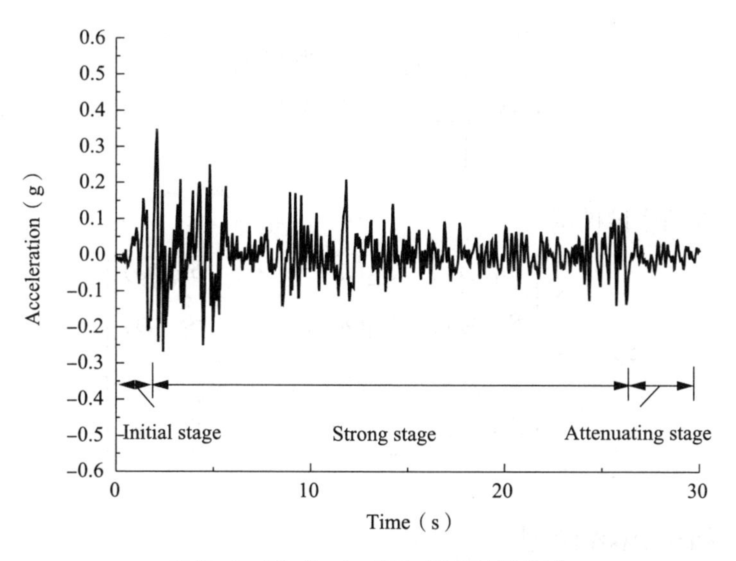

图 D-1　El-Centro 波加速度时段曲线

Kanai-Tajimi 谱(Kanai, 1957; Tajimi, 1960)重要表达式如下:

$$S(\omega)=\frac{1+4\zeta^2\left(\frac{\omega}{\omega_0}\right)^2}{\left[1-\left(\frac{\omega}{\omega_0}\right)^2\right]^2+4\zeta^2\left(\frac{\omega}{\omega_0}\right)^2}S_0 \tag{D-1}$$

(2)胡聿贤-周锡元谱(胡聿贤 & 周锡元, 1962)

$$S(\omega)=\frac{1+4\zeta^2\left(\frac{\omega}{\omega_0}\right)^2}{\left[1-\left(\frac{\omega}{\omega_0}\right)^2\right]^2+4\zeta^2\left(\frac{\omega}{\omega_0}\right)^2}\cdot\frac{\left(\frac{\omega}{\omega_1}\right)^4}{\left[1-\left(\frac{\omega}{\omega_1}\right)^2\right]^2+4\zeta_1{}^2\left(\frac{\omega}{\omega_1}\right)^2}S_0 \quad \text{(D-2)}$$

(3)非平稳模型(胡聿贤和周锡元，1962；王光远，1964；Amin and Ang，1968；Jennings et al.，1968)

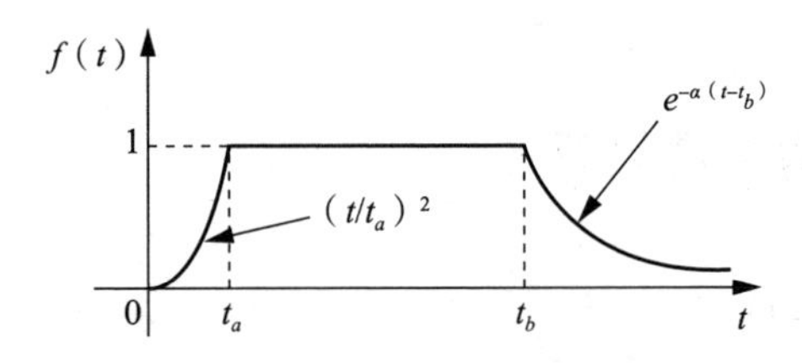

图 D-2　非平衡模型图

$$f(t)=\begin{cases}(t/t_a)^2, & 当\ t\leqslant t_a\\ 1, & 当\ t_a<t\leqslant t_b\\ e^{-\alpha(t-t_b)}, & 当\ t\geqslant t_b\end{cases} \quad \text{(D-4)}$$

(4)互功率谱模型

$$S_B(\omega)=\begin{bmatrix}S_{11}(\omega), & S_{12}(\omega), & \cdots, & S_{1m}(\omega)\\ S_{21}(\omega), & S_{22}(\omega), & \cdots, & S_{2m}(\omega)\\ \vdots & \vdots & \vdots & \vdots\\ S_{m1}(\omega), & S_{m2}(\omega), & \cdots, & S_{mm}(\omega)\end{bmatrix} \quad \text{(D-5)}$$

D.2　相干函数模型

(1)相干函数表达式

$$\gamma_{kj}(\omega)=\begin{cases}\dfrac{S_{kj}(\omega)}{\sqrt{S_{kk}(\omega)S_{jj}(\omega)}}, & 若\ S_{kk}(\omega)S_{jj}(\omega)\neq 0\\ 0, & 其他\end{cases} \quad \text{(D-6)}$$

其复数形式为：

$$\gamma_{kj}(\omega)=|\gamma_{kj}(\omega)|\exp[i\vartheta_{kj}(\omega)] \quad \text{(D-7)}$$

其中，$|\gamma_{kj}(\omega)|\leqslant 1$。

(2)冯启明-胡聿贤模型(1981)

$$|\gamma(\omega,\ d_{kj})| = \exp[-(\rho_1\omega+\rho_2)d_{kj}] \tag{D-8}$$

对海城地震：$\rho_1=2\times10^{-5}\mathrm{s/m}$，$\rho_2=88\times10^{-4}\mathrm{s/m}$

(3)Loh-Yeh 模型(1988)

$$|\gamma(\omega,\ d_{kj})| = \exp\left(-\alpha\frac{\omega d_{kj}}{2\pi v_a}\right) \tag{D-9}$$

根据 40 条加速度记录，识别给出 $\alpha=0.125$(1991)。

(4)屈铁军-王前信模型(1996)

$$|\gamma(\omega,\ d_{kj})| = \exp(-a(\omega)d_{kj}^{b(\omega)}) \tag{D-10}$$

其中，$a(\omega)=(12.19+0.17\omega^2)\times10^{-4}$，$b(\omega)=(76.74-0.55\omega)\times10^{-2}$。

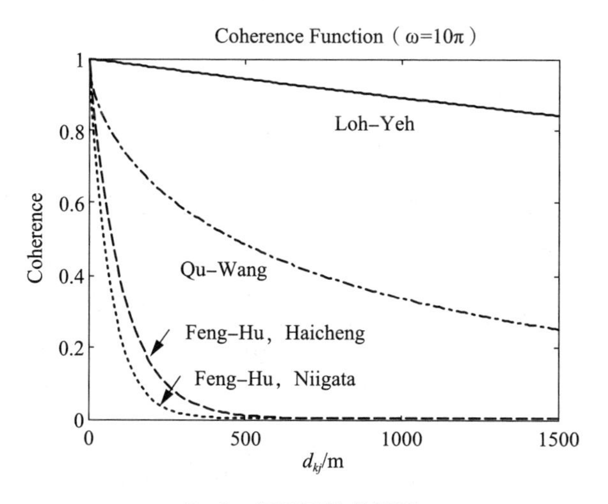

D-3　相干函数曲线图

D.3　互功率谱

若各点自功率谱相同，则互功率谱为：

$$S_B(\omega)=G^*RG\cdot S(\omega) \tag{D-11}$$

其中，$G=diag[e^{i\omega t_1}, e^{i\omega t_2}, \cdots, e^{i\omega t_m}]$，$R=\begin{bmatrix} 1 & |\gamma_{12}| & \cdots & |\gamma_{1m}| \\ |\gamma_{12}| & 1 & \cdots & |\gamma_{2m}| \\ \vdots & \vdots & \vdots & \vdots \\ |\gamma_{m1}| & |\gamma_{m2}| & \cdots & 1 \end{bmatrix}$

D.4 基于数学分解的随机函数模型

(1) Karhunen-Loève 分解

将一个随机过程首先表示为：

$$X(t)=X_0(t)+X_\sigma(t) \tag{D-12}$$

自相关函数为：

$$K_X(t_1, t_2)=E[X_\sigma(t_1)X_\sigma(t_2)] \tag{D-13}$$

设存在：

$$\int_T K_X(t_1, t_2)f_n(t_1)\mathrm{d}t_1=\lambda_n f_n(t_2) \tag{D-14}$$

则 $\lambda_n(n=1, 2, \cdots)$ 为本征值，$f_n(t)(n=1, 2, \cdots)$ 为本征函数，且满足如下正交性条件：

$$\int_T f_n(t)f_m(t)\mathrm{d}t=\delta_{nm}=\begin{cases}1, & 若\ n=m \\ 0, & 其他\end{cases} \tag{D-15}$$

因此，存在：

$$K_X(t_1, t_2)=\sum_{n=1}^{\infty}\lambda_n f_n(t_1)f_n(t_2) \tag{D-16}$$

令方程

$$\overline{X}_\sigma(t)=\sum_{n=1}^{\infty}\zeta_n\sqrt{\lambda_n}f_n(t) \tag{D-17}$$

其中，$E[\zeta_k\zeta_\ell]=\delta_{k\ell}=\begin{cases}1, & 当\ k=\ell \\ 0, & 其他\end{cases}$

则有：

$$K_{\tilde{X}}(t_1, t_2)=\sum_{n=1}^{\infty}\sum_{m=1}^{\infty}E[\zeta_n\zeta_m]\sqrt{\lambda_n\lambda_m}f_n(t_1)f_m(t_2) \tag{D-18}$$

利用正交性，可得：

$$K_{\tilde{X}}(t_1,\ t_2)=\sum_{n=1}^{\infty}\sum_{m=1}^{\infty}E[\zeta_n\zeta_m]\sqrt{\lambda_n\lambda_m}f_n(t_1)f_m(t_2)$$
$$=\sum_{n=1}^{\infty}\lambda_n f_n(t_1)f_n(t_2) \tag{D-19}$$
$$=K_X(t_1,\ t_2)$$

$$X(t)=X_0(t)+\sum_{n=1}^{\infty}\zeta_n\sqrt{\lambda_n}f_n(t) \tag{D-20}$$

(2)经典谱表达方法

经典谱表达法表达式如下：

$$X(t)=\sum_{j=1}^{N}A_j\cos(\omega_j t+\varphi_j) \tag{D-21}$$

经典谱表达法的关键在于如何确定每个分量的幅值，使得上述随机过程的功率谱密度函数等于给定的功率谱密度函数。

求均方值：

$$E[X^2(t)]=\sum_{j=1}^{N}\frac{A_j^2}{2} \tag{D-22}$$

$$E[X^2(t)]=\frac{1}{2\pi}\int_0^{\infty}G(\omega)\mathrm{d}\omega$$
$$\approx\frac{1}{2\pi}\sum_{i=1}^{N}G(\omega_i)\Delta\omega_i \tag{D-23}$$

对比可以给出：

$$\frac{A_j^2}{2}=\frac{1}{2\pi}G(\omega_i)\Delta\omega_i \tag{D-24}$$

$$A_j=\sqrt{\frac{G(\omega_i)\Delta\omega_i}{\pi}}=\sqrt{\frac{2S(\omega_i)\Delta\omega_i}{\pi}} \tag{D-25}$$

设随机协和函数为：

$$X(t)=\sum_{j=1}^{N}A(\widetilde{\omega}_j)\cos(\widetilde{\omega}_j t+\varphi_j) \tag{D-26}$$

求均方差为：

$$E[X^2(t)]=\sum_{j=1}^{N}\frac{E[A^2(\widetilde{\omega}_j)]}{2} \tag{D-27}$$

$$E[X^2(t)] = \frac{1}{2\pi}\int_0^{\infty} G(\omega)\mathrm{d}\omega \approx \frac{1}{2\pi}\sum_{i=1}^{N}\int_{\omega_{i-1}^{(p)}}^{\omega_i^{(p)}} G(\omega)\mathrm{d}\omega \tag{D-28}$$

对比给出：

$$\frac{E[A^2(\widetilde{\omega}_j)]}{2} = \frac{1}{2\pi}\int_{\omega_{i-1}^{(p)}}^{\omega_i^{(p)}} G(\omega)\mathrm{d}\omega \tag{D-29}$$

即：

$$\frac{1}{2}\int_{\omega_{i-1}^{(p)}}^{\omega_i^{(p)}} A^2(\omega)p_{\omega_j}(\omega)\mathrm{d}\omega = \frac{1}{2\pi}\int_{\omega_{i-1}^{(p)}}^{\omega_i^{(p)}} G(\omega)\mathrm{d}\omega \tag{D-30}$$

则有：

$$A(\omega) = \sqrt{\frac{1}{\pi p_{\omega_j}(\omega)}G(\omega)} \tag{D-31}$$

则第 1 类协和函数为：

$$p_{\omega_j}(\omega) = G(\omega)/\int_{\omega_{i-1}^{(p)}}^{\omega_i^{(p)}} G(\omega)\mathrm{d}\omega \tag{D-32}$$

$$A(\omega) = \sqrt{\frac{1}{\pi}\int_{\omega_{i-1}^{(p)}}^{\omega_i^{(p)}} G(\omega)\mathrm{d}\omega} \tag{D-33}$$

第 2 类协和函数为：

$$p_{\omega_j}(\omega) = \frac{1}{\omega_i^{(p)} - \omega_{i-1}^{(p)}} \tag{D-34}$$

$$A(\omega) = \sqrt{\frac{1}{\pi}G(\omega)(\omega_i^{(p)} - \omega_{i-1}^{(p)})} \tag{D-35}$$

附录 E　常用的正交多项式

E.1　基本概念

设$[a, b]$为有限或无限区间，定义在其上的函数$\omega(x)$，若满足如下性质：

(1)$\omega(x)\geqslant 0$，$x\in[a, b]$；

(2)$\int_a^b \omega(x)\mathrm{d}x>0$；

(3)积分$\int_a^b x^n\omega(x)\mathrm{d}x$，$n=1, 2, \cdots$存在，则称$\omega(x)$为$[a, b]$上的权函数。

对于系数$a_n\neq 0$的n阶多项式，即：

$$f_n(x)=a_nx^n+\cdots+a_1x+a_0,\quad n=0,\ 1,\ 2,\ \cdots \tag{E-1}$$

若满足

$$\int_a^b \omega(x)f_n(x)f_m(x)\mathrm{d}x=0,\quad n\neq m;\ n,\ m=0,\ 1,\ 2,\ \cdots \tag{E-2}$$

则称多项式序列$f_n(x)$，$f_m(x)$，…在区间$[a, b]$上带权$\omega(x)$正交，且称$f_n(x)$为区间$[a, b]$上带权$\omega(x)$的正交多项式。

当$n=m$时，有：

$$\int_a^b \omega(x)f_n^2(x)\mathrm{d}x = h_n \tag{E-3}$$

其中，$h_n>0$为常数。

若令

$$\varphi_n(x)=\frac{f_n(x)}{\sqrt{h_n}} \tag{E-4}$$

则由式(E-2)和式(E-3)可知：

$$\int_a^b \omega(x)\varphi_n(x)\varphi_m(x)\mathrm{d}x=\begin{cases}1, & \text{当 } n=m\\ 0, & \text{其他}\end{cases},\ n,\ m=0,\ 1,\ 2,\ \cdots \tag{E-5}$$

称 $\varphi_n(x)$ 为关于 $\varphi_n(x)$ 的标准带权正交函数系。

事实上，若取

$$\widetilde{\varphi}_n(x)=\frac{\varphi_n(x)}{\sqrt{\omega(x)}},\ n=0,\ 1,\ 2,\ \cdots \tag{E-6}$$

那么 $\varphi_n(x)$ 被转化为一般标准正交函数系。

若定义带权函数空间中的内积为：

$$\langle f,\ g\rangle = \int_a^b \omega(x)f(x)g(x)\mathrm{d}x \tag{E-7}$$

其中，$f(x)$，$g(x)$ 为带权空间中的点。

可以证明，式(E-7)所定义的内积空间是一希尔伯特空间。因此，在此空间上的任意函数 $f(x)$ 可以展开为如下广义 Fourier 级数：

$$f(x) = \sum_{i=0}^{\infty} c_i\varphi_i(x) \tag{E-8}$$

其中

$$c_i = \langle f,\ \varphi_i\rangle = \int_a^b \omega(x)f(x)\varphi_i(x)\mathrm{d}x \tag{E-9}$$

为函数 $f(x)$ 在基函数 $\varphi_i(x)$ 上的投影。

显然，上述带权正交分解是希尔伯特空间正交分解在带权函数的希尔伯特空间中的一种推广。当权函数 $\omega(x)=1$ 时，上述正交分解退化为希尔伯特空间中的正交分解。同样地，若先经转化后再进行正交分解，亦为一般希尔伯特空间的正交分解。即取

$$\tilde{f}(x)=\frac{f(x)}{\sqrt{\omega(x)}} \tag{E-10}$$

这样，以 $\tilde{f}(x)$ 为点的空间构成希尔伯特空间。由此可见，带权希尔伯特空间与转化后空间等价。

正交多项式有多种类型，每一种源于一个特定的生成函数，用 $G(x,t)$ 表示一般的生成函数，则有如下一般关系：

$$G(x,\ t)=\sum_{n=0}^{\infty}f_n(x)t^n \tag{E-11}$$

这意味着，正交多项式是生成函数关于参数 t 的级数展开式的系数。

在正交多项式的诸多性质中，最常见的是其递推性质。对于式(E-1)所定义的次数相邻的 3 个正交多项式 $f_{n-1}(x)$，$f_n(x)$，$f_{n+1}(x)$，存在如下一般递推关系：

$$f_{n+1}(x)=\frac{a_{n+1}}{a_n}(x-A_n)f_n(x)-\frac{a_{n+1}a_{n-1}}{a_n^2}B_nf_{n-1}(x) \tag{E-12}$$

其中

$$A_n=\frac{1}{h_n}\int_a^b x\omega(x)f_n^2(x)\,\mathrm{d}x \tag{E-13}$$

$$B_n=\frac{h_n}{h_{n-1}} \tag{E-14}$$

将式(E-12)整理并转化为标准带权正交函数系表示，则有：

$$x\varphi_n(x)=\alpha_n\varphi_{n-1}(x)+\beta_n\varphi_n(x)+\gamma_n\varphi_{n+1}(x) \tag{E-15}$$

其中

$$\alpha_n=\frac{a_{n-1}\sqrt{h_n}}{a_n\sqrt{h_{n-1}}} \tag{E-16}$$

$$\beta_n=\frac{1}{h_n}\int_a^b x\omega(x)f_n^2(x)\,\mathrm{d}x \tag{E-17}$$

$$\gamma_n=\frac{a_n\sqrt{h_{n+1}}}{a_{n+1}\sqrt{h_n}} \tag{E-18}$$

E.2 常用的正交多项式

下面介绍的常用正交多项式，为科学研究中常用的多项式。这些多项式包括 Hermite 多项式、Legendre 多项式、Gegenbauer 多项式。

(1) Hermite 多项式 $H_{e_n}(x)$

带权 Hermite 多项式是定义在$(-\infty,\ \infty)$上以 $e^{-x^2/2}$ 为权函数的正交多项式，由于其权函数恰好对应于概率论中标准正态分布的密度函数，因此在关于概率测度空间的函数展开中有重要作用。

带权 Hermite 多项式的表达式为：

$$H_{e_n}(x)=(-1)^n e^{(x^2/2)} d^n/(dx^n)(e^{(-x^2/2)}),\ n=0,\ 1,\ 2,\ \cdots \quad (E-19)$$

可以证明，对 $H_{e_n}(x)$ 有：

$$h_n=\int_{-\infty}^{\infty} e^{-\frac{x^2}{2}} H_{e_n}^2(x)\,\mathrm{d}x=\sqrt{2\pi}\,n! \quad (E-20)$$

由式可知，前几阶多项式为：

$$\begin{cases} H_{e_0}=1 \\ H_{e_1}=xxB \\ H_{e_2}=x \\ H_{e_3}=x \\ H_{e_4}=x \\ \cdots \end{cases} \quad (E-21)$$

事实上，关于 $H_{e_n}(x)$ 的递推关系式可写为：

$$\begin{cases} H_{e_{n+1}}(x)=xH_{e_n}(x)-nH_{e_{n-1}}(x) \\ H_{e_0}=1,\ H_{e_1}=x \end{cases} \quad (E-22)$$

图 E-1 给出了前 6 个带权 Hermite 多项式的图形。

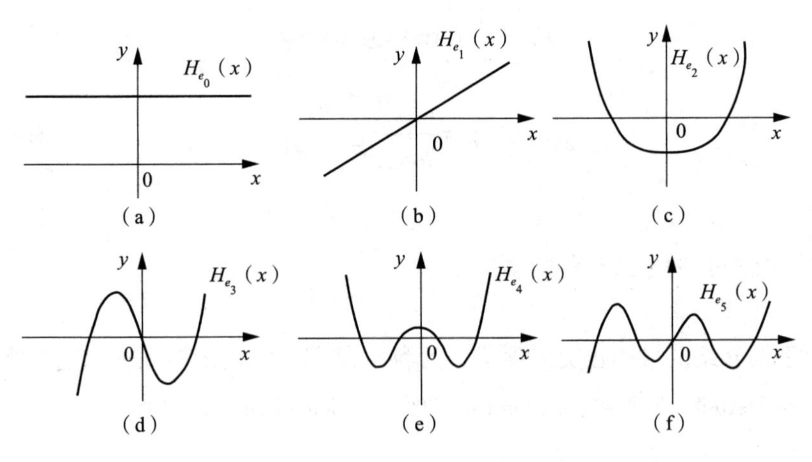

图 E-1　Hermite 多项式

(2) Legendre 多项式 $P_n(x)$

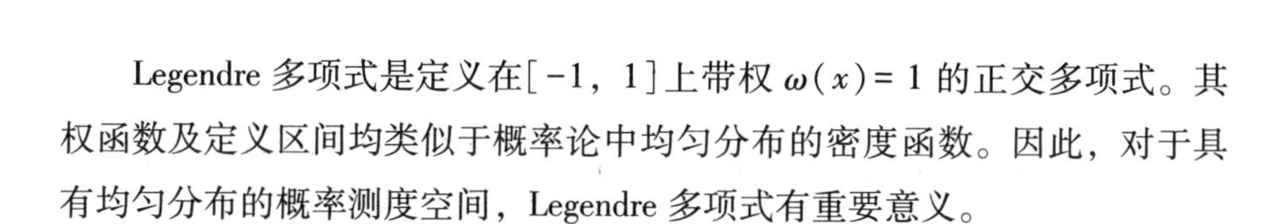

Legendre 多项式是定义在[−1，1]上带权 $\omega(x)=1$ 的正交多项式。其权函数及定义区间均类似于概率论中均匀分布的密度函数。因此，对于具有均匀分布的概率测度空间，Legendre 多项式有重要意义。

Legendre 多项式的表达式为：

$$P_n(x)=\frac{1}{2^n n!}\frac{d^n}{dx^n}[(x^2-1)^n]，n=0，1，2，\cdots \tag{E-23}$$

可以证明，对 $P_n(x)$ 存在：

$$h_n=\int_{-1}^{1}P_n^2(x)\,\mathrm{d}x=\frac{2}{2n+1} \tag{E-24}$$

由式(E-23)可知，前几阶多项式为：

$$\begin{cases}P_0(x)=1\\P_1(x)=x\\P_2(x)=\dfrac{1}{2}(3x^2-1)\\P_3(x)=\dfrac{1}{2}(5x^3-3x)\\P_4(x)=\dfrac{1}{8}(35x^4-30x^2+3)\\\cdots\end{cases} \tag{E-25}$$

任意阶 Legendre 多项式可由下述递推公式给出：

$$P_{n+1}(x)=\frac{2n+1}{n+1}xP_n(x)-\frac{n}{n+1}P_{n-1}(x) \tag{E-26}$$

Legendre 多项式的图形类似于图 E−1。

(3) Gegenbauer 多项式 $C_n^{(n)}(x)$

Gegenbauer 多项式是定义在[−1，1]区间上以 $(1-x^2)^{\alpha-\frac{1}{2}}$ 为权函数的正交多项式，其一般表达式为：

$$C_n^{(n)}(x)=\frac{(-1)^n(2\alpha)^n}{2^n n!\left(\alpha+\frac{1}{2}\right)^n(1-x^2)^{\alpha-\frac{1}{2}}}\frac{\mathrm{d}^n}{\mathrm{d}x^n}[(1-x^2)^{n+\alpha-\frac{1}{2}}]，\alpha>\frac{1}{2}，n=0，1，2，\cdots \tag{E-27}$$

其中，α 为一定值参数。

可以证明，对 $C_n^{(n)}(x)$ 存在

$$h_n=\int_{-1}^{1}(1-x^2)^{\alpha-\frac{1}{2}}[C_n^{\alpha}(x)]^2\mathrm{d}x=\frac{\pi 2^{1-2\alpha}\Gamma(n+2\alpha)}{n!\ (n+\alpha)[\Gamma(\alpha)]^2} \tag{E-28}$$

其中，Γ(·)为 Gamma 函数。

类似地，由式可知，前几阶多项式为：

$$\begin{cases}C_0^{(\alpha)}(x)=1\\ C_1^{(\alpha)}(x)=2\alpha x\\ C_2^{(\alpha)}(x)=2a(1+\alpha)x^2-\alpha\\ C_3^{(\alpha)}(x)=\dfrac{4}{3}\alpha(1+\alpha)(2+\alpha)x^3-2\alpha(1-\alpha)x\\ \cdots\end{cases} \tag{E-29}$$

其余各阶多项式可由下述递推公式给出：

$$C_{n+1}^{(\alpha)}(x)=\frac{2(n+\alpha)}{n+1}xC_n^{(\alpha)}(x)-\frac{n+2\alpha-1}{n+1}C_{n-1}^{(\alpha)}(x) \tag{E-30}$$

在一些文献中，Gegenbauer 多项式又称为超球体多项式。其典型图形也类似于图 E-1。

附录 F　地震动记录背景资料

表 F-1　地震动记录背景资料

编号	地震事件名称	地震年份	地震动记录条数
1	Almiros, Greece	1980	2
2	Anza(Horse Canyon)-01	1980	10
3	Baja California	1987	2
4	Big Bear-01	1992	90
5	Bishop(Rnd Val)	1984	2
6	Borah Peak, ID-01	1983	16
7	Borah Peak, ID-02	1983	6
8	Borrego Mtn, CA	1968	12
9	Borrego	1968	14
10	CA_Baja Border Area	2002	8
11	Caldiran, Turkey	1976	2
12	CapeMendocino	1992	26
13	Central Calif-01	1954	2
14	Central Calif-02	1960	2
15	Chalfant Valley-01	1986	10
16	Chalfant Valley-02	1986	22
17	Chalfant Valley-03	1986	6
18	Chalfant Valley-04	1986	4
19	Chuetsu-oki	2007	1164
20	Coalinga-01	1983	92
21	Coalinga-02	1983	40
22	Coalinga-03	1983	6

续表

编号	地震事件名称	地震年份	地震动记录条数
23	Coalinga-04	1983	22
24	Coalinga-05	1983	22
25	Coalinga-06	1983	4
26	Coalinga-07	1983	4
27	Coalinga-08	1983	4
28	Corinth, Greece	1981	2
29	Coyote Lake	1979	20
30	Dinar, Turkey	1995	16
31	DoubleSprings	1994	2
32	Drama, Greece	1985	4
33	Dursunbey, Turkey	1979	6
34	Duzce, Turkey	1999	26
35	El Alamo	1956	2
36	El Mayor-Cucapah	2010	700
37	Erzican, Turkey	1992	2
38	Friuli, Italy-01	1976	10
39	Friuli, Italy-02	1976	8
40	Fruili, Italy-03	1976	8
41	Gazli, USSR	1976	2
42	Georgia, USSR	1991	10
43	Griva, Greece	1990	4
44	Gulf of Aqaba	1995	4
45	Helena, Montana-01 02	1935	4
46	Hollister-01	1961	2
47	Hollister-02	1961	2
48	Hollister-03	1974	6
49	Hollister-04	1986	4
50	Humbolt Bay	1937	2
51	Ierissos, Greece	1983	2

续表

编号	地震事件名称	地震年份	地震动记录条数
52	Imperial Valley-01	1938	2
53	Imperial Valley-02	1940	2
54	Imperial Valley-03	1951	2
55	Imperial Valley-04	1953	2
56	Imperial Valley-05	1955	2
57	Imperial Valley-06	1979	64
58	Imperial Valley-07	1979	32
59	Imperial Valley-08	1979	2
60	Irpinia, Italy-01	1980	24
61	Irpinia, Italy-02	1980	20
62	Irpinia, Italy-03	1981	12
63	Iwate	2008	734
64	Izmir, Turkey	1977	2
65	Kalamata, Greece-01	1986	2
66	Kalamata, Greece-02	1986	6
67	KernCounty	1952	8
68	Kobe, Japan	1995	44
69	Kocaeli, Turkey	1999	62
70	Kozani, Greece-01	1995	14
71	Kozani, Greece-02	1995	4
72	Kozani, Greece-03	1995	4
73	Kozani, Greece-04	1995	6
74	Landers	1992	154
75	Lazio-Abruzzo, Italy	1984	16
76	LittleSkull Mtn, NV	1992	8
77	Livermore-01	1980	14
78	Livermore-02	1980	16
79	Loma Prieta	1989	166
80	Lytle Creek	1970	20

续表

编号	地震事件名称	地震年份	地震动记录条数
81	Mammoth Lakes-01	1980	6
82	Mammoth Lakes-02	1980	6
83	Mammoth Lakes-03	1980	8
84	Mammoth Lakes-04	1980	8
85	MammothLakes-05	1980	4
86	Mammoth Lakes-06	1980	10
87	Mammoth Lakes-07	1980	12
88	Mammoth Lakes-08	1980	14
89	Mammoth Lakes-09	1980	18
90	Mammoth Lakes-10	1983	2
91	Mammoth Lakes-11	1983	2
92	Managua，Nicaragua-01 02	1972	4
93	Manjil，Iran	1990	14
94	Mohawk Val，Portola	2001	22
95	Morgan Hill	1984	48
96	Mt. Lewis	1986	2
97	N. Palm Springs	1986	66
98	Nahanni，Canada	1985	6
99	New Zealand-01	1984	2
100	New Zealand-02	1987	2
101	Niigata，Japan	2004	1060
102	Norcia，Italy	1979	6
103	Northern Calif-01	1941	2
104	Northern Calif-02	1952	2
105	Northern Calif-03	1954	2
106	Northern Calif-04	1960	2
107	Northern Calif-05	1967	2
108	Northern Calif-06	1967	2
109	Northern Calif-07	1975	10

续表

编号	地震事件名称	地震年份	地震动记录条数
110	Northridge-01	1994	304
111	Northridge-02	1994	10
112	Northridge-03	1994	6
113	Northridge-04	1994	16
114	Northridge-05	1994	8
115	Northwest Calif-01	1938	2
116	Northwest Calif-02	1941	2
117	Northwest Calif-03	1951	2
118	Oroville-01	1975	2
119	Oroville-02	1975	4
120	Oroville-03	1975	18
121	Oroville-04	1975	6
122	Parkfield	1966	10
123	Parkfield-02，CA	2004	156
124	Pelekanada，Greece	1984	2
125	Point Mugu	1973	2
126	Roermond，Netherlands	1992	6
127	San Fernando	1971	88
128	San Francisco	1957	2
129	San JuanBautista	1998	8
130	San Salvador	1986	4
131	Santa Barbara	1978	4
132	Sierra Madre	1991	6
133	Sitka，Alaska	1972	2
134	Southern Calif	1952	2
135	Spitak，Armenia	1988	2
136	St Elias，Alaska	1979	4
137	Stone Canyon	1972	6
138	Superstition Hills-01	1987	2

续表

编号	地震事件名称	地震年份	地震动记录条数
139	Superstition Hills-02	1987	22
140	Tabas，Iran	1978	14
141	Taiwan SMART1(25)	1983	70
142	Taiwan SMART1(33)	1985	66
143	Taiwan SMART1(40)	1986	72
144	Taiwan SMART1(45)	1986	72
145	Taiwan SMART1(5)	1981	52
146	Tottori，Japan	2000	828
147	Trinidad	1980	6
148	Trinidad offshore	1983	4
149	Upland	1990	6
150	Veroia，Greece	1984	4
151	Victoria，Mexico	1980	8
152	Westmorland	1981	12
153	Whittier Narrows-01	1987	234
154	Whittier Narrows-02	1987	140
155	Yorba Linda	2002	246
156	Yountville	2000	6

参考文献

1. 英文参考文献

[1] MOEHLE J. P.. Displacement-based design of RC structures subjected to earthquakes[J]. Earth-quake SPeetra, 1992, 3: 403-428.

[2] COUINS J. D., ThOMSON W. T.. The eigenvalve problem for structural system with statistical properies [J]. American Institute of Aeronautics and Astronautics(AIAA) Journal. 1969. 7(4): 642-648.

[3] WEN Y. K.. Reliabitity and performance based design[J]. Structural safety, 2001, 23: 407-428.

[4] BERTERO R. D., VERTERO V.. Performance based seismic engineering: the need for a reliable conceptual comprehensive approach[J]. Earthquake engineering and structural dynamics, 2002, 31: 627-652.

[5] GANZERLI S., PANTELIDES C. P., REAVELEY L. D.. Performance-based design using optimization desige[J]. Earthquake engineering and structural dynamics, 2000, 29: 1677-1690.

[6] GHOBARAH A.. Performance-based design in earthquake engineering: state of development[J]. Engineering structures, 2001, 23: 878-884.

[7] CHANDLER A. M., LAM N. T. K.. Performance-based design in earthquake engineering: a multidisciplinary review[J]. Engineering structures, 2001, 23: 1525-1543.

[8] CHANDLER A. M., MENDIS P. A.. Performance of reinforced concrete frames using force and displacement based seismic assessment methods [J]. Engieering structures, 2000: 352-363.

[9] CHOI B. J., SHEN J. H.. The establishing of performance level thresh-

olds for steel moment-resistant frame using energy approach[J]. The structural design of tall buildings, 2001, 10: 53-67.

[10] MEDHEKAR M. S., KENNEDY D. J.. Displacement-based seismic design of buildings - application [J]. Engineering structures, 2000, 22: 210-221.

[11] ANG A. H. S., LEE J. C.. Cost optimal design of RC buildings[J]. Reliability engineering and system safety, 2001, 73: 233-238.

[12] KRAWINKLER H.. Challenges and progress in performance-based earthquake engineering[C]. Tokyo: International Seminar on Seismic Engineering for Tomorrow-in Honor of Professor Hiroshi Akiyama, 1999.

[13] EUROCODE-8. Design of structures for earthquake resistance. general rules[C]. London: British Standards Institution, 2003.

[14] FREEMAN S. A.. Development and use of Capacity Spectrum Method [A]//Proc. 6th U S Conf. On Earthquake Engineering. Berkeley: Scattle Washington, 1998.

[15] SKOKAN M. J., HART G. C. Reliability of nonlinear static methods for the seismic performance prediction of steel frame buildings[C]. Auekland: Proceedings of the 12th world Conference of Earthquake Engineering, 2000.

[16] CHOPRA A. K., GOEL R. K.. A modal pushover analysis procedure for estimating Seismic demand for buildings[J]. Earthquake engineering & stnjetural dynamies, 2003(31): 417-442.

[17] JAN T. S., LIU M. W., KAO Y. C.. An upper-bound pushover analysis procedure for estimating the seismic demands of high-rise buildings[J]. Engineering structure, 2004(26): 117-128.

[18] HELMUT KRA W, SENERVIRATNA K.. Pros and cons of a pushover analysis of seismic performance evaluation[J]. Engineering structures, 1998(4): 452-464.

[19] Sun J. J., TETSURO N. O., ZHAO Y. G, et al.. Lateral load pattern in pushover analysis[J]. Earthquake engineering and engineering vibration, 2003(1): 99-108.

[20] LIU W. K.. Finite element procedures for fluid-structure interactions and application to liquid storage tanks[J]. Nucl Eng Des, 1981, 65: 211-238.

[21] WESTERGAARD. H. M.. Water pressures on dams during earthquakes [J]. Transactions of the American sockty of Civil Engineers, 1933, 98: 418-433.

[22] MA W. Y., CHENG Y. Y., LIU P., et al.. Research on system reliability of the Minghe Aqueduct in the Middle Route Project of the South-to-North[J]. Applied mechanics and materials, 2012: 2601-2605.

[23] MAZARS J.. A description of micro-and macro-scale damage of concrete structures[J]. Engineering fracture mechanics, 1986, 25(5): 729-737.

[24] MAZARS J.. Application de la mecanique de lendommagement au comportement non lineaire et a la rupture du beton de structure[D]. Paris: These de Doctorate d'Etat, L. M. T., Universite, 1984.

[25] SIMO J. C., JU J. W.. Strain-and stress-based continuum damage models-I. formulation[J]. International journal of solids and structures, 1987, 23(7): 821-840.

[26] SIMO J. C., JU J. W.. Strain-and stress-based continuum damage models-II. computational aspects[J]. International journal of solids and structures, 1987, 23(7): 841-869.

[27] LUBLINER J., OLIVER J., OLLER S., et al.. A plastic-damage model for concrete[J]. International journal of solids and structures, 1989, 25(3): 299-326.

[28] JU J. W.. On energy-based coupled elastoplastic damage theories: Constitutive modeling and computational aspects[J]. International journal of solids and structures, 1989, 25(7): 803-833.

[29] LEE J., FENVES G. L.. Plastic-damage model for cyclic loading of concrete structures[J]. Journal of engineering mechanics, 1998, 124(8): 892-900.

[30] WU J. Y., LI J., FARIA R.. An energy release rate-based plastic-damage model for concrete[J]. International journal of solids and structures, 2006,

43(3): 583-612.

[31] KRAJCINOVIC D., SILVA M. A. G.. Statistical aspects of the continuous damage theory[J]. International journal of solids and structures, 1982, 18(7): 551-562.

[32] BREYSSE D.. Probabilistic formulation of damage-evolution law of cementious composites[J]. Journal of engineering mechanics, 1990, 116(7): 1489-1511.

[33] KANDARPA S., KIRKNER D.J., SPENCER J.B.F.. Stochastic damage model for brittle materials subjected to monotonic loading[J]. Journal of engineering mechanics, 1996, 122(8): 788-795.

[34] PITARKA A., SOMERVILLE P., FUKUSHIMA Y., et al.. Simulation of near-fault strong-ground motion using hybrid Green's functions[J]. Bulletin of the seismological society of America, 2000, 90(3): 566-586.

[35] LI J., REN X. D.. Stochastic damage model for concrete based on energy equivalent strain [J]. International journal of solids and structures, 2009, 46(11-12).

[36] CAUGHEY T. K.. Equivalent linearization techniques [J]. The journal of the acoustical society of America, 1963, 35(11): 1706-1711.

[37] LUTES L. D.. Approximate technique for treating random vibration of hysteretic systems[J]. The journal of the accoustical society of America, 1970, 48(1B): 299-306.

[38] ASSAF S. A., ZIRKLE L. D.. Approximate analysis of nonlinear stochastic systems[J]. International journal of control, 1976, 23(4): 477-492.

[39] ROBERTS J. B., SPANOS P. D.. Stochastic averaging: an approximate method of solving random vibration problems[J]. International journal of non-linear mechanics, 1986, 21(2): 111-134.

[40] SOONG T. T., GRIGORIU M.. Random vibration of mechanical and structural systems[M]. Upper Saddle River: Prentice Hall, 1993.

[41] SOONG T. T., BOGDANOFF L. J.. On the natural frequencies of a disordered linear chain of N degrees of freedom[J]. International journal of me-

chanical sciences, 1963, 5(3): 237-265.

[42] BOYCE W. E., GOODWIN B. E.. Random transverse vibrations of elastic beams[J]. Journal of the society for industrial and applied mathematics, 1964, 12(3): 613-629.

[43] COLLINS J. D., THOMSON W. T.. The eigenvalue problem for structural system with statistical properties[J]. American institute of aeronautics and astronautics(AIAA)journal, 1969, 7(4): 642-648.

[44] HASSELMAN T. K., HART G. C.. Modal analysis of random structural systems[J]. Journal of the engineering mechanics division, 1972, 98(3): 561-579.

[45] NAKAGIRI S., HISADA T.. A note on stochastic finite element method (Part 1): variation of stress and strain caused by shape fluctuation[J]. Monthly j inst industrial Sci, University of Tokyo, 1980, 32: 39-42.

[46] HISADA T., NAKAGIRI S.. A note on stochastic finite element method(Part 2): variation of stress and strain caused by fluctuations of material properties and geometrical boundary conditions[J]. Journal of the institute of industrial science, university of Tokyo, 1980, 32(5): 262-265.

[47] HISADA T., NAKAGIRI S.. A note on stochastic finite element method(Part 3): an extension of the methodology to Non-Linear Problems[J]. Seisan-Kenkyu, 1980, 32(12): 572-575.

[48] LIU W. K., BELYTSCHKO T., MANI A.. Probabilistic finite elements for nonlinear structural dynamics[J]. Computer methods in applied mechanics and engineering, 1986, 56(1), 61-81.

[49] LIU W. K., BESTERFIELD G., BELYTSCHKO T.. Transient probabilistic systems: computer methods in applied[J]. Mechanics and engineering, 1988, 67(1): 27-54.

[50] TEIGEN J. G., FRANGOPOL D. M., STURE S.. Probabilistic FEM for nonlinear concrete structures[J]. Journal of structural engineering, 1991, 117(9): 2674-2689.

[51] FRANGOPOL D. M., LEE Y. H., WILLAM K. J.. Nonlinear finite element reliability analysis of concrete[J]. Journal of engineering mechanics,

1996, 122(12): 1174-1182.

[52] KLEIBER M., HIEN T. D.. The stochastic finite element method: basic perturbation technique and computer implementation[M]. New York: Wiley & Sons, 1992.

[53] SHINOZUKA M.. Monte Carlo solution of structural dynamics[J]. Monte Carlo solution of structural dynamics, 1972, 2(5-6): 855-874.

[54] SHINOZUKA M., JAN C. M.. Digital simulation of random processes and its applications [J]. Journal of sound and vibration, 1972, 25 (1): 111-128.

[55] SHINOZUKA M., LENOE E.. A probabilistic model for spatial distribution of material properties[J]. Engineering fracture mechanics, 1976, 8 (1): 217-227.

[56] YAMAZAKI F., SHINOZUKA M., DASGUPTA G.. Neumann expansion for stochastic finite element analysis[J]. Journal of engineering mechanics, 1988, 114(8): 1335-1354.

[57] SUN T. C.. A finite element method for random differential equations with random coefficients[J]. SIAM journal on numerical analysis, 1979, 16 (6): 1019-1035.

[58] GHANEM R. G., SPANOS P. D.. Polynomial chaos in stochastic finite elements[J]. Journal of applied mechanics, 1990, 57(1): 197-202.

[59] GHANEM R. G., SPANOS P. D.. Stochastic finite elements: a spectral approach[M]. New York: Springer-Verlag, 1991.

[60] JENSEN H., IWAN W. D.. Response variability in structural dynamics [J]. Earthquake engineering & structural dynamics, 1991, 20(10): 949-959.

[61] NAIR P. B., KEANE A. J.. Stochastic reduced basis methods[J]. AIAA journal, 2002, 40(8): 1653-1664.

[62] LI J., LIAO S. T.. Response analysis of stochastic parameter structures under non - stationary random excitation [J]. Computational mechanics, 2001, 27(1): 61-68.

[63] WU J. Y., LI J., FARIA R.. An energy release rate-based plastic-

damage model for concrete[J]. International journal of solids and structures, 2006, 43(3-4): 583-612.

[64] FARIA R., OLIVER J., CERVERA M.. A strain-based plastic viscous-damage model for massive concrete structures[J]. International journal of solids and structures, 1998, 35(14): 1533-1558.

[65] FARIA R., OLIVER J., CERVERA M.. Modeling material failure in concrete structures under cyclic actions[J]. Journal of structural engineering, 2004, 130(12): 1997-2005.

[66] LEMAITRE J.. A continuous damage mechanics model for ductile fracture[J]. Journal of engineering materials and technology, 1985, 107(1): 83-89.

[67] SIMO J. C., HUGHES T. J. R.. Computational inelasticity[M]. New York: Springer-Verlag, 1998.

[68] BELYTSCHKO T., LIU W. K., MORAN B.. Nonlinear finite elements for continua and structures[M]. 2nd ed. Chichester: John Wiley & Sons, 2014.

[69] NEUENHOFER A., FILIPPOU F. C.. Evaluation of nonlinear frame finite-element models[J]. Journal of structural engineering, 1997, 123(7): 958-966.

[70] HSU T. T. C., MO Y. L.. Unified theory of concrete structures[M]. New York: John Wiley & Sons, Inc., 2010.

[71] FILIPPOU F. C., POPOV E. P., BERTERO V. V.. Effects of bond deterioration on hysteretic behavior of reinforced concrete joints[R]. Berkeley: Earthquake Engineering Research Center, University of California, 1983.

[72] SONG K. H., TANG J. G.. D'alembert principle in the velocity space[J]. Applied mathematics and mechanics, 1999, 20(9): 1031-1037.

[73] NEWMARK N. M.. A method of computation for structural dynamics[J]. Journal of the engineering mechanics division, 1959, 85(3): 67-94.

[74] MATTHIES H., STRANG G.. The solution of nonlinear finite element equations[J]. International journal for numerical methods in engineering, 1979, 14(11): 1613-1626.

[75] MAHASUVERACHAI M.. Inelastic analysis of piping and tubular structures[R]. Berkeley: Earthquake Engineering Research Center, University of California, 1982.

[76] KABA S., MAHIN S. A.. Refined modeling of reinforced concrete columns for seismic analysis[R]. Berkeley: Earthquake Engineering Research Center, University of California, 1984.

[77] DING Y. Q., PENG Y. B., LI J.. A stochastic semi-physical model of seismic ground motions in time domain[J]. Journal of earthquake and tsunami, 2018, 83(1-2): 1015-1027.

[78] LI J., CHEN J. B.. Stochastic dynamics of structures [M]. Singapore: John Wiley & Sons, 2009.

[79] LI J., CHEN J. B.. Probability density evolution method for dynamic response analysis of structures with uncertain parameters[J]. Computational mechanics, 2004, 34(5): 400-409.

[80] CHEN J., LI J.. Dynamic response and reliability analysis of non-linear stochastic structures[J]. Probabilistic engineering mechanics, 2005, 20: 33-44.

[81] LI J., CHEN J. B.. The principle of preservation of probability and the generalized density evolution equation[J]. Structural safety, 2008, 30(1): 65-77.

[82] CHEN J. B., LI J.. A note on the principle of preservation of probability and probability density evolution equation[J]. Probabilistic engineering mechanics, 2009, 24(1): 51-59.

[83] LI J., CHEN J. B.. The dimension-reduction strategy via mapping for probability density evolution analysis of nonlinear stochastic systems[J]. Probabilistic engineering, 2006, 21(4): 442-453.

[84] LI J., CHEN J. B.. The probability density evolution method for dynamic response analysis of non-linear stochastic structures[J]. International journal for numerical methods, 2006, 65(6): 882-903.

[85] CHEN J. B., LI J.. Development-process-of-nonlinearity-based re-

liability evaluation of structures[J]. Probabilistic engineering mechanics, 2007, 22(3): 267-275.

[86] CHEN J. B., LI J.. Joint probability density function of the stochastic response of nonlinear structures[J]. Earthquake engineering and engineering vibration, 2007, 6(1): 35-47.

[87] LI J., CHEN J. B.. The number theoretical method in response analysis of nonlinear stochastic structures[J]. Computational mechanics, 2007, 39(6): 693-708.

[88] CHEN J. B., YANG J. Y., LI J.. A GF-discrepancy for point selection in stochastic seismic response analysis of structures with uncertain parameters[J]. Structural safety, 2016, 59: 20-31.

[89] LI J., CHEN J. B.. The number theoretical method in response analysis of nonlinear stochastic structures[J]. Computational mechanics, 2007, 39(6): 693-708.

[90] Vilaverde R.. Methods to assess the seismic collapse capacity of building structures[J]. Journal of structural enginering, 2007, 133(1): 57-66.

[91] LI J., ZHOU H., DING Y. Q.. Stochastic seismic collapse and reliability assessment of high-rise reinforced concrete structures[J]. The structural design of tall and special buildings, 2017, 27(2): e1417.

[92] WANG D., LI J.. Physical random function model of ground motions for engineering purposes[J]. Sci China Tech Sci, 2011, 54: 175-182.

[93] DING Y. Q., PENG Y. B., LI J.. Cluster analysis of seismic acceleration records and characteristic period of seismic response spectrum[J]. Journal of earthquake engineering, 2018(1): 1-22.

[94] CHEN J. B., LI J.. Stochastic seismic response analysis of structures exhibiting high nonlinearity[J]. Computers and structures, 2010, 88: 395-412.

[95] XU L., CHENG G. D.. Discussion on: moment methods for structural reliability[J]. Structural safety, 2003, 23: 193-199.

2. 中文参考文献

[1] 邵岩. 考虑水体作用的渡槽动力响应计算[D]. 南京：河海大

学，2006.

[2] 赵文华，陈德亮，颜其照，等．渡槽[M]．北京：水利电力出版社，1989.

[3] 陈厚群．南水北调工程抗震安全性问题[J]．中国水利水电科学研究院学报，2003，1(1)：17-22.

[4] 周云，安宇，梁兴文．基于性态的抗震设计理论和方法的研究与发展[J]．世界地震工程，2001，17(2)：1-7.

[5] 钱稼茹，吕文，方鄂华．基于位移延性的剪力墙抗震设计研究[J]．建筑结构学报，1999，20(3)：41-48.

[6] 方鄂华，钱稼茹．我国高层建筑设计的若干问题[J]．土木工程学报，1999，32(2)：1-5.

[7] 吕西林，郭子雄．建筑结构在罕遇地震下弹塑性变形验算的讨论[J]．工程抗震，1999(1)：15-20.

[8] 王光远，吕大刚．基于最优设防烈度和损伤性能的抗震结构优化设计[J]．哈尔滨建筑大学学报，1999，32(10)：1-5.

[9] 王克海，李茜．基于模态分析的 Push-over 方法在桥梁抗震分析中的应用[J]．铁道学报，2006，28(2)：79-84.

[10] 王英杰．基于 pushover 的结构时变抗震性能评估[D]．长春：吉林大学，2010.

[11] 王理，王亚勇，程绍革．空间结构非线性静力分析的工程应用[J]．建筑结构学报，2000，21(1)：57-62.

[12] 钱稼茹，罗文斌．静力弹塑性分析：基于性能/位移抗震设计的分析工具[J]．建筑结构，2000，30(6)：23-26.

[13] 欧进萍，侯钢领，等．概率 Pushover 分析方法及其在结构体系抗震可靠度评估中的应用[J]．建筑结构学报，2001(6)：8-86.

[14] 尹华伟，汪梦甫，周锡元．结构静力弹塑性分析方法的研究和改进[J]．工程力学，2003，20(4)：45-49.

[15] 王东升，李宏男，赵颖华，等．Ay—Dy 格式地震需求谱及其在结构性能抗震设计中的应用[J]．建筑结构学报，2006，27(1)：60-65.

[16] 李刚，刘永．三维偏心结构的 Pushover 分析[J]．计算力学学报，

2005，(5)：529-533.

[17] 德平，王全凤. 基于改进能力谱法的混凝土框架 Push-over 分析[J]. 工程力学，2008，25(1)：150-154.

[18] 毛建猛，谢礼立，翟长海. 模态 Pushover 分析方法的研究和改进[J]. 地震工程与工程振动，2006(6)：50-55.

[19] 汪梦甫，王锐. 基于位移的结构静力弹塑性分析方法的研究[J]. 地震工程与工程振动，2006(5)：73-80.

[20] 李遇春，楼梦麟，周成. 大型渡槽的竖向地震效应分析[J]. 地震工程与工程振动，2008，28(2)：102-107.

[21] 刘云贺，俞茂宏，王克成. 流体—固体瞬态动力耦合有限元分析研究[J]. 水利学报，2002(2)：85-89.

[22] 王博，徐建国，等. 考虑流固耦合的渡槽结构半主动控制研究[J]. 郑州大学学报(工学版)，2010，31(4)：89-92.

[23] 白新理，王丽芳，姚峰. 考虑流固耦合的矩形渡槽动力分析[J]. 华北水利水电学报，2009，30(5)：33-36.

[24] 何建涛. 大型渡槽流体与固体的动力耦合分析[D]. 西安：西安理工大学，2007.

[25] 李遇春. 大型渡槽抗震计算理论研究[D]. 武汉：武汉水利电力大学，1998.

[26] 张效松，叶天麒. 流-固耦合问题边界元-有限元耦合方法分析[J]. 石家庄铁道学院学报，2000，13(2)：6-9.

[27] 雷兴华. 基于性能的渡槽结构抗震性能分析方法研究[D]. 上海：同济大学，2008.

[28] 徐建国. 大型渡槽结构抗震分析方法及其应用[D]. 大连：大连理工大学，2005.

[29] 崔高航. 桥梁结构 PUSH-OVER 方法研究[D]. 哈尔滨：中国地震局工程力学研究所，2003

[30] 北京金土木软件技术有限公司，中国建筑标准设计研究院. SAP2000 中文版使用指南[M]. 北京：人民交通出版社，2006：450-460.

[31] 宗德玲. 基于 PUSH-OVER 分析的桥梁抗震评估方法研究[D].

南京：南京工业大学，2004.

[32] 闫颜 . Pushover 分析在框架结构中的应用[D]. 成都：西南交通大学，2009.

[33] 潘龙 . 基于推倒分析方法的桥梁结构地震损伤分析与性能设计[D]. 上海：同济大学，2001.

[34] 邵亮 . 考虑桩-土相互作用的轨道交通桥梁抗震性能研究[D]. 上海：同济大学，2007.

[35] 陆本燕 . 钢筋混凝土桥梁基于性能的抗震设计[D]. 西安：长安大学，2007.

[36] 欧进萍，何政，等 . 钢筋混凝土结构基于地震损伤性能的设计[J]. 地震工程与工程振动，1999，19(2)：21-29.

[37] 王维 . 推倒分析在桥梁抗震分析评价中的应用[D]. 成都：西南交通大学，2005.

[38] 张俊发，刘云贺，王克成 . 铅芯橡胶减震技术在渡槽中的应用[J]. 水利学报，1999(10)：65-69.

[39] 周魁一，苏克忠，贾振文，等 . 十四世纪以来我国地震次生水灾的研究[J]. 自然灾害学报，1992(3)：83-91.

[40] 徐建国 . 大型渡槽结构抗震分析方法及其应用[D]. 大连：大连理工大学，2005.

[41] 黄亮 . 大型渡槽结构半主动控制研究[D]. 郑州：郑州大学，2010.

[42] 水电水利规划设计总院 . 水电工程水工建筑物抗震设计规范[S]. 北京国家能源局，2015.

[43] 李遇春，朱暾，乐运国，等 . 大型高墩渡槽的横向动力特性分析[J]. 武汉水利电力大学学报，1998(4)：57-61.

[44] 王博，李杰 . 大型渡槽结构模态分析[J]. 地震工程与工程振动，2000(3)：60-66.

[45] 徐建国，王博 . 渡槽结构动力性能的有限元分析[J]. 郑州工业大学学报，1999，20(2)：71-73.

[46] 李遇春，朱暾，乐运国，等 . 大型高墩渡槽横向地震反应分析[J]. 武汉水利电力大学学报，1999，32(3)：44-47.

［47］王博，李杰．大型渡槽结构地震响应分析［J］．土木工程学报，2001，34(3)：29-34.

［48］季日臣，唐艳，夏修身，等．大型梁式渡槽采用摩擦摆支座的减隔震研究［J］．水力发电学报，2013，32(3)：213-217.

［49］高平，魏德敏，徐梦华．大型渡槽槽身的地震扭转效应研究［J］．水力发电学报，2013，32(3)：218-222.

［50］李正农，周振纲，朱旭鹏．槽墩高度对渡槽结构水平地震响应的影响［J］．地震工程与工程振动，2013，33(3)：245-257.

［51］王博，徐建国，陈淮，等．渡槽薄壁结构弹塑性动力分析模型及实验验证［J］．水利学报，2006，33(9)：1108-1113.

［52］聂利英，朱永虎，刘国光，等．排架支撑式渡槽排架损伤下地震响应分析［J］．水电能源科学，2012，30(1)：100-102.

［53］张社荣，冯奕，王高辉．强震作用下大型排架式 U 型渡槽的损伤破坏分析［J］．四川大学学报(工程科学版)，2013，45(1)：37-43.

［54］李杰，吴建营，陈建兵．混凝土随机损伤力学［M］．北京：科学出版社，2014.

［55］解伟，陈爱玖，李树山，等．涵洞式渡槽可靠度分析［J］．灌溉排水学报，2006，25(4)：90-92.

［56］吴剑国，金伟良，张爱晖，等．基于马氏链样本模拟的渡槽结构系统可靠度分析［J］．水利学报，2006，37(8)：985-990.

［57］徐建国，王博，陈淮，等．大型渡槽结构非线性地震响应可靠性分析［J］．人民长江，2009，40(21)：87-90.

［58］安旭文，朱暾．罕遇地震下渡槽槽架结构弹塑性侧移的可靠度分析［J］．武汉大学学报(工学版)，2010，43(5)：604-607.

［59］刘章军，方兴．大型渡槽结构随机地震反应与抗震可靠度分析［J］．长江科学院院报，2012，29(9)：77-81.

［60］李杰，陈建兵．随机振动理论与应用新进展［M］．上海：同济大学出版社，2008.

［61］李杰．混凝土随机损伤力学的初步研究［J］．同济大学学报(自然科学版)，2004，32(10)：1270-1277.

[62] 李杰，张其云．混凝土随机损伤本构关系[J]. 同济大学学报(自然科学版)，2001，29(10)：1135-1141.

[63] 李杰，杨卫忠．混凝土弹塑性随机损伤本构关系研究[J]. 土木工程学报，2009，42(2)：31-38.

[64] 李杰，任晓丹．混凝土随机损伤力学研究进展[J]. 建筑结构学报，2014，35(4)：20-29.

[65] 胡聿贤，周锡元．弹性体系在平稳和平稳化地面运动下的反应//刘恢先. 中国科学院土木建筑研究所地震工程研究报告：第一集[M]. 北京：科学出版社，1962，33-50.

[66] 朱位秋．随机振动[M]. 北京：科学出版社，1992.

[67] 林家浩，张亚辉．随机振动的虚拟激励法[M]. 北京：科学出版社，2004.

[68] 李杰．随机结构系统——分析与建模[M]. 北京：科学出版社，1996.

[69] 李杰．随机结构分析的扩阶系统方法(Ⅰ)——扩阶系统方程[J]. 地震工程与工程振动，1995，15(3)：111-118.

[70] 李杰．随机结构分析的扩阶系统方法(Ⅱ)——结构动力分析[J]. 地震工程与工程振动，1995，15(4)：27-35.

[71] 李杰．复合随机振动分析的扩阶系统方法[J]. 力学学报，1996，28(1)：66-75.

[72] 李杰，魏星．随机结构动力分析的递归聚缩算法[J]. 固体力学学报，1996，17(3)：263-267.

[73] 李杰．随机结构正交分解分析方法[J]. 振动工程学报，1999，12(1)：78-84.

[74] 李杰，陈建兵．随机动力系统中的概率密度演化方程及其研究进展[J]. 力学进展，2010，40(2)：170-188.

[75] 李杰，吴建营．混凝土弹塑性损伤本构模型研究Ⅰ：基本公式[J]. 土木工程学报，2005，38(9)：14-20.

[76] 周浩，李杰．基于不同本构模型的混凝土结构地震倒塌对比分析[J]. 建筑结构学报，2016，37(9)：8-18.

[77] 李杰，冯德成，任晓丹，等．混凝土随机损伤本构关系工程参数标定与应用[J]．同济大学学报(自然科学版)，2017，45(8)：1099-1107.

[78] 中华人民共和国住房和城乡建设部．混凝土结构设计规范[S]．北京：中国建筑科学研究院，2010.

[79] 过镇海．钢筋混凝土原理[M]．第3版．北京：清华大学出版社，2013.

[80] 过镇海．混凝土的强度和变形：试验基础和本构关系[M]．北京：清华大学出版社，1997.

[81] 国家建委建筑科学研究院，混凝土基本力学性能研究组．钢筋混凝土研究报告选集：混凝土的几个基本力学指标[M]．北京：中国建筑工业出版社，1977.

[82] 过镇海，张秀琴．砼受拉应力-变形全曲线的试验研究[J]．建筑结构学报，1988，9(4)：45-53.

[83] 陈学伟，林哲．结构弹塑性分析程序OpenSEES原理与实例[M]．北京：中国建筑工业出版社，2014.

[84] 陈学伟．剪力墙结构构件变形指标的研究及计算平台开发[D]．广州：华南理工大学，2011.

[85] 陈学伟，韩小雷，孙思为．三种非线性梁柱单元的研究及单元开发[J]．工程力学，2011，28(S1)：5-11.

[86] 冯光伟，程德虎，李明新，等．大断面U形预制渡槽止水构件试验与设计优化[J]．人民长江，2013(16)：39-42.

[87] 曾金鸿．东深供水改造工程渡槽伸缩缝新型止水结构设计与施工[J]．水利水电科技进展，2005(3)：35-37.

[88] 董安建，李现社．水工设计手册[M]．第2版．北京：中国水利水电出版社，2014.

[89] 李鸿晶，王通，廖旭．关于Newmark-β法机理的一种解释[J]．地震工程与工程振动，2011，31(2)：55-62.

[90] 王勖成．有限单元法[M]．北京：清华大学出版社，2003.

[91] 苏小凤．考虑水体质量双槽式渡槽结构地震反应研究[D]．兰州：兰州交通大学，2014.

[92] 万增勇，任晓丹，李杰．箍筋约束混凝土单轴拉压弹塑性损伤本构模型[J]．建筑结构学报，2014，35(增刊2)：349-355.

[93] 刘杰胜，吴少鹏，米铁轩．大型渡槽伸缩缝止水材料与结构研究[J]．水科学与工程技术，2009(2)：9-11.

[94] 周浩．混凝土结构随机倒塌分析理论与整体可靠性研究[D]．上海：同济大学，2018.

[95] 李杰，陈建兵．随机动力系统中的广义概率密度演化方程[J]．自然科学进展，2006，16(6)：712-719.

[96] 李杰，陈建兵．随机结构动力可靠度分析的概率密度演化方法[J]．振动工程学报，2004(2)：5-9.

[97] 李杰，陈建兵．随机结构非线性动力响应的概率密度演化分析[J]．力学学报，2003，35(6)：716-722.

[98] 李杰，陈建兵．随机结构动力反应分析的概率密度演化方法[J]．力学学报，2003，35(4)：437-442.

[99] 刘章军，陈建兵．结构动力学[M]．北京：中国水利水电出版社，2012.

[100] 林家浩，夏杰，张亚辉，等．非平稳随机摄动分析中的久期项效应[J]．振动工程学报，2003(1)：128-132.

[101] 宋鹏彦，陈建兵，万增勇，等．混凝土框架结构随机地震反应概率密度演化分析[J]．建筑结构学报，2015(11)：117-123.

[102] 林陪晖．加性激励下基于吸收边界条件的结构动力可靠度分析[D]．上海：同济大学，2014.

[103] 胡聿贤．工程地震学[M]．北京：地震出版社，2006.

[104] 李杰，艾晓秋．基于物理的随机地震动模型研究[J]．地震工程与工程振动，2006，26：21-26.

[105] 李杰，王鼎．工程随机地震动物理模型的参数统计与检验[J]．地震工程与工程振动，2013，33(4)：81-88.

[106] 孙治国．钢筋混凝土桥墩抗震变形能力研究[D]．北京：中国地震局工程力学研究所，2012.

［107］张威，王博，徐建国，等．随机地震作用下大型渡槽结构可靠性求解方法［J］．水力发电学报，2018，37（10）：113-120.

［108］李杰，刘章军．基于标准正交基的随机过程展开法［J］．同济大学学报（自然科学版），2006，34（10）：1279-1283.

重要术语索引表

X

Y

Z

后　记

完成本书之际，我内心浮想联翩！从事结构抗震方面的研究开始于2008年攻读研究生之际，距今已有14年之久。在此过程中，有喜悦，有悲伤，有激动，有心酸，五味杂陈。人生其实就是如此，正如古人曰：人有悲欢离合，月有阴晴圆缺！如此的人生阅历才是刻骨铭心的，让人成长进步的。值得庆幸的是一路走来，在我遇到困难和挫折的时候，我不是孤单一人，我得到了不少人的支持和帮助，正是他们真诚且无私的支持和鼓励，激发了我前进的动力！这让我万分感激！这部专著是我硕士阶段和博士阶段研究成果的提炼和升华，也是对之前所做科研工作的一个总结，这部专著为我之前从事的结构抗震研究工作画上了圆满的句号。

回首往事，从2008年进入郑州大学攻读研究生之际，我便开始与学术研究结缘，有幸跟随王博教授从事结构抗震方面的研究。在王老师所创造的开放自由学术氛围中，我得以有充裕的时间对自己感兴趣的方向进行较多的研究和探讨，极大地提高了我的自学能力，培养了我独立思考的习惯。在我工作后，有幸又重新回到郑州大学继续跟随王博教授攻读博士。随着相处时间的增加，我与王老师之间的感情也日久情深，犹如父子之情。同时陈淮教授、徐建国教授、黄亮博士也在我的学术生涯中给予了无微不至的引导和帮助，每次向他们请教后，我对学术的认识都会有新的提炼和升华。

在博士期间，我也有幸借助王老师的平台，前往同济大学去深造，有机会接触结构领域的前沿理论和最新研究成果，很荣幸能在李杰教授团队下学习混凝土随机损失模型和概率密度演化理论。受上述理论的启发，我对我的研究课题有了新的认识，并借助混凝土随机损伤模型和概率密度演化理论开展了渡槽结构抗震可靠性方面的研究和应用，并顺势完成了我博士论文的撰写工作。因此，非常感谢李杰教授及团队老师、博士们对我的指导和帮助。博士毕业是我学术生涯发展的里程碑，后续我会以此为契机继续从事科学方面的研究工作。

在 2018 年 12 月中旬，博士毕业刚刚答辩完成两天后，收到陈老师的来信，同意我加入小伙伴群，这又是一件让我开心的事情。有幸加入小伙伴群，跟随陈老师学习传统文化。近几年，在陈老师的谆谆教导下，我积累了不少传统文化方面的知识，也深切体会了中国文化的博大精深。我个人的人格也在此熏陶下不断完善。在以后的工作和学习中，我将把科学研究和文化素养作为我个人发展的两个方面，齐头并进，均衡发展，以使我的人格日趋健全，使做人做事、科研和教学等方面更加沉稳和博大！期望未来之日，我在科学研究和文化修养方面相互影响、相得益彰，促进我的全面提升和进步。

郑州大学王博教授、徐建国教授和黄亮博士参与了本专著部分内容的编写，并对本专著的完成提出了宝贵意见。同时本专著得到了学院在出版专著政策方面的大力资助，学院领导开阔的眼界和高屋建瓴的管理模式，给学院的发展注入了巨大的活力，极大地调动了那些爱做事和做实事老师们的积极性，也给予了年轻教师更多的发展机会和平台。